工程结构纵横谈

余安东 著

内容提要

本书内容共分为十二讲，从纵横两条线索对工程结构（主要是建筑结构）进行了剖析。纵向贯通工程结构的来龙去脉，从历来优秀建筑和杰出建筑师、结构工程师两方面阐述了工程结构的发展脉络，并介绍了作者从事工程结构工作多年的一些体会。横向贯通工程结构力学和结构基本原理，将三大力学、五大结构串联起来，使读者可以融会且贯通，温故而知新。

本书旨在引导读者去深入学习并思考如何面对书本上没有的实际问题，提高独立思考与独立工作的能力，引发创新激情。

本书适合工程结构有关专业的高年级学生、研究生和年轻工程师参考阅读。

图书在版编目（CIP）数据

工程结构纵横谈 / 余安东著. --上海：同济大学出版社，2018.9

ISBN 978-7-5608-8051-8

Ⅰ. ①工… Ⅱ. ①余… Ⅲ. ①工程结构 Ⅳ. ①TU3

中国版本图书馆CIP数据核字（2018）第166641号

工程结构纵横谈

余安东 **著**

责任编辑 高晓辉 **助理编辑** 宋 立 **责任校对** 徐春莲 **版式设计** 陈益平

出版发行 同济大学出版社

（www.tongjipress.com.cn 地址：上海四平路1239号 邮编：200092 电话：021-65985622）

经 销 全国各地新华书店

印 刷 常熟市大宏印刷有限公司

开 本 787 mm x 960 mm 1/16

印 张 19

字 数 380 000

版 次 2018年9月第1版 2018年9月第1次印刷

书 号 ISBN 978-7-5608-8051-8

定 价 68.00 元

重版前言

在同济大学土木工程学院讨论修订课程设置的过程中，笔者提出设置土木工程或工程结构通论的设想；也想把我毕生从事工程教学、科研和设计的一些心得写出来，作为通论的参考读物。其实土木工程概论已经存在多年了，那么通论和概论有什么区别？

土木工程概论是针对刚入学的学生介绍这一行业的概况。而工程结构通论则是针对即将毕业的学生和初出茅庐的土木工程技术人员开设。他们已经基本学完各门力学和结构课程，但是还需要领会两个融会贯通：一是力学和结构各门课程间的融会贯通；二是从材料更新、施工技术和建筑潮流等对结构的影响，理解从古到今发展的融会贯通。其实，对一门貌似严肃枯燥的科学技术，只有细心品味，领会其精华所在，透过现象看本质，才能觉得有滋有味，兴趣盎然，运用自如。

本书拟从纵横两条线索来引导读者领会两个融会贯通。

横向是论述工程结构的九个贯穿力学和结构专门课程的基本原理，将读者从各门课程相互分割的学习方法，引导到充满联想的思维方法，使今后在毕业设计或走上工作岗位时所必需的综合思考和运用知识的能力得到加强。

纵向是论述工程结构的过去、现在、未来的发展脉络，并举出历代大师的事例，同时谈谈自己毕生从事工程结构工作的一些体会，希望引导读者去深入学习并思考如何面对书本上没有的实际问题，提高独立思考和独立工作的能力，引发创新的激情。

什么是结构？结构是各种元素合理组合而成的体系（如社会结构、经济结构、人员结构等），组合不合理就会出现结构性问题。结构的反面是解构。

工程结构是指把各种工程的元素加以合理组合而成的体系。

例如，由构件组成的结构：由刚片（杆件、板或壳）组成的非机动体系。当边界约束个数等于结构自由度就是静定结构，当边界约束个数大于结构自由度就是超静定结构。工程师追求的是把各种元素加以合理构成，达到经济、适用、美观、耐久等要求，或者说，解决功能（好）、高效（快）和节约（省）间的矛盾。

本书希望以一些笔者认为是工程结构，主要是建筑结构学科精华所在的课题作为切入点，和读者一起去透视结构的奥秘。

工程结构最基本的任务是在设计使用条件的寿命期之内不失效，使之能抵御各种设定的外界作用乃至极端恶劣的自然灾害。工程师应该把安全第一作为座右铭。

本书涉及面较广，不可能替代各门课程，提到的原理也不作详细推导，这些内容，读者都可以在已学过的各种教科书中找到。本书的重点是试图用综合的方法，回顾各门学科相通的概念，梳理脉络，理顺思路，再结合工程中的实例和笔者工程实践中的体会，促进读者对纷繁科目的总体把握并增加其在工程实践中应用理论的信心。而由于笔者学识和经验的局限，其实是以房屋结构为讨论的重点。

笔者自 1955 年进入同济大学工民建专业学习土木工程，毕业后加入土木工程这一行，算来已近一个甲子。在同济大学有三十年的工龄，历经了教学、科研、设计以及出版工作。之后在德国的大学和建筑公司做研究、咨询和设计二十余年。至今依然没有完全脱离专业工作。但工程结构这个古老而又弥久常新的学科博大精深，笔者穷毕生之力，能学通和能得心应手运用的，也只是沧海一粟。真切感到知识的边界之外就是无知，知识越多，感受到的无知也就更多。本书尝试随笔式的写法，不想面面俱到，体例也不希望雷同。结合切身体验，希望写成一本有温度的书。各章篇幅不求一致，有话则长，无话则短。只想结合自己读书和实践，选点滴切身的心得体会和读者共享结构之精华，探索结构之奥秘，透视结构之真谛，相信一个热爱结构专业的人，也会和笔者一样，从中得到乐趣。

本书原来以《工程结构透视——结构的发展和原理纵横谈》为书名，于 2014 年出版。第一版数千册很快售罄，得到各方面读者的鼓励，也收到一些建议。在重版之际，书名简化为《工程结构纵横谈》，编排也作了一些调整，分成 6 个单元，各含 1 ～ 3 讲，以增加它的可读性。沿用了原书的序和后记，其中提到的书名依然是《工程结构透视》，一仍其旧。还根据读者的要求，对一些专业名词作了注解。注解的基本困难在于准确性和通俗性之间的矛盾。笔者往往感到难以两全，本书只对少量的专业名词作了注解，仍然不尽人意。还是需要读者具备一点力学和结构的基本知识，或具有自行查找专业名词含义的能力。

土木工程是一门古老的学科，工程结构发展也很成熟。本书的任务不是对某一课题的深入研究和创新，而是以笔者的眼光加以综合整理。本书中有些是笔者曾经以各种形式发表过的论点，力求观点鲜明。而也有许多则是学习的体会。在此，对我引用过的各种参考资料的作者以及有关规范的编者表示深切的感谢。本书是一种尝试，必有不恰当和不成熟之处，希望各方面专家和年轻的同行们不吝指出。

2014年5月于上海，2017年12月补充于达姆施塔特

序一　有感而发的真知灼见

余安东教授是我的同事，也是我的校友，更是我的老友。他最近写了一本书，书名为《工程结构透视——结构的发展和原理纵横谈》①，要我写序，并将书稿给我。我与安东教授相识已逾五十载，虽然我们的研究领域不同，但在业务上和工作上也有不少联系，他在这本书中也有提及。通过长期交往，我非常了解安东教授，他视野宽广，思维敏捷，文理兼备，才华横溢，我相信他在这部著作中必有许多独到的见解。鉴于此，我欣然同意，我认真阅读了这部书稿，从头到底，一字不漏，看到了安东教授有感而发的许多真知灼见，尤其是对一些极不合理的建筑，言简意赅地道出其不合理之处，并一针见血地给予评价，甚至斥之以“丑陋建筑”“结构工程师的噩梦”，等等，真是一本值得一读的好书。

我在给每一届土木工程专业本科生讲授土木工程概论课时，都会告诉他们，目前大学本科生的课程学习均按照该门课程所属学科的体系由浅入深、循序渐进的方法进行。这是一种以分析为主、分学科的学习方法。但是土木工程本身却是综合性的，不同学科的问题错综复杂地交织在一起，解决问题时必须综合运用多学科的知识。现在培养的本科生和研究生的综合分析问题和解决问题的能力较为欠缺，是目前工科教学最大的不足，欲弥补这一点，又苦于缺少合适的教学参考书。读了余安东教授所写的《工程结构透视》后，觉得这是一本这方面的极佳的教学参考书，真有踏破铁鞋无觅处，得来全不费工夫之感。

① 作者注：本书提及《工程结构透视》，即重版《工程结构纵横谈》。

纵观全书十二章的内容，章章都有用极为精辟的语言将结构与其他学科间的内在关系加以阐述的内容。读者细心品味也就不难领悟，作者是怎样针对结构工程的各种性能和原理，运用多学科的理论通过综合分析后得出精辟而全面的理解的。读者也会因此受益，有利于培养和提高自己运用多学科的知识解决结构工程复杂问题的能力。

我也特别赞同安东教授在书中的许多提法，例如：

1. 对于结构工程师的提法

（1）应保持清醒的头脑，回忆并运用最基本的力学和结构基本概念，让电脑和软件作为你的工具，而时刻警惕不要沦为规范和电脑的奴隶。（第七章）（编者注：现为第四讲）

（2）最好像电影导演那样，把外力想象成一辆小汽车，从直接接触风力的外墙开始，让它一路开下去，直到大地母亲。如果哪一个路段断了，就要采取措施。（第三章）（编者注：现为第六讲）

（3）如果不能像交响乐指挥那样把整个结构的“总谱”烂熟于心，就不能得心应手地把每一个构件像每一件“乐器”那样控制得当，而让每一种每一处的荷载像每一个“音符”那样处理得恰到好处。（第三章）（编者注：现为第六讲）

2. 对于结构的提法

（1）一种高效的结构，应当能承担比自重多得多的荷载。一个连承担自重都显得吃力的结构，不是好的结构。（第三章）（编者注：现为第六讲）

（2）“真善美”是不可分割的。虚假的涂抹是不真，奢华的繁琐是不善，表面的绚丽未必美。结构工程师特别希望看到的是，结构的力量内涵与功能、美观的统一，最不能容忍的是虚假造作的建筑。（第十章）（编者注：现为第一讲）

（3）若以“天”代表自然，结构是“以天为本”的，建筑则是“以人为本”的。“自然”和“人”的关系正好对应于“结构”和“建筑”的关系。所以结构与建筑如果能达到“天人合一”的境界，就会出现好的作品。但是，“天人合一”的建筑还并不完美。还缺什么？就是“地”。建筑结构一定要有地方特色。建筑、结构加上地方特征，三者兼顾，融合得好，才有好的建筑结构。“天地人”的和谐，是我们的追求。（第十二章）（编者注：现为第十二讲）

安东教授对结构工程师所作的这些富有想象力的比拟和对结构工程具有中国哲理的诠释，给人以无限的遐想和启迪，也从另一个角度阐述了结构工程是一个多学科的综合体的理念。

余安东教授的新作《工程结构透视》一书的内容能够满足土木工程专业教学改革的需要，作为教学参考资料可以提高本科生和研究生综合思考和运用知识的能力；同时也能满足结构工程师继续教育的需要，作为技术参考资料可以提高结构工程师独立思考和工作的能力，引发创新的激情。我衷心希望此书能早日出版，能为结构工程人才培养质量的进一步提高起到良好的推进作用。

沈祖炎

2014年8月14日

沈祖炎，钢结构专家。1935年6月5日出生于浙江省杭州市。1955年毕业于同济大学，获学士学位，1966年同济大学结构理论专业研究生毕业。曾任同济大学副校长，国家土建结构预制装配化工程研究中心技术委员会主任委员，同济大学教授、博导，英国土木工程师学会和英国结构工程师学会资深会员。

从事钢结构领域科研、实践和教学工作60年，为中国钢结构学科发展和工程建设作出了重大贡献。发表论文400余篇，出版《钢结构学》《钢结构基本原理》等著作23部，主、参编钢结构有关技术标准16本。主持50余项国家及省部级科研项目和30余项重大工程项目的结构理论分析和试验研究，为国家大剧院、上海环球金融中心、浦东国际机场航站楼、广州新体育馆、南京奥体中心等提供了关键技术支撑，获国家级和省部级科技进步奖33项，其中“高层建筑钢结构成套技术”获1993年国家科技进步二等奖，“多高层建筑钢结构抗震关键技术研制与应用”获2010年上海市科技进步一等奖。重视教学改革和人才培养，获省部级以上教学成果奖13项。2001年获“全国模范教师”称号，2006年获全国“第二届高等学校教学名师奖”。

2005年当选为中国工程院院士。2017年病逝。

序二　真善美　天地人

在同济大学土木工程学科百年诞辰之际，余安东教授的力作《工程结构透视》一书的出版，是一份珍贵的大礼。我阅读了他的书稿后深感这是他近六十年来从事工程结构教学、科研和设计工作经验的深刻总结。余安东教授以其独特的视角和思维方式，从纵横两条线索引导读者去探索结构的奥秘，以达到两个融会贯通的目标。

本书从各类结构失效的典型事例出发提出问题，然后分章剖析工程结构的静力学、动力学、可靠性和耐久性的原理和分析方法，在融会贯通的基础上，再将设计理念回归到建立合理的概念设计方法和结构建模方法，我感到这是十分正确和睿智的编排，可谓观察独具匠心，分析入木三分，读来引人入胜，收获良多。

余教授简要回顾了中外工程结构的历史发展，并以“列传体”的形式介绍了历代大师们一些具有里程碑意义的传世杰作。在最后一章“结构的感悟”（编者注：现为第十二讲）中，他梳理了长期工作中的重要心得和师友情谊，并以西方哲学家的“真善美”和中国道家的“天地人”作为结构工程师的共同追求和信仰。这一结束语饱含了余安东教授的深切感悟和对未来的期望，可谓意味深长。

余安东教授是我的好友，又一起共事多年，他在德国二十余年的工作经历和对结构原理的探索很值得国内同行学习和借鉴。特别是对于土木工程专业的学子和刚走上工作岗位的年轻一代结构工程师，本书是一本能启迪创新，帮助深刻理解力学和结构关系，进而建立正确设计理念的优秀著作。我衷心祝贺本书的出版，相信一定会对培养中国21世纪结构工程师的创造力发挥重要的作用。

项海帆
同济大学
土木工程学院顾问院长
2014 年 6 月

项海帆，1935年12月生于上海，原籍浙江省杭州市。1955年毕业于同济大学桥梁与隧道专业本科，1958年毕业于同济大学桥梁专业研究生，现任同济大学土木工程学院荣誉资深教授（Professor Emeritus）、顾问院长，土木工程防灾国家重点实验室名誉主任。

长期从事桥梁工程的教学与科研，是我国大跨度桥梁抗风研究的开拓者和我国风工程学科的主要学术带头人。现任国际桥梁与结构工程协会（IABSE）资深会员和名誉会员（因2001—2009年曾任IABSE副主席），中国土木工程学会桥梁与结构工程分会名誉理事长，中国风工程学会首席顾问。

曾获得国家科技进步奖一等奖和二等奖、国家自然科学奖二等奖和四等奖，荣获了国际桥梁与结构工程协会“工程及教育奖”（Anton Tedesko Medal）和“功绩奖”（IABSE Merit）、美国土木工程师学会“风工程与空气动力学奖”（ASCE Robert H. Scanlan Medal）和国际风工程协会“终身成就奖”（IAWE Davenport Medal for Senior）。这四大国际奖项标志着他为中国的桥梁与结构工程界和风工程界在国际上赢得了一席之地。

1995年当选为中国工程院院士。

序三　书，是这样被读薄的

回想当年读书时，一堂接一堂的课将新知识劈头盖脑地灌下来，日复一日，头胀欲裂。幸而，各门知识间似乎产生了排斥效应，于是大多数化为轻烟，逃逸无踪，只剩少数积压于脑底。毕业后工作数十年，大脑却要给纳米、互联网、新技术腾挪空间，不得不将辛苦积攒的存货清除大半。大浪淘沙之下，当初学来的种种知识被时间洗刷得所剩无几，但这余下的少得可怜的核心知识却挥之不去，常伴左右，且如珠玑般继续闪光。人到此时方才蓦然醒悟：书，原来是可以越读越薄的。

胞兄安东的新书正是这样的一部学海淘珠的掬萃之作。行云流水般的讲述，如同抽丝剥茧，引领我们一步步窥视工程结构分析的奥秘与精髓。娓娓道来的一段段故事和多姿多彩的一幅幅图片，同公式充填的教科书和不着边际的空洞说教相比，更是鲜活灵动了不知多少倍。安东先于同济大学耕耘教学科研二十余年，后在德国投身大型结构设计又是二十余年，在工程结构领域可谓理论实践文武双全。读了这本书，感受到他厚积薄发、举重若轻的功力果然非同一般。

书不厚，但其间的理念和智慧的确值得细细品味。大家来读一读这本已被读薄的书吧！

2014 年 6 月

余同希，北京大学本科及研究生毕业；英国剑桥大学哲学博士、科学博士。曾任北京大学力学系教授、博士生导师；亦曾任英国曼彻斯特理工大学机械工程系教授。1995 年加入香港科技大学，先后担任机械工程系讲座教授、工学院副院长、机械工程系系主任、协理副校长、霍英东研究院院长等职。现为香港科技大学荣休教授、香港科技大学副校长（研究与研究生教育）的资深顾问，兼任浙江大学包玉刚讲座教授，宁波大学包玉刚讲座教授、北京大学杰出访问教授。研究工作主要集中于冲击动力学、塑性力学、结构与材料的能量吸收、复合材料与多胞材料等领域。编撰出版了 3 部专著（均有英文版）及 4 部教材；发表学术期刊论文 340 篇。获选为美国机械工程师学会和英国机械工程师学会的会员；担任《国际机械科学学报》（*International Journal of Mechanical Sciences*）的合作编辑和《国际冲击工程学报》（*International Journal of Impact Engineering*）的副主编，以及十多种国际学术刊物的编委。

2001 年获中国高校科学技术奖一等奖。

目录

结构的能量、动力、延性和性能

结构的模型和概念设计

结构的学习与创新

读后与后记

工程结构的发展史

第一讲　结构的历史

纵观结构在中国和世界的发展历史，土木工程是伴随人类文明出现的最古老的人类活动。它的发展总是围绕着材料、施工和理论这三个要素。工程结构是土木工程的核心之一，它的发展也和这三个要素息息相关。

土木工程是伴随人类文明出现的最古老的人类活动。它的发展总是围绕着材料、施工和理论这三个要素。工程结构是土木工程的核心之一，它的发展也和这三个要素息息相关。人类从动物演化而来，本来居无定所，然后学会利用天然材料搭建窝棚或挖掘洞穴来遮风避雨。

考古发掘得到人类文明发展的佐证，除了陶器、铜器、铁器这些用具和工具之外，还有各种工程的遗迹，由它们的结构材料与形式后人得以一窥结构发展历程的究竟。洞穴从天然石洞发展而来，考古发现在旧石器时代，有早期（公元前100万年—公元前20万年，如营口金牛山）、中期（公元前20万年—公元前4万年，如贵州桐梓岩灰洞）和晚期（公元前4万年—公元前1万年，如北京周口店）天然岩洞。此外，从古人文献当中，后人也得以窥视其发展。墨子说：“古之民，未知为宫室时，就陵阜而居，穴而处。”（《墨子·辞过》）而长江沼泽地带则多巢居，韩非子说：“有圣人作，构木为巢……号之曰有巢氏。”（《韩非子·五蠹》）孟子说：“下者为巢，上者为营窟。”（《孟子·滕文公下》）

结构在中国的发展历史

在五六千年前浙江的河姆渡遗址（图1-1、图1-2），就有在桩柱上建造的干栏建筑，并出土了木结构的榫头，河姆渡地处江南，为了防止地下水的侵蚀，木结构窝棚是架空的。

图1–1　河姆渡遗址的木结构榫头

图1–2　河姆渡遗址的干栏建筑的木结构及复原模型

图 1–3 半坡遗址

而在约四千多年前陕西仰韶文化中地处黄土高原的半坡遗址（图 1-3），窝棚则建造在相当于半地下室的土坑上。从横穴发展到袋形竖穴再到半穴居，逐步形成墙与屋顶的分化，并开始出现原始地面建筑。

这就开始形成两大结构类型：构架式结构①和承重墙式结构②。结构的发展首先与材料的革新息息相关。现在我们常说“秦砖汉瓦”，其实商代已有陶土管，西周已有瓦，尽管工艺相似，但要广泛用于建筑结构的砖墙和瓦片，总量会比制作陶器大很多，只有在有能力获取更多材料、能源和生产力提高的前提下，才有可能实现。这是从天然材料到人工材料革命性的一步。其次是工具，从石器、青铜器到铁器的发展，使木结构、石结构能向精细方向发展。秦汉以后，各种砖瓦和木结构梁柱以及穿斗结构相继出现。庑殿、歇山、悬山、硬山和攒尖等屋顶基本形式均已出现。到东汉，木结构中出现多层结构，砖瓦也被用于高层的塔（由印度 Stupa 演变而来），东汉崇尚厚葬，墓葬中发现了很多砖砌筒拱和穹窿结构。木结构架已出现三角形结构“叉手”。到公元 6—7 世纪的隋唐，出现了匠人李春建造的赵州桥。唐代木结构技术，加强结构整体刚性，屋顶结构发展出

① 构架式结构：是指结构中承受有效使用荷载的是构架，构架就是由柱和梁这些杆件组成的结构体系。杆件之间是相互刚性联结（节点处不会转动）的称为刚架或框架，而杆件（全部或部分）之间是相互铰接联结（节点处可以转动）的称为排架。

② 承重墙式结构：是指结构中承受有效使用荷载的是墙，围护墙是只承担自重，而承重墙承担自重外，还是主要的承重结构。

折举（屋面呈折线形）做法，斗拱挑檐都充分发展。木结构体系和砖塔在唐代均趋成熟。宋代形式上讲究轻巧和变化，技术上向标准定型方向发展。宋代以后木结构向简化方向发展。明代木结构大为简化，并增强了结构的整体性。但早已失去结构功能的斗拱却趋向繁杂。明代大量使用砖石，砖瓦大量生产。明代曾建造过90m高的南京报恩寺砖塔。砖砌筒拱“无梁殿”如南京灵谷寺，跨度11m。半球形拱顶“穹窿”如峨眉山万年寺砖殿，跨度10m。清之后，结构发展相对停滞，装饰却日趋繁琐。

中国的结构理论是相对滞后的。这和儒家重视文人的诗词歌赋，而轻视匠人的“雕虫小技”有关。春秋时的墨子代表了当时手工业者的较高水平。而与他同时的鲁班，即鲁国的公输班，是古代伟大的能工巧匠。据说鲁班发明了沿用至今的木工工具。传说墨子和鲁班竞技，鲁班发明了云梯，打算助楚国攻宋国，而提倡“非攻”的墨子发明了守城器械加以反制，最后鲁班认输。这个故事给我们两点启示：首先，在春秋时有过重视工程的学派，但独尊儒学后，工程学渐渐被排除在知识界主流之外；其次，中国与世界其他国家一样，工程是先在军事领域发展，再转入民用。中国历代有关建筑结构的著作很少，留存的如宋代的《木经》和《营造法式》总结了建筑实践经验。但它们是经验的总结，还不是现代意义的理论，使人“知其然而不知其所以然”。《营造法式》指出：“凡构屋之制，皆以材为祖，材有八等，度屋之大小因而用之。”具有模数的意义，基本单位是“分”，“材”是“分”的扩大单位。木材多已采用3∶2的高宽比。对于中国古建筑的发展，建筑界是有争议的。几十年来几乎成为共识的梁思成、林徽因关于中国古建筑历史的认识，近来受到一些质疑和挑战，被称为结构理性主义。我个人入行60年来，尽管身为结构工程师，但一直关心建筑的历史和理论，看到过大量的中外建筑和工程，也许是从结构出发，笔者还是认同梁、林的基本观点。

不但明代家具比清代简洁有力，而建筑也有类似的变化。有学生问过我，什么建筑结构可以称为历代的代表作？我认为，能千百年幸存的建筑就堪称代表作。人们总想把本民族优秀的文化传承下去。建筑有一点像生物，适者生存、优胜劣汰。历经战乱、地震而保存至今，尤其从结构的观点来观察，绝非偶然。本书是结构工程师写给结构工程师和建筑师看的，具有我们的视点。对于建筑界的还无定论的学术争论，暂且拭目以待。

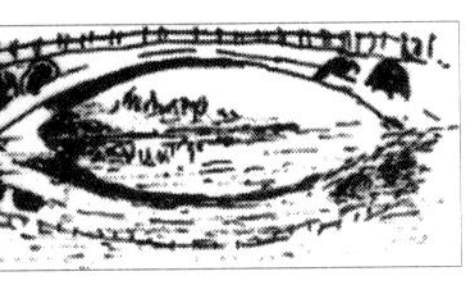
图 1–4　赵州桥

图 1-4 的赵州桥，是建于隋代年间（595—605 年）的石拱桥，距今已有 1 400 多年历史，桥全长 64.4m，是我国古代结构的典范。它不仅造型美观，而且结构合理。大拱上面驮着小拱，不但减轻自重，而且有泄洪的功能。结构和功能的统一，使它的美不是虚假的装饰，而是从内在力量散发出来的魅力。

中国建筑结构的精华，在于木结构的构架式结构和屋顶。正如林徽因在她为梁思成的《清式营造则例》作绪论时所说："全部木造的结构法，是中国建筑的关键所在。中国木结构，主要在于构架。'墙倒房不塌'负重全赖木架。"而"希腊古代木结构在公元前十几世纪，已被石取代。"以希腊文明为滥觞的西方建筑，建筑工程以砖石承重墙结构为主流，而中华文明的建筑工程则以构架式结构为主。砖石工程则多留存于墓穴。隋唐以前的木结构，已基本上荡然无存。汉代流行木结构的佐证，却是在汉墓的砖雕上找到。"东汉墓阙很多是用石料摹（模）仿木造的实物。唐代砖塔在垒砖之上又雕刻成木造部分。"但究竟为什么有这种现象，还未有定论。也许是几千年前，中原的气候、环境适合树木生长，也有人认为，是宗教信仰的不同所致，中国有厚葬薄养的风俗，使墓葬比生宅建造得更耐久。其实金字塔是更极端的厚葬。但从结果来看，尽管中国比欧洲历史悠久，但在历史不长的德国，千年左右的古建筑，并不稀罕。而中国的木结构能免于兵火之灾的可以说是凤毛麟角了。

中国可考的古建筑只能追溯到隋唐。如平顺天台庵大殿（图 1-5），台基之上是木结构和非承重的填充墙，上面是大屋顶。日本从唐代中国引进文化，保存至今的唐式建筑较多（图 1-6）。从隋唐的中国建筑可以发现，除了中段的木结构之外，最引人注目的是成为中国建筑特色标志的大屋顶。木结构的天津蓟县独乐寺（图 1-7）是为数不多的古代多层建筑结构，古寺建于唐贞观年间，辽代（984 年）重建。山西应县木塔全称佛宫寺释

图 1–5　平顺天台庵大殿

图 1–6　仿唐的日本东大寺

图 1–7　天津蓟县独乐寺(木结构)

图 1–8　应县木塔 (木结构)

迦塔（图 1-8），塔身全是木制构件叠架而成，是我国辽代的高层木结构佛塔，建造于 1056 年，金代于 1191—1195 年曾加固性补修，但原状未变，塔身直径 30.27m，通高 67.13m。释迦塔是世界上现存的最古老最高大的全木结构高层塔式建筑。

中国的木结构的价值，在于结构本身的功能构成了中国建筑的美。林徽因说：“尊崇中国建筑特殊外形的美丽，却常忽视其结构上之价值。以往建筑因人类生活状态之更换，至失去原来功用。中国建筑的美具有和谐、权衡和俊秀伟丽，大部分是有机、有用的，结构直接产生的结果。中国木造构架中的梁、栋、椽及承托、关联的结构部分，全部袒露无遗。”这是一个建筑师对结构深入的理解和恰当的评价。中国建筑的承重构架，以“间”为单位，由四根立柱加上横梁等构成。而中国建筑特有的斗拱，原来是承上启下，连接过渡屋顶和梁柱的关键结构构件。“中国特异神秘的屋顶曲线，是结构直率自然的结果，并无超出力学原则的矫揉造作之处。”为什么建筑史家崇尚隋唐建筑，就是在于无超出力学原则、无矫揉造作，直率自然的结构表达。“但三千年的发展，达到成熟期之后，单在琐节上用心‘过犹不及’的增繁弄巧，久而久之，原始骨干精神必至全然失掉，变成无意义的形式。中国构架中结构各部分何者为魁伟诚实的骨干，何者为功用部分之堕落，成为纤巧非结构的装饰物。”斗拱结构功能渐渐减弱，而装饰功能渐渐突出，成为中国古建筑的一种符号。

我国的建筑史家，对古建筑已有深入的研究。这里，笔者只想从结构的角度介绍一些知识。中国古建筑在千年发展过程中，形成了规范化、模数化的程式，到宋代的《营造法式》（李诫，1100 年）集其大成，由官方正式颁布。中国古建筑有大式、小式之分。大式建筑用于 3 ~ 9 间，最多可达 11 根檩条的大建筑。而小式建筑用于 3 ~ 5 间，多为 3 ~ 5 根、最多不过 7 根檩条的较小建筑。大式建筑以斗口（斗拱正面开口的尺寸）为模数的基准，而小式建筑不一定有斗拱，以柱径为模数的基准。例如，大式建筑中斗口为 5cm，柱高为 60 ~ 70 倍斗口，即为 3.0 ~ 3.5m，柱径为 6 倍斗口，即为 30cm。小式建筑中，柱高是柱径的 11 倍。这种做法，不但使建筑美观，各个部分比例谐调，而本质上是结构要求的经验总结。直到今天，结构工程师仍然用主梁 1/12、次梁 1/15 之类的经验比例来初步确定梁的截面。然而无可讳言的是，由于各种原因，科学技术的发展在我国古代得不到充分重视，结构理论和计算方法得不到发展，始终停留在经验程式的阶段。古建筑的木结构，“步架”和“举折”是两个重要的概念。大屋顶是中国古建筑的一个标志，其曲线是美观和功能的统一。两根相邻檩条间的距离是“步架”，而檩条间垂直距离的变化是“举折”。“步架”为 2 ~ 5 个柱径。屋面自上而下，曲线渐缓。两根檩条的垂直间距“举高”与水平间距“步架”之比渐渐减小。“步架”为十，“举高”为五，称为“五举”。木结构屋架也被称为“举步架”。西方的坡屋顶，屋面呈直线。欧洲越到北方，屋顶越陡。中国古建筑屋顶靠举步架之助，形成美妙的屋面曲线，使雨水在上部快速泄水，而下部变缓，使檐口落水不致过急。

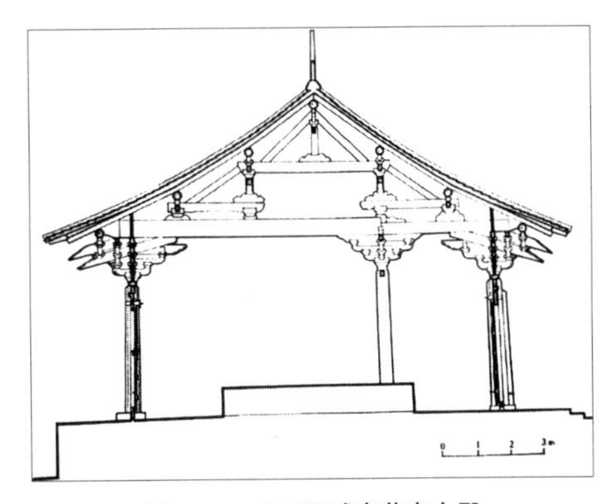

图 1–9　山西晋城青莲寺大殿

以图 1-9 中始建于北齐天保年间（550—559 年）的山西晋城青莲寺大殿为例，是典型的木结构建筑。从图中可见“步架”和“举高”。古建筑木结构，并未刻意

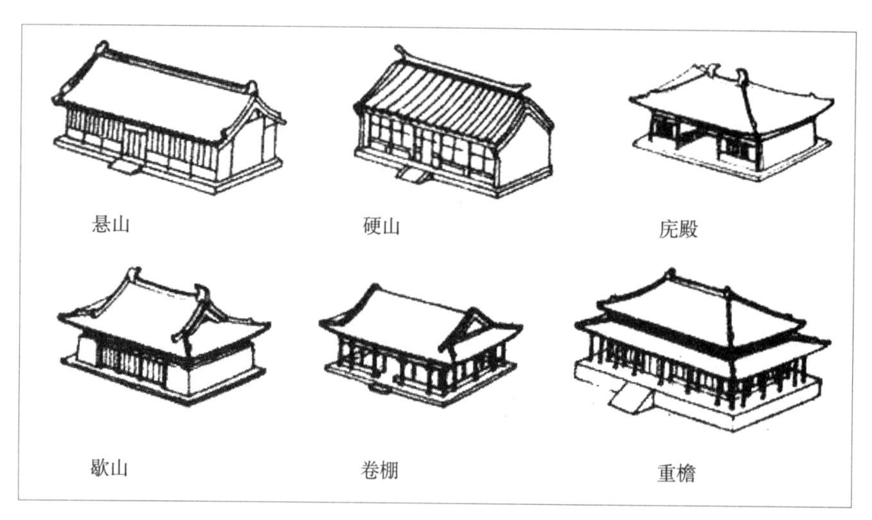

图 1–10　木构屋盖的不同形式

形成几何不变的三角形，但也有由屋面和大梁自然形成的大三角形和上面几个小三角形。柱的上端，不仅有榫卯的连接，而且斗拱如同三角斜撑，使节点能传递弯矩，梁柱间接近于刚接。因此结构总体是稳定的。柱础是木柱立于石墩之上，倒是接近于铰接。通常木结构基本上是由立柱和屋盖举步架组成的平面（二维）结构，屋盖有悬山、硬山、庑殿、歇山、卷棚和重檐等形式（图 1-10）。而如天坛这样的圆形木结构，就是三维结构了，称为攒尖（图 1-11）。福建客家土楼也是圆形，但半径很大，从结构上看，已接近平面结构。但围合成一圈，整体抗震抗风能力还是更大（图 1-12）。

我们经常说"秦砖汉瓦"，其实砖瓦出现得更早，西周的砖瓦已有出土文物。到秦汉，砖瓦才得到大规模的应用。或许这和能源及技术的发展有关。烧制砖瓦需要大量能源，建材的数量之大，是陶器坛坛罐罐所无法比拟的。砖瓦作为人工制造的建筑材料，其出现有划时代的意义。人类最初是利用自然界现成的材料，如树枝、泥土，搭棚、挖坑，然后随着工具从石器到铜器再到铁器的发展，可以对材料加工，构筑更精巧的木结构。但砖瓦是从烧制陶器技术转借过来制造人工结构材料的一次飞跃。伟大的长城（图 1-13）显然是我国砖结构巨大的丰碑。

砖塔是古代的高层建筑，从佛塔来看，我国砖结构的水平也能与木结

图 1–11　天坛

图 1–12　福建客家土楼

图 1–13　长城

图 1–14　嵩岳寺塔

构并驾齐驱。

嵩岳寺塔（图 1-14）建于 508—520 年北魏时期，高约 40m。我国的砖塔相当于今天的筒中筒结构。在内外两重砖塔之间是楼梯。

西安大雁塔（图 1-15）始建于 652 年，距今已有 1300 余年。是砖仿木结构的四方形楼阁式塔，高 64.7m，塔身底层边长 25.5m，呈方锥形。西安大雁塔是我国古代砖塔的代表作。

苏州砖结构的虎丘塔（图 1-16），始建于五代（959 年），落成于北宋（961 年），现塔身高 47.5m，有明显的倾斜。还有杭州六和塔（图 1-17）（于 970 年北宋期间建成），开封铁塔（图 1-18）（于 1049 年北宋期间，由琉璃砖砌成）。

建于北宋（977 年）的杭州雷峰塔，到了 1920 年左右，已经年久失修（图 1-19 左），在 1924 年突然倒塌（图 1-19 中）。可惜的是，人们把雷峰塔的倒掉，和白娘子联系起来，又正好是北洋军阀孙传芳进军杭州那一天。

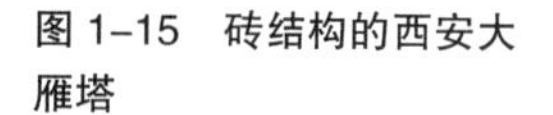

图 1–15　砖结构的西安大雁塔

图 1–16　砖结构的苏州虎丘斜塔

图 1–17　杭州六和塔

图 1–18　开封铁塔

图 1–19　杭州雷峰塔

当时谈论最多的是许多人趁机抢掠藏经和塔砖，而缺乏工程师对塔身结构的分析和倒塌原因的研究。这座砖塔屹立了 947 年终于倒塌，从结构角度看，是很有研究价值的。希望本书的读者，今后能从一个结构工程师的角度，而非看热闹的角度去看待工程结构的生死存亡。1978 年之后，雷峰塔进行重建。结构形式成为框筒结构，即内部是筒体、外围是框架，当然使用了钢筋混凝土这样的现代材料。依笔者的观点，如果能恢复 20 世纪 20 年代倒塌前的基本外貌，会更有特色，更与环境谐调。新塔固然豪华，但相对于其他许多佛塔没有太大的识别性，已不复为人们心中的雷峰塔了。可惜这已非结构工程师所能置喙的了。我们在谈论古建筑，只有修旧如旧，包括结构形式也按原意修复，古迹才有价值。

中国古建筑砖石结构也有三维的空间结构。南京灵谷寺的无梁殿（图 1-20），建于六百多年前的明代（1381 年），整座建筑采用砖砌拱券，是我国规模最大的砖拱结构。圆形和多边形的穹顶，在汉墓已有发现，到唐宋普遍应用。中国古建筑何以地面建筑以木结构为主，而墓葬工程多用砖石，是古建筑专家们研究的课题。也许和经济、信仰都有关系。笔者从结构工程师的角度来看，认为能源是一个重要原因。毕竟砖瓦的烧制需要大量能源，与其把木材劈了烧砖，不如直接用木材盖屋。把寿命较短的木结构给予有限的人生，而把砖结构留给被视为得以永生的墓葬。

图 1-20　南京无梁殿砖拱顶

图 1-21　西藏拉萨的布达拉宫

中华民族由 56 个民族组成，各个民族也具有自己的特色。例如，西藏拉萨的布达拉宫（图 1-21）建于公元 7 世纪中期，正值松赞干布迎娶大唐文成公主的时代。17 世纪重建后，拔地高 200 余米，外观 13 层，实际 9 层。它起建于山腰，大面积石壁屹立如削壁，使建筑仿佛与山岗融为一体，是世界上海拔最高的大型古代宫殿。布达拉宫为石木结构，宫殿外墙厚达 2 ~ 5m，基础直接埋入岩层。墙身全部用花岗岩砌筑。屋顶和窗檐用木制结构，飞檐外挑，屋顶采用歇山式和攒尖式，具有汉式建筑风格。

进入 19 世纪后期的中国，制度腐败、经济倒退，工程结构的发展也陷于停滞。1840 年鸦片战争后，列强入侵，给方方面面带来了西方的影响，在建筑和工程结构上也不例外。中国曾经在经济上高居世界第一，但丧失了文艺复兴、启蒙运动和工业革命等一个又一个变革的契机，从此积弱积贫，落后挨打，工程结构也乏善可陈。中国建筑经过几千年演变，到清代建筑，按照林徽因的说法，一些“功用部分之堕落，成为纤巧非结构的装饰物”。不但“对于木料，尤其是梁宽太大，往往用得太费”，连清式须

图 1–22　上海外滩的欧式建筑和国际饭店

弥台基也“在外表上大减其原来（笔者注：指唐宋）的雄厚力量……在雕饰方面加增华丽，反倒失掉主干精神”。

上海成为西学东渐的窗口，外滩成了欧式建筑的展览橱窗（图 1-22）。1910 年建成的上海总会，建于 1923 年的英商汇丰银行上海分行（为新古典主义建筑，大楼主体高五层，中央部分高七层，地下室一层半，大楼主体为钢框架结构，砖块填充，外贴花岗岩石材），建于 1926 年的沙逊大厦（和平饭店），建于 1927 年的上海海关大楼，再到 1934 年建造的带有中国风的中国银行大厦，这些构成了中国建筑结构融入世界潮流的一道风景线。1934 年建成的国际饭店（Park Hotel），高 83.8m，地上 24 层，使用美国的杉木桩，建筑师是生于斯洛伐克的匈牙利人拉洛斯•乌达克（L.E.Hudec），他在上海设计建成的建筑有近 100 栋，其中 25 栋被评为优秀海派建筑。国际饭店保持上海最高建筑纪录达半个世纪之久。

中国从此融入了世界建筑和工程结构的洪流，渐渐失去了单独叙述的线索。

结构在世界的发展历史

土木工程的发展涵盖了工程结构的发展。作为《中国大百科全书》土木工程卷中“土木工程发展简史”的执笔者之一，笔者从 20 世纪 80 年代起，就开始关注工程和结构的历史。

按照《中国大百科全书》中的提法，土木工程分为三个时期：古代土木工程（公元前 5000 年—17 世纪）；近代土木工程（17 世纪—20 世纪中期）；现代土木工程（20 世纪中期至今）。

图 1-23 为原始人居住的天然洞穴。在 40 000 ~ 25 000 年前的北京周口店和大约 25 000 年前法国的 Font de Gaume 穴居人就居住在那里，后者还保留了生动的壁画。瑞士和德国发现湖居人从距今一万年左右的新石器时代起就在湖中打桩，在其上搭建棚屋。图 1-24 是 19 世纪发现的数

(a) 北京周口店

(b) 法国 Font de Gaume

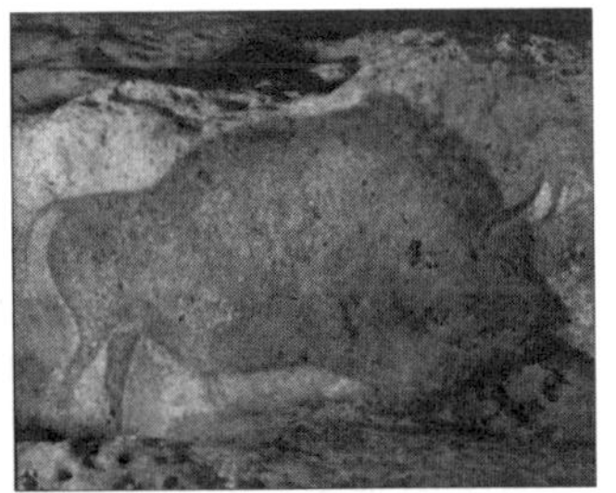

(c) 壁画

图 1-23　原始人的洞穴

图 1-24　瑞士发现的湖居人木桩和棚屋复原图

图 1–25　建于公元前 2600 年的埃及金字塔和建于公元前 500 年的玛雅金字塔

万木桩的一部分。这是人类最早的工程活动之一。笔者于 2017 年 6 月到德国南部与瑞士交界处的 Bodensee 参观了湖居人水上桩基棚屋博物馆。和中国一样，穴居和棚屋是两大结构类型：承重墙结构和框架结构的原始形态。

除了中国的长城，世界最古老最伟大的工程代表作为金字塔(图 1-25)。建于公元前 2600 年的埃及金字塔和建于公元前 500 年的南美洲玛雅金字塔，是巨型石结构工程。在只有有限人力和畜力的时代，实现这些工程，是至今难以企及的奇迹。

直到 17—18 世纪，理论领域出现了伽利略、牛顿，材料上出现了钢和水泥，施工中由于蒸汽机的出现而应用了除人畜之外的动力和机械，工程领域出现了又一次大飞跃。土木工程和建筑结构进入了近代。再到 20 世纪中期，从计算机大量应用开始，自动化、信息化、智能化一日千里，又进入了现代。《中国百科全书》的“土木工程发展简史”认为土木工程发展的要素是：

（1）材料：从天然材料（土、木、石）到人工材料（砖瓦）再到工业化生产的材料（钢、水泥）。

（2）施工：从人力、畜力到机械化、工业化和体系化。

（3）理论：从经验积累上升到力学和进行试验研究再到现在的数字化、信息化和设计的仿真化。

中国的工程发展，在材料的第一次飞跃，即从天然材料到砖瓦这些人工材料的飞跃中是领先的。但错过了第二次飞跃，失去了工业化的契机，在材料和施工方面都长期落后。同时停留在经验总结的“清营造则例”，此后只能转入向西方的力学结构理论学习的道路上去。近30余年以来，中国的土木工程、建筑结构等均进入一个大发展时期。全球最多的大吊车都集中在中国。作为结构工程师，我们必须思考，伴随大量的工程实践，伴随着中华民族的复兴，我们能否抓住新的发展机遇并创造新的飞跃？我们要努力从如此巨大的工程实践中升华出相应的结构理论的创新，让我国工程结构设计、施工、理论都能够居于世界的前列。

回顾建筑结构的发展历史，从原始的结构就可以看到建筑的三大段的萌芽：台基、构架和屋顶。东西方结构最大的区别在于中间一段。中国传统建筑是木结构造的构架结构，而西方的中段多半是石结构。图1-26左图是希腊雅典公元前438年著名的帕提农神庙（Parthenon），它的中段是石柱，而它的木屋顶早已焚毁。对于它的屋顶，有不同的传闻，近来笔者再度参观这座结构的圣殿，询问一位当地资深的导游，他说神庙的木屋顶是毁于1687年威尼斯人与土耳其人的战火之中。雅典帕提农神庙是石构架结构形式的经典。而建于公元125年的罗马万神庙（Pantheon）则被认为是圆形穹窿的经典。它们是原始构架结构和穹窿结构这两个结构系统在西方古代的代表作。

圣经中巴比伦通天塔的传说，广为人知。图1-27是所谓巴比伦通天塔的两种想象图。圣经《旧约·创世纪》中记载，在大洪水之后，诺亚的子孙们“彼此商量说：来吧，我们要做砖，把砖烧透了。于是他们拿砖当

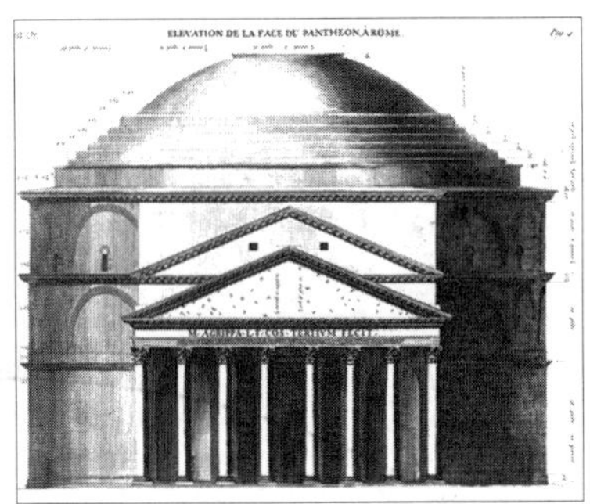

图1–26　希腊雅典帕提农神庙（Parthenon）和罗马万神庙（Pantheon）

图 1–27　想象中的巴比伦塔

石头，又拿石漆当灰泥。他们又说：来吧，我们要建造一座城，和一座塔，塔顶通天……”最后上帝用不同语言瓦解了齐心造塔的人们，通天塔也在混乱中倒塌了。这种想象中的高耸结构物，在今天阿拉伯还依稀可见（图 1-28）。在全球化的今天，人类克服了语言的屏障，又建造了更高的插破云霄、高达千米的通天塔。而这种摩天楼的危险似乎主要并非来源于自然界，而是来自人类自身的纷争、战争或恐怖活动。

世界各地都有各国引以为豪的古迹，如罗马运水渠（Aquadukt）从公元前 700 年左右就开始建造，遍及罗马帝国的各个领地，也是砖石结构的

图 1–28　摩洛哥建筑巴勒斯坦 Samarra 古迹（公元 852 年）

图 1–29　罗马运水渠（Aquadukt）

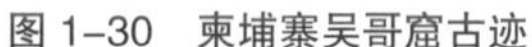

图 1–30　柬埔寨吴哥窟古迹

图 1–31　德国 Auerbach 古堡

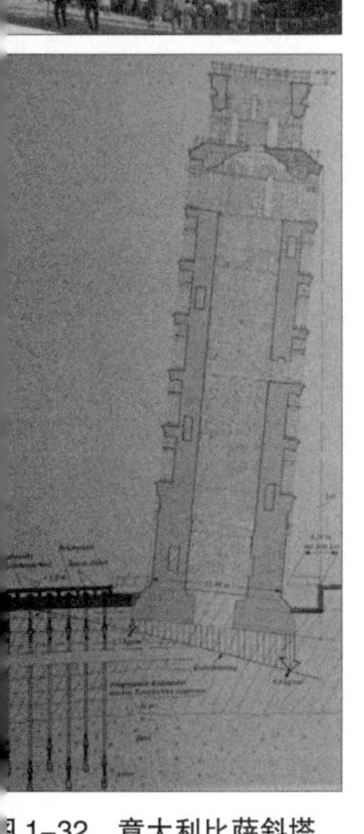

图 1–32　意大利比萨斜塔

巨作（图 1-29）。柬埔寨的吴哥窟等寺庙石结构，始建于公元 9 世纪（图 1-30）。更典型的是德国的 Auerbach 古堡（图 1-31），是 800 年前的遗迹，它的木屋顶也早已毁于火灾，但石墙依然矗立，这类以承重墙为主的结构在欧洲更为常见。

始建于 1173 年的比萨斜塔（图 1-32），在工程开始后不久便由于地基不均匀和土层松软而倾斜，1372 年完工。塔身倾斜，但仍然屹立至今。从地基到塔顶高 58.36m，从地面到塔顶高 55m，宽 5.09m，在塔顶宽 2.48m，总重约 14 453t，重心在地基上方 22.6m 处。圆形地基面积为 285m^2，对地面的平均压强为 497kPa。目前倾斜约 10%，即 5.5°，顶层突出 4.5m。由于地基沉降而造成高塔倾斜的例子还有不少。例如，笔者在威尼斯的彩色岛（Burano）见到的斜塔（图 1-33），前面提到过我国苏州的虎丘斜塔。它们的倾斜，使人们认识到地基的重要性，尤其是其均匀性的重要性。

图 1–33 意大利威尼斯的 Burano 岛上的斜塔

欧洲中世纪的重要建筑结构都留存于教堂和宫殿。西方古代建筑特别具有美感的部分，也有它们的结构功能，例如哥特式教堂的飞扶壁（图 1-34）。斜撑有助于高墙的稳定，并传递部分水平力。建造于 1163—1250 年间的巴黎圣母院（图 1-35）也有集美观与结构功能于一体的飞扶壁。科隆大教堂（图 1-36）是哥特式宗教建筑艺术的典范，高 157m，东西长 144.55m，南北宽 86.25m，始建于 1248 年，工程时断时续，至 1880 年才完工，历时 600 年。建筑物全由磨光石块砌成。教堂主体用 16 万吨石头砌筑而成，整个工程共用去 40 万吨石材。科隆大教堂是古代大型承重墙结构的范例。

各种形式的拱顶，是现代壳体结构的祖先。看了这些形形色色的教堂拱顶，就可理解很多现代建筑与结构大师的灵感既有他的创新，也有千年以来的传承。而建筑之美，很大程度上是结构之美，是力的直率表达。以

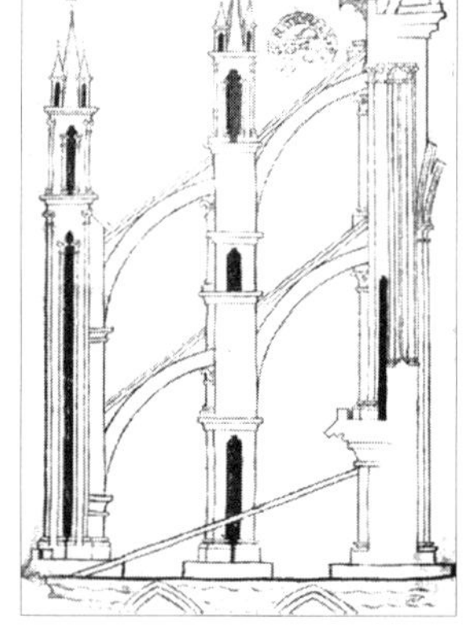

图 1–34 哥特式教堂的飞扶壁

图 1–35　巴黎圣母院

图 1–36　科隆大教堂

图 1–37　意大利佛罗伦萨教堂

图 1–38　圣彼得大教堂的拱顶

哥特式建筑为代表的这种建筑与结构统一的美，经过了历史的考验。

建于1296—1436年的意大利佛罗伦萨教堂（图1-37），和始建于326年、重建于1626年的罗马圣彼得大教堂（图1-38），都以它们的拱顶著称于世。

现存的欧洲教堂有形形色色的拱顶（图1-39），体现了结构之美。

拱顶不仅用于教堂等大型公共建筑，有趣的是它在民间的大量应用。近来笔者去意大利Bari附近的小镇Alberobello，那里的民居大量应用称为Trulli的尖拱屋顶（图1-40），是由沉积的石灰页岩堆筑而成，冬暖夏凉。那里炎夏时可达45℃以上，但Trulli内的气温始终保持在18℃左右。

图 1–39　形形色色的教堂拱顶——结构之美

图 1–40　意大利 Bari 附近的 Trulli 尖拱屋顶民居

图 1–41　希腊圣托里尼岛 Oia 镇的民居大量使用圆拱顶和圆柱壳屋顶

它们已有千年以上的历史，至今仍在使用。

在希腊圣托里尼岛（Santorini）的 Oia 镇，布满了蓝顶白墙、诗情画意的民居（图 1-41），而圆拱顶和圆柱壳屋顶得到普遍应用。

直到今天，当地居民仍在继续建造这种拱顶（图 1-42）。这些存在于民间的拱顶结构，因其结构只承受压力的受力特性，在仅有只能受压的砖

图 1–42　希腊圣托里尼岛 Oia 镇建造中的圆柱壳屋顶

或石材的年代，是拱顶大量使用、承传千年的原因，这就是结构顺乎自然的例证。

不仅在欧洲，巨大的拱顶在其他地区也有辉煌的遗存。例如土耳其伊斯坦布尔的圣索菲亚教堂（图 1-43），建于 532—537 年。印度的泰姬陵（图 1-44）始建于 1631 年。它们都有伟大的圆拱顶结构。

文艺复兴之后，文化的各个领域都在谋求摆脱中世纪的思维定式。工程结构在实用的领域迅速发展，如道路桥梁和与经济发展有关的工程。1747 年，法国国王路易十五下令建立一所专门培养国家工程师的学校，命名为国立桥路大学（École nationale des ponts et chaussées，ENPC）。建

图 1–43　土耳其伊斯坦布尔圣索菲亚教堂

图 1–44　印度泰姬陵

筑也向对民众更亲和的方向发展。17世纪前后，欧洲的建筑进入巴洛克（图1-45）时代。然而从结构的角度观察，它们渐渐失去了雄厚力量，连石柱的大理石纹理都是画出来的。建筑如布景式的华丽，渐渐和结构的力量脱离。到了洛可可风格（图1-46），装饰更趋奢华、繁琐。大跨度的拱顶等结构仍被应用，但已退居幕后。法国波旁王朝和俄国罗曼诺夫王朝都建筑了许多规模宏大、装饰华丽的宫廷建筑，但宫室愈趋浮华，王朝就愈趋衰落，终至灭亡。中外历史都见证了这个规律。

19世纪末期到20世纪初期，从艺术到工程，一股求新求变之风遍及各个领域，也影响到建筑和工程。奥地利和德国兴起的Jugendstil（青年新潮）是一个典型的例子。德国的达姆施塔特是笔者长期居住的城市，也是李国豪教授曾经学习生活多年的城市，就是Jugendstil的一个发源地和中心。图1-47是达姆施塔特众多青年新潮派建筑中的两个例子。尽管还是砖石结构，但从设计到构造细部，都独具匠心。设计师的目光从教堂、宫殿转向民用建筑，深入到民众的日常生活。使人有“昔日王谢堂前燕，飞入寻常百姓家”之感。其中重要的建筑师有欧尔伯利希（Joseph

图1–45　巴洛克建筑

图1–46　洛可可风格

图 1–47　青年新潮派

Maria Olbrich）和贝伦斯（Peter Behrens）（1868—1940 年），贝伦斯于 1907—1921 年在柏林从业，格罗庇乌斯（Walter Gropius）（1883—1969 年）、密斯·凡·德罗（Ludwig Mies van der Rohe）（1886—1969 年）和勒·柯布西耶（Le Corbusier）（1887—1965 年）都曾跟随他工作，比贝伦斯小 15 岁的格罗庇乌斯，是包豪斯（Bauhaus）建筑学校的第一任校长。

包豪斯（Bauhaus）建筑（图 1-48）是建筑史上重要的一章。1919—1933 年，在德国的魏玛（Weimar）、德绍（Dessau）和柏林（Berlin），包豪斯作为建筑教育和建筑风格的标志，开创了建筑的一个新时代。在教育上，包豪斯注重对材料的接触和认识，打破艺术家与手工业者的差别。

图 1–48　包豪斯建筑

提倡动手能力的训练，建筑师要有两年建筑结构工程的进修。它的特点是把简洁的造型、精确的功能和结构的力量整合在一起。从结构的观点来看，包豪斯是材料进入钢和钢筋混凝土时代之后，建筑风格和工程结构在新基础上的和谐，再一次突破了繁琐装饰的外衣，直率地表达了结构的力量。在建筑结构方面也掀开了崭新的一页。1927 年，密斯・凡・德罗主持斯图加特居住建筑示范展览，邀请欧洲实力建筑家参加设计，包括贝伦斯、格罗庇乌斯和勒・柯布西耶等 17 人。他们形成的理念包括：适应新的钢与钢筋混凝土结构远高于砖石承载能力的趋势，一些设计还突破西方承重墙体系的习惯，倡导骨架承重结构，改用填充墙。形成外观好像一个打火机的方盒子。同时提倡平屋顶，突破长期以来的坡屋顶形式，以致屋顶花园成为可能。骨架承重的结构形式，为大面积开窗提供了条件。上述理念后来由勒・柯布西耶归纳发表。1933 年之后，包豪斯的主将格罗庇乌斯、密斯・凡・德罗等在纳粹的迫害下，移居美国，把芝加哥作为包豪斯的新中心。从此在大洋彼岸兴起了现代主义的建筑新风，以钢结构和玻璃幕墙作为主要的建筑语汇，影响至今。

出生于瑞士的法国建筑师勒・柯布西耶，且不论他在建筑设计和城市规划理论上的是非功过，他设计过郎香教堂这样识别性极强的建筑（图 1-49），也在很多方面与包豪斯相互呼应。从结构角度看，勒・柯布西耶对钢筋混凝土这种新材料的充分发挥和推广起着不可忽视的作用。他提倡建筑结构要区分承重和非承重元素，提出了勒・柯布西耶五原则。骨架承重也为立面更自由的设计创造了条件。从包豪斯、勒・柯布西耶，我们清楚地看到结构材料的飞跃，即钢与钢筋混凝土的出现不仅引起结构的革命，

图 1–49　勒・柯布西耶建筑：郎香教堂和萨伏伊别墅（The Villa Savoye）及钢筋混凝土框架结构

而且推动建筑理念和设计的革命。

现代主义建筑与结构有着表里一致的追求。勒·柯布西耶创造了建筑的标准件——“多米诺系统”，既由钢筋混凝土平面的地面和天顶，以及立柱的支撑构成立体构架，这种自由的平面立体构成，成为 21 世纪国际样式的雏形。墙不再是承重结构，而使空间获得最大限度的自由。有人说这是现代建筑与传统建筑的分水岭。

美国现代主义的代表詹尼（William Jenney）与芝加哥学派也倡导框架结构（图 1-50）。这时钢铁业发展使建筑材料有了新的飞跃。1889 年在芝加哥开始建造十六七层的钢铁框架大厦。

赖特(Frank L. Wright)是典型的美国现代主义的代表。他强调建筑与环境协调,有如就地扎根,土生土长,称为“有机建筑”,推出称为“美国风”(Usonian)的住宅新体系。他主要用砖、石、木材、水泥和玻璃建造住宅。后来也使用钢筋混凝土,但不用钢结构。强调保持材料本色,所以给建筑带来了一种自然的美。忠于天然材料的特质并让它们在建筑整体中充分地展露,成为人工物与自然之间的有力联系。赖特常使用横线条,他设计的流水别墅(图 1-51),悬挑的楼板锚固在后面的山石中。主要的一层几乎是一个完整的大房间,建筑的意图由创新的结构而得以实现。传说赖特在巨大悬臂拆除模板时自己站在悬臂之下,显示他对结构计算的信心。

图 1–50　芝加哥学派的 Marquette Building

图 1–51　赖特的流水别墅

图 1–52　赖特作品：约翰逊制蜡公司总部和古根海姆博物馆

赖特还有很多佳作（图 1-52），同样重视建筑与材料和结构的和谐。赖特和格罗庇乌斯、密斯・凡・德罗、勒・柯布西耶都具有现代主义的共同之处，他们对现代材料的应用、功能的合理化和对结构本质的理解都有异曲同工之妙。但也有很大差别，包豪斯强调了建筑的通用性，使之成为放之四海皆为准的“国际流”，而赖特的建筑强调个性及与环境的谐调，只能在特定的环境中生长出来。

现代主义的大师很多，华裔美国建筑师贝聿铭（I.M. Pei）是华人建筑师中的佼佼者。20 世纪 80 年代他来同济大学讲学，并与陈从周讨论在建筑中运用中国园林的问题。他为同济大学师生讲课，罗小未翻译，笔者有幸在场聆听。贝聿铭是现代主义的大师，而他追求的建筑与环境协调和建筑与结构一体的理念给笔者留下极深的印象。所以笔者每到一地，总要去拜访贝聿铭的大作（图 1-53），无论是纽约美术馆东馆、巴黎卢浮宫、波士顿肯尼迪图书馆，还是香港中国银行大厦、北京香山饭店和苏州博物

（a）香港中银大厦

（b）巴黎卢浮宫

（c）日本 Miho 博物馆隧道与桥梁

图 1–53　贝聿铭的作品

馆。在日本，笔者还专程去看了藏于深山的，被称为桃花源的Miho博物馆。只是新建的卡塔尔多哈的伊斯兰博物馆还无缘见到。

作为结构工程师，笔者不敢妄议他的建筑特色。只从他处理建筑结构关系的功力来看，实在令人倾倒。他的作品很多，这里只选择一些结构实例进行讲述。贝聿铭特别善于应用钢桁架和钢网架。香港中国银行大厦，是高层建筑巨型结构的典型。巨大的钢桁架不但承担重力与抗侧力结构的重任，而且其本身构成了建筑的鲜明特色，是建筑与结构融合的典范。巴黎卢浮宫的玻璃金字塔，一直有争论。但笔者近日旧地重游，越发感到其设计的巧妙，难道还有比这更好的解决方案吗？在古典的经典建筑的中心位置，还有什么形式的后来者，才可以避免画蛇添足之讥呢？玻璃金字塔，其几何形式是经典无二的金字塔，而结构又是极具现代感的钢网架，就像镶嵌在古董上的钻石。结构简练经济，而结构本身就是建筑。日本Miho博物馆为钢结构建筑，其位置深藏不露，先要经过一个隧道，紧接着通过一道悬挂在钢拱上的斜拉桥，才能见到，让人有如入桃花源的感觉：“林尽水源，便得一山，山有小口，仿佛若有光……从口入，初极狭，才通人。复行数十步，豁然开朗。土地平旷，屋舍俨然。”一连串的现代结构技术——隧道、斜拉桥、钢结构框架却构成了古典的意境，结构与建筑已浑然一体。

位于波士顿的肯尼迪图书馆（图1-54），建筑外观用强烈的虚实和黑白对比，相应的结构上也用厚实的承重墙和空灵的钢网架加以对比。建筑

图1–54　美国波士顿肯尼迪图书馆的外部和内部

图 1–55　苏州博物馆

的对比由结构的对比来完成，这绝不是那种布景式的虚假建筑所能望其项背的。

贝聿铭在探索现代建筑的中国风方面也作了努力。例如早期的北京香山饭店，而后来的苏州博物馆（图 1-55）又进了一步。建筑上寻求与黑瓦白墙的苏州民居相呼应的风格，而结构应用三维钢框架的现代技术。

至于 2008 年建成的位于卡塔尔多哈的伊斯兰博物馆（图 1-56），则应用了实体墙结构，用白色石灰石砌成。在阿拉伯充沛的阳光下构成光影变化，简洁而丰富，又具有显著的阿拉伯建筑风格。贝聿铭说："我开始明白为什么我觉得科尔多瓦清真寺不是我寻求的伊斯兰精髓的真正代表，它太豪华太华美了，如果一个人说寻到了伊斯兰建筑的核心，难道它不是应该位于沙漠上，设计庄重而简洁，阳光使形式复苏吗？最后，在埃及开罗的伊本·图伦清真寺，我逐渐接近了'真相'，并相信我找到了我一直所要寻找的。"这位当时已经 91 岁的建筑大师不懈地追求，最后找到了建筑和结构的最佳选择。

作为一个结构工程师，笔者看到建筑师们非常重视研究建筑的发展史。

图 1–56　卡塔尔多哈伊斯兰博物馆和埃及开罗的伊本·图伦清真寺

但必须承认工程结构发展史的研究还很不够，结构工程师也不太重视结构发展的历史。我的孩子余巧和余迅及他们的母亲陶德华都是建筑师。尽管德华已经辞世十余年，但我一直怀念她对我在对建筑方面兴趣的影响。我们在家里和旅行中经常会谈论对建筑的观念和结构与建筑的关系。近来与余巧和余迅有过很多讨论，下面谈一点我们的“一家之言”，未必全面，但也是一种看法，以此作为这一章的收尾吧。

笔者认为，**“真善美”**是不可分割的。虚假的涂抹是不真，奢华的繁琐是不善，表面的绚丽未必美。结构工程师特别希望看到的是，结构的力量内涵与功能、美观的统一。最不能容忍虚假造作的建筑，图 1-57 就是丑陋建筑的极端实例。

传统城市代表了人类内在的、地域性文明构造，而现代城市代表了工业化和全球化后无差别化的文明构造。建筑的发展史是一部循环上升的历史。欧洲从中世纪到文艺复兴，世界曾是一个绝对的世界，善恶分明。建筑结构也不分家。工匠同时是建筑工程师、结构工程师。米开朗基罗在雕塑的同时，从事绘画，设计了圣彼得大教堂。建筑结构反映了材料的真实特性。人的理性和精神在哥特式教堂的穹顶中体现出来。人们将教堂的建设作为体现自己信仰的一种方式，如科隆大教堂 1248 年始建，直到 1880 年才最终完成。一代复一代，从内心开始建设。虽然在科隆大教堂的建设中，许多杰出的工匠，同时也是结构工程师、建筑工程师，并没有留下他们的名字，但他们用自己的作品，向世人展示了结构和建筑的伟大之处。如果“真善美”是普遍的标准的话，建筑结构的美建立在至真、至善的基础上。建筑结构如果是不真实的假结构，是装饰，自然不能算是真美。结

图 1–57　丑陋建筑

构之善即合理，不合理或不理性的结构，不能算是真美，是材料堆出来的，是钱堆出来的。

和哥特建筑的风格相比，奢靡的洛可可风格源于法国太阳王路易十四的法国宫廷和贵族，并风靡欧洲，但却在结构上没有什么作为。试想，柱子的装饰都是画上去的，结构还有什么价值可言呢？当前，很多建筑仿佛进入了一个“现代洛可可”时代。洛可可流行于王宫贵族之中，能够挥金如土，哥特建筑很难做到。如果以“真善美”来评判建筑结构，无疑后者的价值将远远高于前者。另一方面，我们也可以从中看到，挥金如土并不能创造出好的结构，过多的金钱反倒会抑制创新和品质。

第二次世界大战以后，百废待兴，建筑和结构出现了很大的发展。现在建筑结构的疲软，不是因为现在的经济不如战后，而是社会风气并不追求结构的合理、创新和极致。结构造价在当今地产开发投资中属于小头，没有人会过于关注。反倒是建筑形象极为重要，“新、奇、怪”代替了“真、善、美”，装饰代替了品质。建筑师与结构师本来不分，到如今却分成两个截然不同的“专业”。建筑师只管外观和功能，结构反正“包在里面”。这样，怎能出现好的结构？原来战后出现的创新结构如壳体、悬索，甚至预应力在现在的建筑中都很少运用。仿佛钱太多了，不需要去省。钱真的太多了吗？在保证安全性的前提下，可以说，“好”的结构是“省”的结构。

从感性出发的“观念”与从理性出发“结构”在建筑史上演着“分久必合，合久必分”的戏码。现代主义“观念”与“结构”的合一，在后现代主义又一次被撕裂。而从结构工程师的立场看，我们希望促进感性与理性的结合，“观念”与“结构”的和谐。

工程结构、建筑结构发展的历史和建筑史纠缠在一起。本书的读者对象是结构工程师，对于念过大厚本中外建筑史的建筑师，本讲只是一个外行的门外之见。但笔者希望能引起本来对此兴趣不大的结构工程师们对工程结构历史发展的一点关注。但对结构工程师而言，除了了解建筑史之外，还要重视研究结构史，可惜现今对结构史的研究还是太少了。不懂历史，也不会懂得创新。温故而知新，也是我们结构工程师必要的任务。

第二讲　结构的丰碑

大师—大作—丰碑

写历史有两种体例：一种是通史，按时间顺序纵观发展过程；另一种是“史记”的列传体。第一讲我们简短地梳理了工程结构发展的脉络。而这一讲我们为结构大师作简要的列传，也列举了一些工程结构的杰作。结构工程师也要数一数我们的家珍，树一树我们的丰碑。

中国古代的结构大师

中国从儒家垄断思想界以来，从事工程的匠人，被认为不登大雅之堂，史书上鲜有记载。北朝时期的史书《北史·李浑传》中李浑曾对魏收说："雕虫小技，我不如卿。国典朝章，卿不如我。"《四书五经》成为知识分子的唯一经典，诗书也只是小技，实用的技术更是等而下之。所谓"三教九流"有各种说法，在大多数的说法中，工匠连下九流都排不上。后来有人重新排过，匠人也只排在最后几位。

在"劳心者治人，劳力者治于人"时代，只有韩愈在《圬者王承福传》中写到过建筑工人："圬之为技，贱且劳者也。有业之，其色若自得者。听其言，约而尽。问之，王其姓，承福其名。世为京兆长安农夫。天宝之乱，发人为兵。持弓矢十三年，有官勋，弃之来归。丧其土田，手镘衣食，馀三十年。舍于市之主人，而归其屋食之当焉。视时屋食之贵贱，而上下其圬之佣以偿之；有馀，则以与道路之废疾饿者焉。"讲的是泥水匠是卑贱而且辛苦的手艺。有个人以此为业，却好像自己很得意。听他讲话，言词简明，意思却很透彻。问他，他说姓王，名承福。祖祖辈辈是长安的农民。天宝年间发生安史之乱，抽调百姓当兵，他也被征入伍，手持弓箭战斗了十三年，有官家授给他的勋级，但他却放弃了回到家乡来。丧失了田地，就靠当泥水匠维持生活三十几年。他寄居在街坊房东家里，付房租和伙食费。根据当时房租伙食费的高低，来增减他的工价，偿还给主人。有钱剩，就送给流落在道路上残废饥饿的人。圬者就是泥水匠，历来是被人看不起的贱业。而韩愈总算是给予了正面的描述，尽管是居高临下的口气，还是留下了一个建筑工人的画像。20世纪50年代，笔者在同济大学求学时，钢筋混凝土和砖石结构教研室称为"圬工教研室"，应该是其来由吧。

所以中国历史上只有伟大工程与建筑，但很难找到知名的工匠。传说中几千年来也只有大禹、鲁班和墨翟。

大禹治水（夏代，公元前2070—公元前1600年），通常的说法是：舜命禹的父亲鲧治水，鲧只懂得堙、填之法，失败后为舜所杀。禹接受父亲治水失败的教训，改用疏导之法，终于成功。其实《国语》等古籍说过大禹治水也是用堙、填之法，如“堙洪水”“以息土填洪水”。一千多年后的战国时代，《墨子》书中称大禹治水常用疏导之法，可能是以后逐渐发展的结果。大禹实则是先民治水的一个象征人物（图 2-1）。

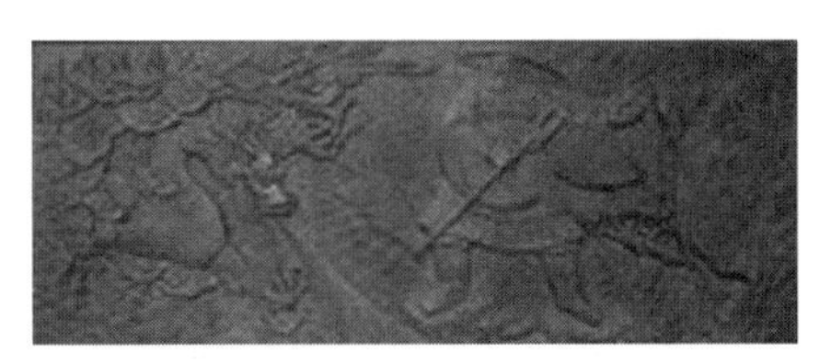

图 2-1　大禹治水

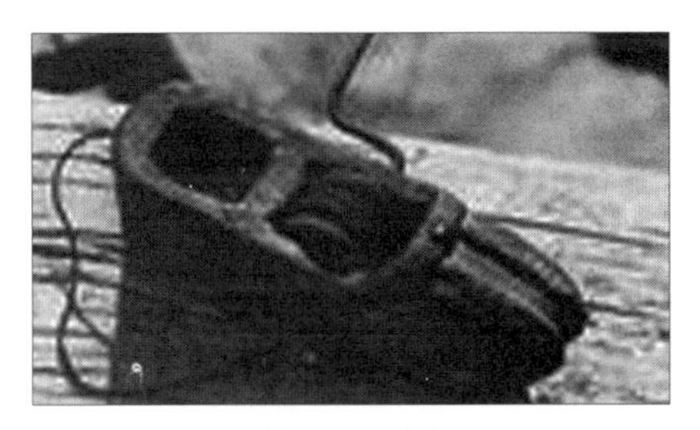

图 2-2　墨斗

图 2-3 《墨子》

作为中国木匠祖师爷的鲁班（公元前 507—公元前 444 年），生活在春秋末期到战国初期，原名公输班，鲁国人，故称鲁班。木工用的工具，如钻、刨、曲尺、墨斗(图 2-2),据说都是他发明的。有很多古代的发明，例如攻城用的云梯也都被认为是他的发明。至今如果有人在专家面前卖弄知识，也被称作“班门弄斧”。

春秋时代的哲学家墨翟（公元前 468—公元前 376 年）是墨家创始人（图 2-3），曾与儒家并列为显学。春秋时代百家争鸣，学术气氛活跃。墨子除研究哲学和逻辑之外，对宇宙、数学、物理、机械、兵器等都有建树。他是我国古代认真对待力学问题的学者。例如他在《经说上》中说：“力，刑（形）之所以奋也。”即力是物体运动的原因。对于力和反作用力，杠杆原理等都有认识。他不但有理论，还有实践，曾建造车子和风筝。对军事的攻守之道很有研究，据说他与鲁班辩论取胜，阻止了鲁班去帮助楚国进攻宋国。可惜中国古代这种具有科学思想和工程理论萌芽的学派，在汉代独尊儒术之后，都渐渐销声匿迹了。

除此之外，几千年只有三位姓李的工程师被载入史册。

李冰（约公元前 256 年战国时期任蜀太守），其主持建造的灌溉工程都江堰工程（图 2-4）由鱼嘴分水堤、飞沙堰溢洪道、宝瓶口进水口三大部分和百丈堤、人字堤等附属工程构成，解决了江水自动分流（鱼嘴分水堤四六分水）、自动排沙（鱼嘴分水堤二八分沙）、控制进水流量（宝瓶口与飞沙堰）等问题，消除了水患。1998 年灌溉面积达到 66.87 万 hm^2，灌溉区域达 40 余县。人们为了纪念李冰父子，建了一座李冰父子庙，称为二王庙，并且还有关于他们的神话广为流传。

李春于 595—605 年建造赵州桥（安济桥）（图 2-5），赵州桥是世界上现存最早、保存最完善的古代“敞肩”石拱桥，也是完美解决结构合理、功能高效和形式美观的工程范例。

2014 年笔者去巴黎，见到塞纳河上的钢桥有类似的体系（图 2-6），可见这种既减轻自重又利于泄洪的体系有其合理可行之处。想到赵州桥要早一千多年，还是为我们的祖先感到自豪。

图 2-4　都江堰

李诫（字明仲，1035—1110 年）主编的《营造法式》（图 2-7）成书于 1100 年，刊行于 1103 年，是他在宋初浙江工匠喻皓的《木经》（已失传，在宋沈括的《梦溪笔谈》中有简略记载）基础上编制而成。是北宋官方颁布的一部建筑设计、

图 2-5　赵州桥

图 2-6　巴黎塞纳河上敞肩钢拱桥

图 2-7　营造法式

施工的规范书，也是我国古代最完整的建筑技术典籍。全书34卷，357篇，3555条，是当时建筑设计与施工经验的集合与总结。在《营造法式》中，以“材”作为建筑度量的标准。“材”在高度上为15分，而“材”的厚度规定为10分。斗拱的两层拱之间的高度定为6分，也称为“栔”，大木作的一切构件均以“材”“栔”“分”来确定。这种做法早在唐初已有运用，但是《营造法式》在文字中第一次明确记录，并对工料作了严格的限定。说明一下：大木作，是指我国传统木构架的主要结构部分，由柱、梁、枋、檩等组成。同时又是木建筑比例尺度和形体外观的重要决定因素，大木是指木构架建筑的承重部分。而小木作则是古代传统建筑中非承重木构件的制作和安装专业。

近代史料中有明确记载的著名建筑师和工程师是清朝的样式雷。样式雷祖籍江西永修，第一代雷发达于康熙年间，由江宁（南京）来到北京，直到第七代雷廷昌在光绪末年逝世，样式雷家族有七代为皇家设计并修建了宫殿、园林、陵寝以及衙署、庙宇等工程。雷家几代都是清廷样式房（相当于今天的设计院）的掌案头目人（总设计师），被世人尊称为“样式雷”，作品有故宫（图2-8）、颐和园、圆明园等。

图2-8 故宫

中国清代样式雷建筑图档案在2007年被列为联合国非物质遗产。图2-9为样式雷的手绘和烫样（模型）。

图2-9 样式雷的手绘和烫样

图 2–10　天安门

图 2–11　苏州网师园

天安门城楼（图 2-10）的设计者，公认为蒯祥，也是苏州园林建造者香山帮的祖师。香山帮后来建造了纽约大都会博物馆的中国庭院明轩，是以苏州网师园内“殿春簃”（图 2-11）为蓝本移植建造。

总体上来说，中国古代有过不计其数的重要工程和建筑，其中不乏伟大的典范。可惜千年以来，中国官方与民间都极少重视技术总结和理论的进步提升，只满足于经验的传承。纵观工程结构在我国的历史，尽管我们不能数典忘祖，但也得承认实在乏善可陈。工程结构理论，是西方体系的引进。近三十年来我国大量的工程实践位居世界第一，但工程科学的总结和创造是否能与如此巨大的实践相称？这是值得我们每位结构工程师深思的。将土木工程视为古老学科，以其不值得重视和发展，不值得提供研究经费，或者总是跟在西方结构理论发展的后面以亦步亦趋的态度待之，就会重蹈我们老祖宗的覆辙。例如工程抗震，现在的理论并不成熟，而抗震理论对工程结构的安全和经济举足轻重，影响动辄以百亿千亿计。我国作为多地震国家，为了创造性地发展相关理论，再大的投入也是值得的。其他领域，如结构耐久性理论和实践，这里暂且不提。全球化不是我们无所作为的借口，笔者希望看到与中国基本建设规模相适应的理论建树。

世界土木工程古代标志性人物

除了第一讲已经提到的金字塔、巴格达通天塔、玛雅金字塔、希腊帕提农神庙、古罗马水道和浴室斗兽场等世界土木工程奇迹之外，我们接下来从文艺复兴说起，而且只提及几个谈到工程历史就绕不过去的标志性的

图 2–12　达・芬奇

图 2–13　按达・芬奇设计来建造的德国圣・高尔要塞

人物。

列奥纳多·达·芬奇（Leonardo Di Ser Piero Da Vinci，1452—1519 年）（图 2-12），其艺术成就，例如绘画作品《蒙娜丽莎》《最后晚餐》广为人知。而他对自然学科领域的研究更有划时代的意义。他在数学、力学、光学、解剖学、植物学、动物学、人体生物学、天文学、地质学、气象学以及机械设计、建筑工程、水利工程等方面都有创见。他的工程知识丰富，已发现的笔记手稿就有 7000 多页。他曾用虚速度的原理来解释静力学的基本问题，对军事工程也有深入研究。图 2-13 是笔者参观德国莱茵河畔圣高尔的要塞时所拍，据说是按达・芬奇的设计建造，其中碉堡、隧洞、暗道坚固复杂，易守难攻。土木工程的英文是 Civil Engineering，Civil 直译就是民用，而与其相对的是军事工程。现代的科学技术很多也是军转民，一门新技术，往往在航天航空的军事领域先发展，然后逐步转向民用。在“人类血战前行的历史中”，古代生产力低下，倾全民之力实现军事上的强大。因此最伟大的土木工程往往是国防工程，例如中国的长城。达・芬奇可以说是近代土木工程的鼻祖。

笔者在 2014 年 5 月曾去法国的卢瓦河谷访问了两处和达・芬奇有关的古堡，收获很大。在被称为堡王的香波堡（Chambord）（图 2-14），见到了达・芬奇的天才奇想：双螺旋楼梯，如图 2-15 所示。香波堡的建造从 1519 年由出征攻克了意大利米兰省的法国国王弗朗索瓦一世启动。

图 2–14 香波堡

图 2–15 双螺旋楼梯

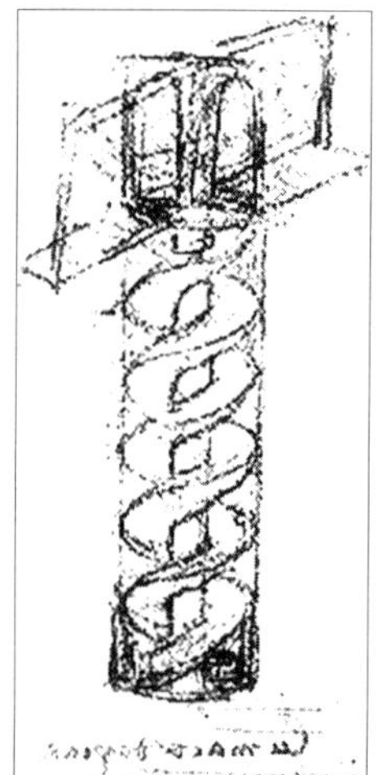

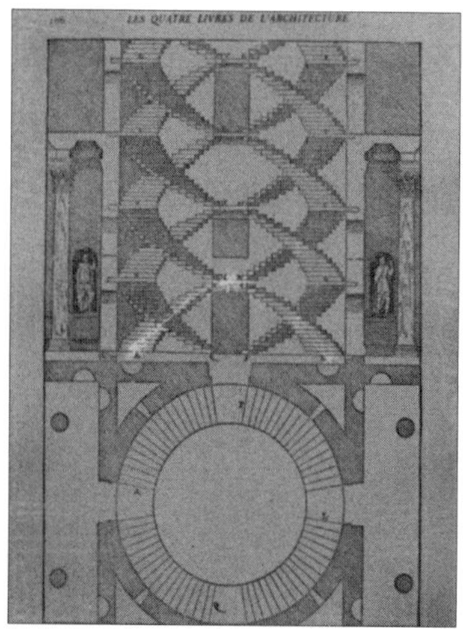

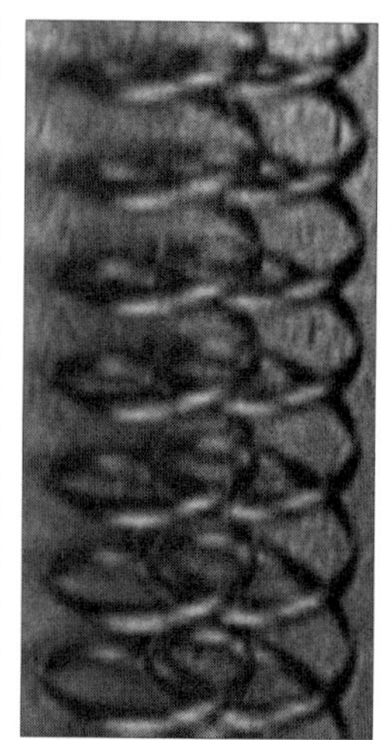

图 2–16 达·芬奇和他设计建造的法国香波堡的双螺旋楼梯

弗朗索瓦一世痴迷于文艺复兴的建筑和艺术，不但醉心于文艺复兴式的建筑，要建造伟大的城堡宫殿，而且把文艺复兴时期的大师请到他的身边。达·芬奇一生的最后三年就住在法国。他不但把画作《蒙娜丽莎》留在法国，而且为弗朗索瓦一世设计了这个双螺旋楼梯。据说这个楼梯可以让王后不会和她住在同一栋城堡里却又不想见面的人不期而遇。双螺旋楼梯的原理好像两个弹簧插在一起，沿着其中任何一个弹簧，都可以盘旋而上，但互不交叉。图 2-16 列举了实物照片和设计草图，读者可以细心揣摩。

德国柏林的国会大厦改建后的玻璃穹窿，也有双螺旋楼梯（图 2-17），游客顺其中一道向上，又顺另一道向下，互相见到对方而又互不干扰。笔

图 2-17　德国柏林国会大厦的双螺旋楼梯

图 2-18　法国克洛 • 吕斯城堡的达 • 芬奇公园及其设计的自行车和移动式弓弩车

者去过几次，本以为是建筑师诺曼 • 福斯特（Norman Foster）的发明，后来才知道福斯特是继承了达 • 芬奇的创造。文明的传承和发展真是奇妙，很值得拥有五千年文明的中华民族深思。

笔者也造访了克洛 • 吕斯城堡（Chateau du Clos Luce）的达 • 芬奇公园（Parc Leonardo da Vinci）。这座城堡建于 1471 年（图 2-18），1516 年弗朗索瓦一世以最高礼遇对待达 • 芬奇，任命他为“首席画家，国王的建筑师、工程师”，让其定居于克洛 • 吕斯城堡，并给予他与王子同等的薪俸。在中国漫长的历史上，似乎没有一个建筑师、工程师得到过类似的礼遇。由此或许可以窥见近几百年来西方科技发展较快的奥秘。

达 • 芬奇在爱徒和忠实侍从的陪同下，带着他心爱的三幅画，其中包括《蒙娜丽莎》，以64岁高龄，骑着骡子翻越阿尔卑斯山来到法国。在克洛·吕斯城堡度过了其生命的最后三年。而今，在这座城堡中，40件达·芬奇奇思妙想的草图被做成了模型展出，图2-18是由他设计的自行车和移动式弓弩车，还有各种武器，如坦克车、排炮等。但最令我们土木工程师感兴趣的是一些结构的创新。图2-19展示了他设计的桁架桥和图中下面这种空间桁索桥。它以受压的竖杆和交叉的拉索组成空间桁架，不知这种桥梁有没有实现过。达·芬奇公园好像是工程师的圣地，它在昭示600年前工程界先贤的伟大，也好像在嘲讽和鞭策后来平庸的工程师。可以和达·芬奇相提并论的还有米开朗基罗，这里就不详谈了。

图2–19　达·芬奇公园的桥梁模型

伽利略·伽利雷（Galileo Galilei，1564—1642年），近代科学之父，近代实验物理学的开拓者（图2-20）。在经典力学的创立上，伽利略可说是牛顿的先驱，为牛顿正式提出运动第一、第二定律奠定了基础。1592年伽利略转到威尼斯公国的帕多瓦大学任教，不受教廷直接控制，学术思想比较自由。此时他一方面吸取前辈的数学与力学研究成果，一方面经常考察工厂、矿井和各项军用民用工程，帮他们解决技术难题，也从中吸取生产技术知识。在此时期，他深入而系统地研究了落体运动、抛射体运动、静力学、水力学以及一些土木建筑和军事建筑，发现了惯性原理，研制了温度计和望远镜。在工程结构方面，进行过梁的弯曲试验和理论分析，

图2–20　伽利略和梁的实验

图 2–21　牛顿和英国剑桥大学三一学院及其苹果树

断定梁的抗弯能力和几何尺寸的力学相似关系（尽管这个公式并不完全正确）。他指出，对长度相似的圆柱形梁，抗弯力矩和半径立方成比例。他指出工程结构的尺寸效应（这对结构模型试验极为重要，小比例的模型与原型的差异不可忽略），尺度过大，会在自身重量作用下发生破坏。动物形体尺寸减小时，躯体的强度并不按比例减小。

艾萨克·牛顿（Isaac Newton，1643—1727 年），在其 1687 年发表的论文《自然哲学的数学原理》里，对万有引力和三大运动定律进行了正式表述（图 2-21）。牛顿阐明了动量和角动量守恒的原理。他与莱布尼茨被认为是微积分的发明人。牛顿奠定了此后三个世纪里物理世界的科学观点，并成为现代工程学的基础。但牛顿定律适用于低速运动的物体（与光速比速度较低），只适用于宏观物体，牛顿第二定律不适用于微观原子，其参照系应为惯性系。土木工程和工程结构至今基本上没有超出牛顿力学的范畴。

近现代结构大师和大作

下面本书将列举一些对工程结构做出过重大贡献的结构工程师、力学家、建筑师，他们都留下了里程碑式的理论或实践作品。在日趋全球化的工程界，进入近现代的一个显著特征就是科学无国界。在本书中，人名的排列以他们出生先后为序。

图 2–22　安东尼・高迪・科尔内特

安东尼·高迪·科尔内特（Antoni Gaud Cornet，1852—1926 年），西班牙“加泰罗尼亚现代主义”（Catalan Modernisme）的建筑家（图 2-22）。“加泰罗尼亚现代主义”属于 19—20 世纪之交的新艺术运动的一个分支。高迪虽然是建筑师，但他对结构的深刻理解和运用，使他也被认为是结构工程师。尤其是建筑和结构，以前是不分家的。

高迪的作品如米拉公寓（Casa Milá）、圣家族教堂（Sagrada Família）（图 2-23）不仅是建筑的奇葩，其结构也巧夺天工。高迪用悬链线设计圣家族教堂的塔楼（图 2-24），而早在高迪一百多年前的 1742 年，意大利数学家珀兰尼（Poleni）就使用悬链线检验了罗马圣彼得大教堂穹顶的稳定性，从此建立了结构形式和作用力之间的关系。之后，苏黎世瑞士联邦理工大学（ETH）教授库尔曼（Karl Culmann）发展了“图解静力学”。他的方法基于图解表示法，既包含大小也包含方向。图解法将结构内力直接应对结构本身的几何形式，它成为一种设计工具，用于快速地创造和提炼结构形式，既可以控制结构的力，又可处理结构的形，是计算技术发达之前的重要手段。安格勒尔（Angerer）提出的“表皮结构”（Surface Structure）不同于传统按实体、骨架和表皮分类的方法。“表皮结构”的

图 2–23　高迪的作品

(a) 圣家族教堂内部

(b) 米拉公寓砖拱和展出的悬链

图 2–24　高迪的结构

图 2–25　百水的作品

本质特征是内部空间和外部形式的叠合，形式在内部也展露无遗。高迪就是“表皮结构”的先行者，他的建筑无论从内部或是外部都符合“表皮结构”的特征。

可以和他对比的是奥地利建筑师百水（Hundertwasser），他只是在传统的结构上“设计”外表，他的建筑缺乏“力”的内涵。百水的名言是“上帝不喜欢直线”，但他的建筑楼板只能是平的，墙只能是直的。与高迪相比，百水只是在表面玩弄曲线而已（图 2-25）。

图 2–26　罗伯特 · 麦拉特

罗伯特 · 麦拉特（Robert Maillart，1872—1940 年），瑞士工程师（图 2-26）。20 世纪初设计的三铰拱桥梁和“蘑菇头”平板结构（图 2-27），在结构和建筑合理协调上有很高的造诣，是早期应用钢筋混凝土结构的先驱之一。

图 2-27　麦拉特的作品

斯蒂芬·普罗阔珀维奇·铁木辛柯（Stephen Prokofievitch Timoshenko，1878—1972 年），生于乌克兰的美籍力学家（图 2-28）。他编写了《材料力学》《高等材料力学》《结构力学》《工程力学》《高等动力学》《弹性力学》《弹性稳定性理论》《工程中的振动问题》《板壳理论》和《材料力学史》等二十种书籍。铁木辛柯用能量原理解决了许多杆板、壳的稳定性问题，并把它运用到梁和板的弯曲问题以及梁的受迫振动问题上。他在梁横向振动微分方程中考虑了旋转惯性和剪力，这种模型后来被称为“铁木辛柯梁”。另一种以人名命名的梁是“欧拉梁”，它忽略了剪切变形和转动惯量，认为垂直于中性轴的平截面在变形后仍保持为平面，适用于梁的高度远小于跨度情况下。铁木辛柯梁考虑了剪切变形与转动惯量，考虑了横向剪切变形的影响，如高度相对跨度不太小的深梁，此时梁内的剪切变形将引起梁的附加挠度，并使截面变形后发生翘曲。铁木辛柯在一切和我们工程结构有关的力学领域，都有系统论述，对长期相对封闭的中国教育、科研和工程界产生过无可争议的影响。

图 2-28　斯蒂芬·普罗阔珀维奇·铁木辛柯

欧根·弗雷西奈（Eugène Freyssinet，1879—1962 年），法国工程师（图 2-29）。他的贡献是使预应力混凝土进入了实用阶段，使得混凝土结构可以用来建造大跨结构（图 2-30）。1919 年，他设计的圣皮埃尔的 132m 混凝土拱桥打破当时的跨度记录；1929 年，他设计了 96.2m 的拱桥和几个大型薄壳混凝土屋顶，包括奥利的飞机机库；1930 年，完成了 180m 的普卢加斯泰勒桥。他详细地研究了蠕变并发展了他的预应力思想，在 1928

图 2-29　欧根·弗雷西奈

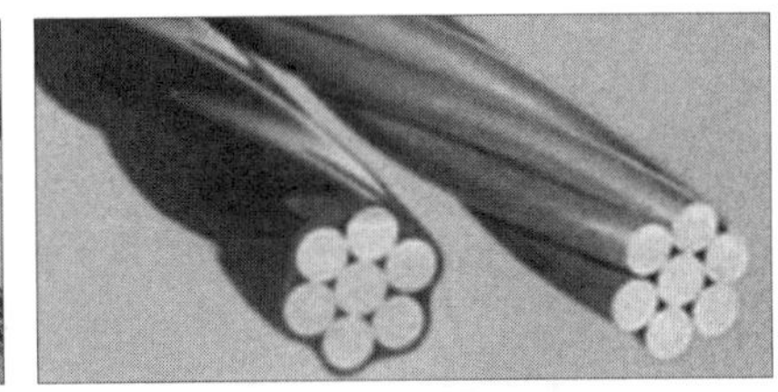

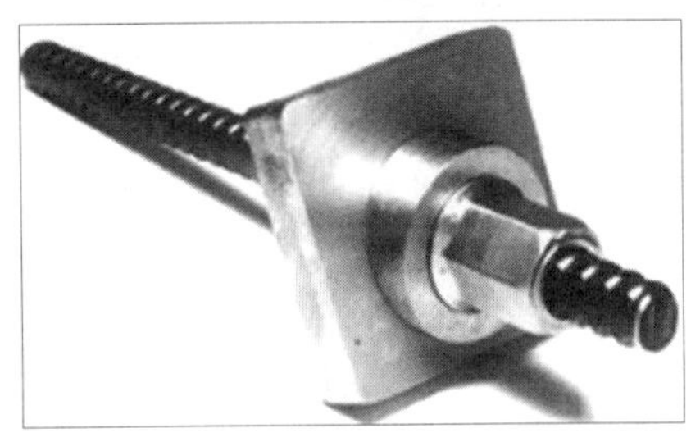

图 2-30　弗雷西奈的作品

图2-31　皮埃尔·路易奇·奈尔维

年得到专利。弗雷西奈虽然做了很多开发预应力混凝土的工作，但他并不是预应力发明者，德国工程师多林（Doehring）早在 1888 年就获得预应力方法的专利。弗雷西奈的主要贡献是认识到只有高强度预应力钢丝才可以抵消蠕变和松弛的影响，并发明了独特的锚头，可以应用于多种不同类型的结构。

皮埃尔·路易奇·奈尔维（Pier Luigi Nervi，1891—1979 年），意大利结构工程师和建筑师（图 2-31）。他深刻认识到钢筋混凝土在具有创造新形状和空间方面的巨大潜力，作品大胆而富有想象力。他擅长用现浇或现场预制钢筋混凝土建造大跨度结构，这种建筑具有高效合理、造价低廉、施工简便、形式美观等特点。他是运用钢筋混凝土的大师，把钢筋混凝土大跨结构做到极致。第二次世界大战后，奈维尔迎来了他的创作高峰。20 世纪 50 ～ 60 年代，大量由他设计的让人耳目一新的结构相继建成（图 2-32、图 2-33）。1950—1960 年被称为是“结构表现主义”的十年，几何形态和内在力学的潜力逐渐被发掘，曲面的应用引领了混凝土薄壳时代的来临。建筑作品的建筑功能和结构形态逻辑被完美统一起来。作为一个 50 年代下半期在同济大学学习结构工程的学生，奈维尔是笔者心目中结构工程师的第一个偶像。从老师俞载道、冯

图 2-32 奈维尔的大跨建筑结构，右下图是俞载道 1960 年设计的同济大学大礼堂结构

图 2-33 奈维尔 1964 年设计的蒙特利尔高层

之椿带领笔者的同班同学设计的同济大学大礼堂，就可以依稀见到奈维尔的影子。

理查德·拜克明斯特·富勒（Richard Backminster Fuller，1895—1983 年），美国建筑师、设计师（图 2-34）。他悉心研究所谓“测地线球形”，并建成了实际的建筑物（图 2-35）。他发明的连续拉紧与不连续压缩（continuous tension–discontinuous compression）理论，将飞机用的铝合金蒙皮或乙烯塑料薄皮制成球体。他毕生致力于“运用科学的原理来解决人类的问题”。

图 2-34 理查德·拜克明斯特·富勒

图 2-35　1967 年富勒设计的加拿大蒙特利尔环境博物馆

图 2-36　奥维・耐库斯特・阿鲁普

图 2- 37　悉尼歌剧院

奥维・耐库斯特・阿鲁普（Ove Nyquist Arup，1895—1988 年），丹麦出生的英国结构工程师（图 2-36）。他致力于打破结构与建筑的屏障。众所周知的悉尼歌剧院（图 2-37），其结构设计由阿鲁普主导。他创建的设计公司的项目遍布全球。

图 2-38　阿历克斯・阿历克塞维奇・格沃兹杰夫

阿历克斯・阿历克塞维奇・格沃兹杰夫（Алексей Алексеевич Гвоздев，1897—1986 年），苏联建筑工程专家（图 2-38）。自 20 世纪 30 年代起，格沃兹杰夫长期主持苏联钢筋混凝土技术规范的编制和修订工作。在塑性力学、徐变理论、杆件体系结构力学、板壳理论、钢筋混凝土结构计算理论及预制混凝土结构等方面都有重要贡献。尤其是结构的极限强度理论，对中国工程结构规范的编制有过深刻的影响。20 世纪 50—80 年代，中国工程结构从理论到实践都以苏联为榜样，直到今天，这种影响在工程结构各领域，从规范到教学，都有很深的痕迹。对于我这样学结构的学生而言，格沃兹杰夫的著作，是少数我们能读得到和必须读的权威书籍。值得一提的是，在 20 世纪 50—60 年代的薄壳热潮中，苏联和中国结构工程界也出现过研究壳体的趋势。苏联弗拉索夫（В.Э Власов）等的薄壳理论，成为中国学者和工程师学习的重点。纵观工程结构的发展史，苏联学者的影响不可忽视。

图 2–39　埃德加·托罗哈

埃德加·托罗哈（Eduardo Torroja，1899—1961 年），西班牙结构工程师（图 2-39）。20 世纪 50—60 年代混凝土薄壳的先锋之一。他是国际空间结构协会 IASS 的创始人和第一任主席。在西班牙语系的工程师中，他上承高迪，下启坎德拉。托罗哈被称为混凝土壳体诗人，他擅长悬挑结构、空间网格壳体和预应力混凝土的设计（图 2-40）。在西班牙经济困难时，

图 2–40　托罗哈的作品

图 2-41　武藤清

2-42　日本东京霞关大
，超高层建筑的开始

托罗哈用最少的材料、最低的造价完成了很多优美的作品。IASS 的终身成就奖颁发给对空间结构工程做出贡献的结构工程师，就是以托罗哈的名字命名的。

武藤清(Muto Kiyoshi, 1903—1989 年), 日本抗震结构学家(图 2-41)。20 世纪 40 年代从事抗爆研究；50 年代研制出 Smac 强震仪并从事高层建筑研究；60 年代提出高层建筑强震反应分析及动态设计法，用于建筑结构对地震波的反应分析，奠定了柔性结构抗震理论基础。1962 年由他主持设计的日本第一座超高层建筑霞关大厦（图 2-42）（36 层，高 147m）建成。霞关大厦突破了日本关东大地震以来，不准建造 11 层以上建筑的限制。武藤清发展了较精确合理而简单易行的抗震结构设计法。武藤清主编的 6 卷抗震设计丛书：《抗震设计法》《钢筋混凝土结构的塑性设计》《钢筋混凝土结构的强度和变形》《动态分析》《结构力学的应用》及其应用篇《结构的动态设计》, 其中以《抗震设计法》最为著名。武藤清是“文革”后首先访华的结构工程学者之一。他到同济大学讲课时，笔者在接待中跑腿，为他搬运从日本带来的瓶装水，那时根本不理解哪有喝水还要从国外带来，也是第一次见到瓶装水。同济大学的老师们把他的 6 卷著作都译成中文，油印出来，这些成为我们学习抗震工程的启蒙教科书。1982 年，笔者因为同济大学引进美国 MTS 公司的地震模拟振动台，去日本参观鹿岛建设的类似振动台，了解到武藤清和鹿岛的关系很密切。日本的产学研那时就有很好的合作。我们参观东京的新宿地区，看到霞关大厦和更高的建筑，也参观鹿岛建设。进入他们的会议室，墙上挂着一只钟，旁边写着在此开会，每分钟费去多少日元，其中包括与会人员的薪资在内，数目很大。那时深圳刚刚提出“时间就是金钱，效率就是生命”的口号，令人奋发，但那时笔者在大学工作，金钱在心目中感觉和自己并无关联。所以当时看到这些，感到非常震撼。

坪井善胜(Yoshikatsu Tsuboi, 1907—1990 年), 日本结构工程师(图 2-43)。他与丹下健三等建筑师合作, 完成了很多标志性的工程(图 2-44), 包括 1964 年东京奥运会代代木体育馆、1970 年大阪世博会场馆等。丹下研究室的大谷幸夫曾经说过：“当看见坪井先生与丹下健三先生在一起讨论问题时，分不清楚哪位是建筑师，哪位是结构师。”日本的建筑师为什么在国际上都具有举足轻重的地位，很重要的一个原因就是有很多优秀的结构工程师，例如木村俊彦、坪井善胜、青木繁、川口卫、松井源吾、佐佐木睦朗、斋藤公男、渡边邦夫等。本书只举其中几位进行介绍。

图 2–43　坪井善胜

图 2–44　坪井善胜的作品

弗利兹·莱昂哈特（Fritz Leonhardt，1909—1999 年），德国桥梁结构工程专家、钢筋混凝土专家（图 2-45）。在德国斯图加特大学和美国普度大学求学，是现代高层建筑、电视发射塔、预应力桥和斜拉桥的先锋之一（图 2-46）。他设计的斯图加特电视塔是世界第一座钢筋混凝土电视高塔。他的难能可贵之处，是不停留在结构的设计计算阶段，莱昂哈特对桥梁和高耸结构的施工方法也做出了很多创造性的贡献。他凸显了德国工程师手脑并用、负责到底的精神。莱昂哈特任教于斯图加特大学，他的名著《钢筋混凝土教程》是这方面的经典。

图 2–45　弗利兹·莱昂哈

图 2–46　莱昂哈特的作品和他送给笔者的书

笔者在德国工作时，许多有水平的同行，案头都放着他的这本教材。该书已译成多种文字，包括中文。笔者在编写本书时，从同济大学图书馆多次借阅这本书重读，收益良多。但遗憾地发现，借书卡上读者寥寥。笔者的忠告是，**书不在新，经典永存**。结构工程师和本专业的老师时常读一点经典，会有很大启发。

笔者在 1989 年访问莱昂哈特在斯图加特的公司。这是我的老朋友福里格勒（Fliegner）教授做的安排。福里格勒于 1935—1937 年在同济大学任教，七七事变后，他与同济师生共命运，撤退到江西，对中国和同济有着深厚的感情。虽然他是测量学的教授，但与结构界有广泛联系。莱昂哈特把他的著作《各种时代和各种文化的高塔》（*Türme aller Zeiten*，*aller Kulturen*）这本书送给我。精美的图片涵盖了世界各地古老和现代的高塔和高层建筑的佳作。他以全球视野，表示了对各种文化和历史的尊重，其中有不少中国的古塔。类似作品还有《桥梁——美学和造型》。

图 2-47　费雷克斯·坎德拉·奥特利农

费雷克斯·坎德拉·奥特利农（Felixouterino Candela Outeriño，1910—1997 年），西班牙和墨西哥建筑师、工程师（图 2-47）。他以超薄的双曲线薄壳设计闻名。坎德拉大部分工作在墨西哥完成，在 20 世纪 50—60 年代，他负责过 300 多个工程和 900 个项目（图 2-48）。坎德拉努力发挥钢筋混凝土结构工程的潜力，构成极为有效的圆顶或薄壳。利用形状的力量消除混凝土的拉力。他往往通过最简单的手段解决问题，经常依靠几何来分析壳体的性质，而不是用复杂的数学手段。他和奈尔维、托罗哈等共同掀起 20 世纪 50—60 年代的薄壳潮。很难定义他们究竟是建筑师还是结构工程师，因为他们把建筑与结构融成浑然一体了。

图 2-48　坎德拉的作品

纳坦·摩提莫尔·纽马克（Nathan Mortimore Newmark，1910—1981年），美国结构专家、力学家（图 2-49）。他提出的纽马克 β 法，在动力学特别是地震工程分析中数值积分得到广泛应用。纽马克和罗森布卢斯（E.Rosenblueth）撰写的《地震工程学原理》是这方面的一本经典著作。他也参加过一些工程的设计。美国土木工程师协会（American Society of Civil Engineers，ASCE）设立的奖项以纽马克命名，可见其在美国土木工程界的影响。美国有三个科学院：美国工程院（National Academy of Engineering）、美国科学院（National Academy of Sciences）和美国艺术与科学院（American Academy of Arts and Sciences）。纽马克是这三个科学院的院士。20 世纪 90 年代，笔者应邀访问伊利诺大学（University of Illinois at Urbana-Champaign），参观了以纽马克命名的工程学院（图 2-50），留下了深刻的印象。

图 2-49　纳坦·摩提莫尔·纽马克

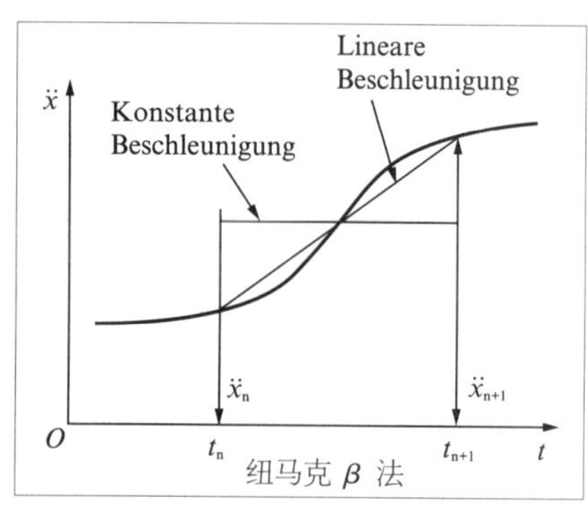

图 2-50　纽马克命名的工程学院及纽马克参与的工程

林同炎（本名林同棪，1912 — 2003 年），美籍华裔工程结构专家（图 2-51）。他主导的工程有美国加州旧金山莫斯科尼中心、尼加拉瓜美洲银行大厦、新加坡单柱斜拉桥、波多黎各双曲线抛物面壳顶结构体育馆、委内瑞拉加拉加斯全国赛马场屋顶、中国台湾关渡大桥、忠孝大桥、高屏大桥、碧潭桥等（图 2-52）。1977 年，林同炎和菲儿马格（D. Allan Firmage）设计了跨越亚美利坚河奥本坝库区的拉克—阿—丘其（Ruck-A-Chucky）悬索桥方案，这座桥有 1 300 英尺（约 400m）长，由三度空间几何配置的钢索从山谷两边斜张锚定形成与大自然融和又变化万千的独特

图 2-51　林同炎

图 2–52　林同炎的作品

造型。此桥曾在 1979 年赢得“进步建筑”（Progressive Architecture）的设计首奖。虽然最后未能付诸实践，但该桥一直被公认为力学与美学结合的典范作品。1969 年，ASCE 将该学会的“预应力混凝土奖”改名为“林同炎奖”，这是美国科技史上第一次以一个华人名字命名的科学奖项。林同炎也被称为“预应力混凝土先生（Mr. Prestressed Concrete）”。美国总统里根在 1986 年将美国最高科学奖——国家科学奖颁发给他，奖状上写着：他是工程师，教师和作家。他的科学分析、技术创新和富于想象力的设计，不仅跨过了科学与艺术的壕沟，还打破了技术与社会的隔阂。

图 2–53　李国豪

李国豪（1913—2005 年），中国桥梁结构专家、力学家（图 2-53）。1929 年考入同济大学。1938 年和 1942 年先后获德国达姆施塔特工业大学工学博士和教授资格学位。他的博士学位论文《悬索桥按二阶理论实用分析方法》用悬索桥等效模型揭示了力学本质。作为经典悬索桥二阶理论在德国等国家的教科书中被广泛引用，他因此被称为“悬索桥李”。笔者曾经在世界 500 强的德国 Hochtief 公司工作过，很多同事只知道一个中国同行的名字，就是李国豪。1943 年，李国豪进行偏心压杆的第二类稳定压溃荷载研究，他以能量变分形式提出“弹性平衡分支的充足辨别准则”，从理论的高度阐明了第一类和第二类失稳的本质区别和辨别准则。他解决了如桁架这样的离散杆系结构的连续化分析方法和桁梁弯曲与扭转理论，改进了当时在拱桥设计中荷载横向分布计算方法，阐明了斜拉桥颤振性能的问题。对桥梁的诸多理论问题，都作出重大贡献。他在科研选题上一贯倡导“必须具有工程背景，必须解决实际问题”。从武汉长江大桥、虎门大桥、南浦大桥到中国许许多多的大桥，都有他和他的学生们的贡献。李国豪早年在德国学习，20 世纪 80 年代，他重新建立了同济大学与德国的联系，使同济大学成为我国高校对德联系的窗口。他为中德学术交流和科技合作作出了不可磨灭的贡献。他提倡严谨求实的学风，为办好同济大学竭尽心力。他去世时，笔者写了一副挽联“力学专家精于力，静力动力凝聚力；桥梁专家善造桥，江桥海桥中德桥”，除了纪念他在力学和桥梁方面的成就，还纪念他在凝聚各方面力量，打造中德交流之桥的贡献。

从 1955 年起，笔者进入同济大学，作为一个结构工程的学生，李先生就是我们心中高山仰止的大师。但我在建工系，无缘听到桥梁的课程。在 20 世纪 70 年代，笔者向他请教升板群柱失稳的问题，开始直接领会他的睿智。80 年代初，笔者受命筹建同济大学出版社，因为工作关系，与李先生接触机会多了一些。在他指导下参与《中国大百科全书土木工程卷》的编辑工作。该卷卷首“土木工程”四字由李先生撰写，指定笔者做他的秘书。在无数次修改过程中，亲身体会到他的渊博和严谨。他对工作要求极严，一丝不苟，把德国式的严谨和中国式的聪慧结合在一起。在世纪之交，李先生和夫人到访德国，笔者和万钢代表德国同济校友会在李先生母校所在地达姆施塔特欢迎李先生。在一个宜人的夏夜，我们围坐畅谈，李先生回忆二战时期在德国求学的情景，生活十分艰苦。他出去旅行，都是靠骑自行车，他曾骑过几百公里到纽伦堡，但许多想去的地方，也未能如愿。相比之下，现在的留学生条件好多了。李先生在二战结束后，急于回国报效，通过辗转到法国马赛，乘坐法国到越南西贡的运兵船，然后转往香港，再回到上海。李先生鼓励我们回国效劳或以各种形式为国效劳。在近距离的接触中，体会到他作为长者亲切和蔼的一面（图 2-54）。

中国现代的结构大师，除美籍的林同炎，笔者只选了熟悉的李国豪作为一个代表。按照《中国大百科全书》入选的标准，有个人条目的中国土木工程著名人物，古代只有前面介绍过的李春和李诫，近现代的有詹天佑、

图 2-54　笔者与李国豪在会上和他家中

凌鸿勋、蔡方荫、茅以升、赵祖康、刘恢先和本书写到的李国豪、林同炎。有心的读者可以容易地查到他们的资料。至于 30 年来我国工程大发展，还有更多英才和大师出现，这就要等历史慢慢来筛选了。

图 2-55　托马斯·庖雷

托马斯·庖雷（Thomas /Tom Paulay，1923—2009 年），匈牙利出生的新西兰地震工程、结构工程专家（图 2-55）。他求学始于布达佩斯技术大学，又经过在联邦德国 3 年学习，而完成学位于新西兰的坎特伯雷大学，并一直在此任教。他在新西兰工作的年代，使新西兰成为世界工程抗震新理念的研究中心。通过增加变形能力和指定结构薄弱环节的方法，进行结构的能力设计。这种抗震设计的理念，成为世界多国规范的基石（图 2-56）。他对梁柱节点和结构弹塑性扭转的研究，也居于世界前沿。

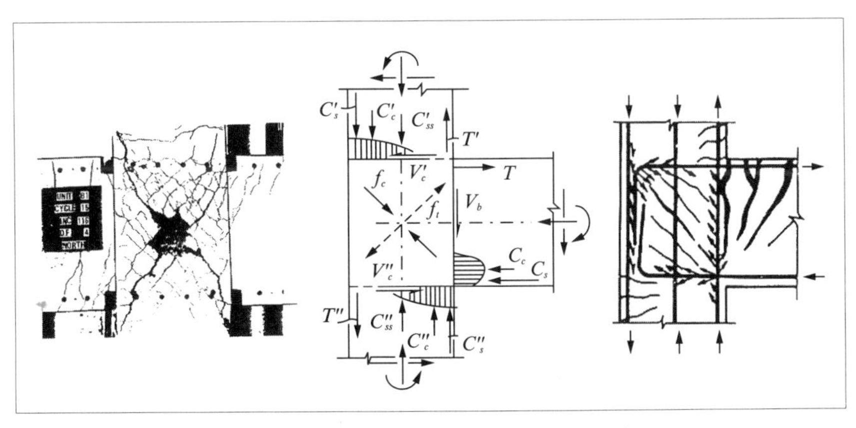

图 2-56　庖雷对框架节点的实验和理论研究

从 20 世纪 80 年代起，笔者与庖雷教授一直保持着学术上的交往。1975 年，派克（R.Park）和庖雷合作撰写的《钢筋混凝土结构》（*Reinforced Concrete Structures*）一书，成为 1976 年之后一代结构工程师的经典。当时，我们副教授晋升前的外语考试题，就是从这本书里抽取一段。同济大学的结构教师，几乎人手一册。1982 年，笔者得到这本书的影印本，爱不释手。从这本书学到的知识，对笔者参加《建筑抗震设计规范》（GBJ 11—1989）的编制工作给予很大启发。1988 年，庖雷来同济大学访问，笔者得以近距离与之接触。请他在我这本影印本（后来才懂得原来是盗版书的）上签字。他热情地写了许多，毫不介意，很体谅我们当时在较封闭状况下求知若渴的心情（图 2-57）。20 世纪 90 年代，笔者在德国工作期间，两次见到来德国访问的庖雷。他见到笔者像老友重逢那样亲切。笔者也目睹德国关心抗震的教授、专家是多么尊重他。新西兰虽小，但有了庖雷这样的大师，在工程抗震界，软实力是极其强大的。此后多年间，庖雷与笔者一直有信件往来。笔者得到一本他撰写的《钢筋混凝土建筑抗震设计的确定性方法》（*A Deterministic Approach to the Seismic Design of Reinforced Concrete Buildings*），这本书和《钢筋混凝土结构》至今都放在笔者的案头。有次见到他，他刚从故乡匈牙利回来，路过德国。笔者在 1988 年曾应邀访问过他的母校，在布达佩斯待过几周，所以和他谈起来略知一二。庖雷

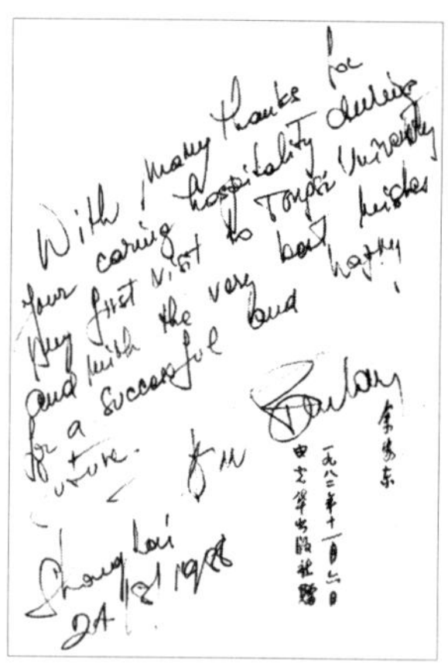

图 2–57　庖雷在同济大学结构试验室和给笔者的题词

图 2–58　新西兰基督城震后

感叹地说，刚在转型的匈牙利的教授们，忙于挣钱而不能专注于研究。他自己在新西兰当教授，收入不错，从不为生活操心，所以能专心搞研究，并询问中国教授的现况。

21 世纪，坎特伯雷两次遭遇大地震，第一次损坏不大，第二次损害严重。笔者想，庖雷抗震理念的思考一定又进一步深化了吧。2017 年，笔者到新西兰南岛，拜访了庖雷教授工作多年的基督城（Christchurch City），经过两次地震，市内废墟犹存。城市赖以命名的大教堂，已经比图 2-58 的状况有所修复，但仍有震后的痕迹。故人已逝，惆怅难言。但也悟出庖雷为什么倾毕生之力，追求结构抗震真谛的动力所在了。他是一位好老师，深受学生和各国同行的敬爱。他的幽默风趣、敏捷忠厚令人难以忘怀。哲人已逝，理念长存。

图 2–59　弗瑞 · 奥托

弗瑞 · 奥托（Frei Otto，1925 年至今），德国结构工程师、建筑师（图 2-59）。奥托致力于仿生的结构，而他最著名的是帐幕屋盖结构。屋盖的最佳形状是奥托通过肥皂水试验寻找肥皂膜最小表面，探索尽可能少的覆盖表面积。1957 年他建造了第一个帐幕建筑——科隆舞台。他还设计用长木条，建成世界上第一个网壳——曼海姆多功能厅。1968—1972 年慕尼黑奥林匹克体育场的主要体育场馆屋顶结构最终根据他的设计理念进行建造（图 2-60），建筑师班尼希（Behnisch）和结构工程师斯莱希（Jörg Schlaich）使设计得以实现。笔者曾参观过奥托的试验室，确实令人耳目一新。

图 2-60　奥托的作品

海因兹·伊斯勒（Heinz Isler，1926—2009 年），瑞士结构工程师、壳体专家（图 2-61）。他毕生从事壳体的研究和实践。他用仿生法和模型法，不依赖计算机，设计建造了 40 种 1400 个薄壳（图 2-62）。他用悬挂的织物来创造三维的张拉表面，在冬天浇水让它结冰，其他季节则浇上流体石膏让它凝固，反转的几何形状提供等值的抗压结构。20 世纪 80—90 年代，德国达姆施塔特工业大学（TH Darmstadt）的 König 教授请他来上课，伊斯勒每周从瑞士赶过来一天，给学生上课。笔者有一段时间在那里做客座教授，每当伊斯勒来，就和笔者共用一个办公室。他是一个极其勤奋、智慧且随和的老人。笔者去旁听他的课，看到他指导学生用麻布和石膏制作壳体模型，鼓励学生发挥想象力，创造出种种新颖的几何形状，让笔者体会到结构的真谛在于几何的力量。他上课和工作，乐在其中，开心得像

图 2-61　海因兹·伊斯勒

图 2-62　伊斯勒的壳体和他的课堂

个孩子在玩他心爱的玩具，所谓赤子之心，溢于言表。

他曾邀请笔者去他在瑞士小镇布格多夫（Burgdorf）的家兼试验室。在那里，他和他的学徒们像在一个作坊里的工人，孜孜不倦地制作各种模型和进行试验。伊斯勒和他的夫人邀请我们一家去吃饭，谈起他的壳体和瑞士的雪山很协调。于是，他为我们每人点了一个巨大的"雪山冰淇淋"作为饭后甜点，真让我觉得和雪山一样大，费了好大劲才勉强吃完。伊斯勒让我感到他的童心未泯，这也许是结构大师无限创造力的源泉。试想如果一个工程师整天满脑子的名利金钱，还有创新的空间吗？伊斯勒送我一本拉姆（Ramm）和雄克（Schunck）为他写的书《伊斯勒的壳》（图 2-63）。其中插图尽管不太清楚，但我仍用在这里，以示对他的怀念。

伊斯勒 1945 年进入苏黎世联邦理工大学（Eidgenössische Technische Hochschule in Zürich，ETH）学习。1866 年，库尔曼（Karl Culmann）开设图解静力学课程是 ETH 结构学院的必修课。ETH 将结构工程师从大量计算拉回到结构找形。在力学和美学间搭起一座桥梁，使瑞士结构工程师和建筑工程师的合作达到高峰。瑞士和德国结构工程师设计各种结构，要进行综合性思维推演。结构工程师首先考虑如何建造，建筑师关注功能和人们的感知。通过模型和草图，在合作中出现的矛盾使双方感到有趣。以开放和合作的心态寻求共同的原则。通过找形推演图，突破冰冷的数字，将力流的方向转换成可以触摸的实实在在的形。在瑞士，和建筑师水乳交融的结构工程师人才辈出，如后来的康策特（Jürg Conzett）等。国家虽小，创新很多，伊斯勒是他们的一个代表。

图 2-63 《伊斯勒的壳》封面　壳与雪山

莱斯利·罗伯逊（Leslie E. Robertson，1928 年至今），美国结构工程师（图 2-64）。代表作包括纽约世贸中心双子塔（2001 年毁于“9·11”恐怖袭击）、上海环球金融中心、香港国际金融中心等。罗伯逊与华裔建筑大师贝聿铭合作很多，担任香港中银大厦、苏州博物馆、日本美秀美术馆（Miho Museum）的结构顾问（图 2-65、图 2-66）。

图 2-64　莱斯利·罗伯逊

图 2-65　罗伯逊参与的作品

图 2-66　纽约世贸中心原址重建大厦，罗伯逊也参与咨询

笔者多次在国际会议和项目合作中见到过罗伯逊，他是个敏捷、睿智的老专家。印象很深的一次是 2001 年 7 月，在法兰克福的棕榈花园（Palmengarten）举行国际高层建筑研讨会，其中有罗伯逊的报告。他主要介绍上海环球金融中心方案修改的情况。他的话声刚落，坐在笔者前面几排的一位年轻人站起来提问：你作为纽约世贸中心的结构设计者，是否考虑过，如果一架飞机撞上这座双子大厦，会发生什么情况？罗伯逊当时回答说，1945 年帝国大厦也曾被一架 B-52 轰炸机撞到过，但并无大碍，完全修复了。同一年的 9 月 11 日，就发生了“9·11”事件。我后来回想起当时的插曲，私下里揣测：那个年轻人如果不是天才先知，可能就是恐怖分子的一员，趁机来探听虚实吧。可是我当时只见到他的背影，又没有拍照，也就无从说起了。2011—2012 年，笔者参加德国维勒·索碧可（Werner Sobek）结构咨询公司的设计团队，几次和罗伯逊在上海金融中心大厦的项目会议上讨论结构方案。感到他的确是位经验丰富，老而弥坚，值得尊敬的结构工程师。

图 2–67 笔者和罗伯逊

图 2–68 1945 年纽约帝国大厦被 B–52 误撞

图 2–69 2011 年纽约世贸中心遭恐怖袭击

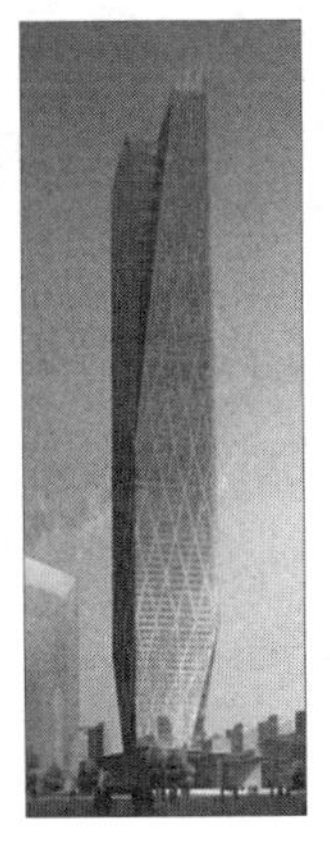

图 2–70 反恐高层建筑方案（Hochtief）

图 2-67 为笔者与罗伯逊先生的合影，右图为 2012 年圣诞节罗伯逊寄给笔者的贺卡上的照片，是他和妻子 Karla Mei 在非洲坦桑尼亚的合影。

说起“9 • 11”中被毁的纽约世界贸易中心，各种分析文章很多。看来内外筒体都是钢结构，似乎对高层建筑的安全不太有利。世贸中心迅速倒塌的原因，和飞机上装满了燃油有关。在高温下钢材融化或软化，失去承载能力。抗恐怖袭击，成为高层建筑结构的一个新课题。从建筑防火、快速疏散到结构的选型，材料和设计计算都在研究中发展。图 2-68、图 2-69 是纽约帝国大厦和世贸中心被飞机撞击后的情况。图 2-70 是笔者所在公司霍克梯夫（Hochtief）的反恐高层建筑的方案。

图 2–71　法兹鲁尔・汗

法兹鲁尔・汗（Fazlur Khan，1929—1982 年），出生于孟加拉国的美国结构工程师（图 2-71）。SOM 的合伙人。其代表作包括雄踞世界第一高楼名号近 30 年的束筒体系的西尔斯大厦、桁架筒体的汉考克中心（图 2-72），都是高层建筑发展的里程碑。当设计高度超越 60 层左右时，由地震和风力引起的侧向力远远超越了传统尺度内的框架结构所能承受的范围。法兹鲁尔・汗是框架筒体结构的倡导者，为高层建筑达到新的高度作出了很大贡献。

图 2–72　法兹鲁尔・汗设计的美国芝加哥西尔斯大厦和汉考克大厦

彼得・赖斯（Peter Rice，1935—1992 年），爱尔兰建筑师、工程师（图 2-73）。1960 年开始参与悉尼歌剧院的准备工作；1963 年移居悉尼做伊恩麦肯齐的助理工程师，负责悉尼歌剧院的建设；1971 年开始为蓬皮杜中心做结构；1985 年参与卢浮宫贝聿铭设计的玻璃金字塔项目，其设计的玻璃屋顶的外壳结构别具一格（图 2-74）。赖斯撰写的《索结构玻璃幕墙》是幕墙结构的权威著作。

图 2–73　彼得・赖斯

渡边邦夫（1939 年至今），日本结构工程师（图 2-75）。前面说过，日本有许多大师级的结构工程师，他们和建筑师合作是一种共同创造的过程。渡边邦夫从人和自然、社会和环境出发来讨论“结构学”，这一观点笔者非常认同。他的著作《结构设计的新理念新方法》探讨结构设计与力学、材料、施工的关系，和本书的意图相近。在日本，工程师分成民用建筑工程师和基建（桥梁等）工程师，这两个领域划分得很清晰。所有学习民用建筑的学生头三年同时学习建筑和结构，三年后，再自行选择方向继续深造。这种系科的安排，很有利于建筑、结构二者的结合。20 世纪 50 年代

(a) 悉尼歌剧院

(b) 巴黎蓬皮杜中心

(c) 卢浮宫金字塔

(d) 拉丰台斯新凯旋门

图 2–74　赖斯参与的著名结构工程

图 2–75　渡边邦夫

(a) 东京国际会议中心

(b) 横滨21世纪客船码头

图 2–76　渡边邦夫的作品

笔者在同济大学工民建专业学习，建筑设计的课程分量不轻，而且我们不但学习素描，还可以选修水彩课。渡边邦夫负责了一些著名建筑物的结构设计，如东京国际会议中心、横滨 21 世纪客船码头等（图 2-76），他的作品很多具有创造性，在一次访问中，他一再提到他本人最反感的就是规范，最讨厌的就是和日本的官僚打交道。

我们可以说"每一个伟大的建筑师背后，都有一个伟大的结构工程师"。除了古代的结构大师之外，本书只列举了 20 世纪初以来对近代工程结构，尤其是建筑结构影响很大，具有里程碑意义的大师和他们的大作。除了一些普遍公认的人物之外，笔者只选了一些自己很钦佩而又比较熟悉的人物，挂一漏万之处，请读者见谅。

百年来工程结构大作举例

百年来工程结构大作无数，其中一些已在介绍大师时提到了。所谓大，笔者觉得首先不要忘记大量之大，然后是无法忘怀的伟大之大。

图 2-77　装配式单层厂房

图 2-78　装配式大板建筑和多层厂房

结构工程师的工作领域，可以说有两个大方向。一种是大量性建筑，不论是工业还是民用建筑，需要大量反复地建造。这类结构曾经在我国的20 世纪 50—60 年代非常风行，其非常重要的特点是模数化、标准化、预制化和装配化（图 2-77、图 2-78）。

当前，对新一代模块化建筑（Modular Buildings）结构，优化结构形式、节约材料和施工高度工业化是需要关注的要点。结构规格化和建筑多样化之间的矛盾在这类建筑中尤其突出。结构的优化和合理固然重要，但不能成为唯一标准。新一代模块化建筑（图 2-79），必须努力解决在结构标准化的同时，使建筑能够丰富多彩。装配式建筑尽管有许多优点，但节点处理是个大问题。回忆工业化、模块化建筑结构的设计经历，想提出以下几点：

（1）模块化的建筑绝不仅是结构问题，必须把结构设计计算和整个施工过程，包括预制、运输、安装的全过程通盘考虑。

图 2-79　模块建筑

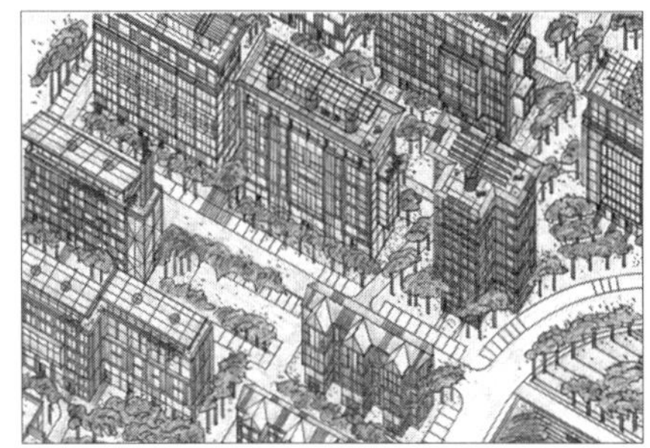

图 2-80　统一的结构形式和多样的建筑样式

（2）节点和接缝是模块化建筑的要害所在和成败关键。很多单层、多层装配建筑在地震中因节点而破坏，也有很多接缝材料老化，造成雨水渗漏。在民主德国，大量的大板建筑因为接缝处理不理想，而影响建筑的使用质量和寿命。

（3）要充分利用工厂预制的优势，应用高强钢材、混凝土和预应力技术。

（4）要把设备、管道甚至家具的安装在工厂条件下完成，一次安装到位。

（5）一定要把建筑多样化和结构统一化协调起来（图 2-80），单调的建筑样式不能满足市场的需求。

另一类就是特殊的个性化结构，主要是高层、大跨度和一些特殊的结构工程。这类结构是小量化的，基本上是唯一的。结构工程师以当时材料、技术和理论的最高水平，去挑战工程结构的极限，留下令人赞叹的高层大跨度结构工程巨作。追求形式主义，有些特殊的结构工程要求标新立异，具有强烈的识别性。但是有的业主和建筑师以此为由，忽视结构的合理性和经济性，会经不起历史考验。

2-81　美国芝加哥家庭险公司大楼

对高层建筑，本讲只能梳理一个大致的脉络。一般近代高层建筑从 1885 年建造的芝加哥家庭保险公司大楼（Home Insurance Building）算起（图 2-81）。楼高 10 层，42m。下面 6 层使用生铁柱和熟铁梁框架，上面 4 层是钢框架，墙仅承受自己的重量。1890 年这座大楼又加建 2 层，增高至 55m。该大楼于 1931 年拆毁。近代高层建筑与古代高矗建筑区别的一个标志是有电梯。当然重要区别在于材料，现代高层建筑不再使用砖石承重而是用钢和钢筋混凝土建造。

现代高层建筑应当从纽约利华大厦（Lever House）算起（图 2-82）。这是世界上第一座玻璃幕墙高层建筑，是钢结构外挂玻璃幕墙。受到包豪斯风格的影响。纽约利华大厦建于 1951—1952 年，共 24 层，上部 22 层为板式建筑，下部 2 层呈正方形基座形式。密斯 • 凡 • 德罗在 1919—1921 年设想的玻璃摩天大楼方案到这时得到了实现。纽约利华大厦成为当代风行一时的样板，被称为“国际流”。这种方盒子玻璃幕墙建筑在全球广泛应用，承重的是钢框架结构，也渐渐有钢筋混凝土结构应用于高层建筑。但是玻璃幕墙建筑过度的应用，渐渐暴露出很多问题，如外形的千篇一律、幕墙的光污染、框架结构的局限性等。建筑师和结构工程师又开始寻求新一轮的突破。

图 2–82　美国纽约利华大

近百年来，高层建筑发展迅速，这里只提几栋作为例子[①]。马来西亚吉隆坡的石油公司双子塔（图 2-83）高 452m，1996 年建成。两栋高层以长 58m 的天桥在 170m 高度处相连。桩基深 120m，每栋高层耗费 80 000m^3 混凝土、11 000t 钢筋和 7 500t 结构钢。

图 2–83　Petronas Tower
吉隆坡，马来西亚

法兰克福的商业银行大厦（图 2-84）由德国 Hochtief 公司建造，高 259m，不算很高，但 1997 年建成后，成为欧洲最高建筑达 7 年之久。它的结构很有特点，在三角形平面的三个角有三个钢筋混凝土筒体，其间由 10 层左右的钢结构桁架相连，形成巨型结构体系。建筑上的特色是每隔 9 层左右，有 3 层的空间，不设办公用房，形成空中花园，使每间办公室都能看到两面的天空。设计者为英国建筑师诺曼 • 罗伯特 • 福斯特（Norman Robert Foster），他也设计了香港汇丰银行、德国国会大厦等，对建筑和结构的关系有独到的理解。

图 2–84　商业银行大厦
法兰克福，德国

中国台北的 101 大厦（图 2-85）高 509m，整栋建筑重 700 000t，在第 88 层和 92 层设置了 725t 的重球作为减震摆，在结构抗震方面很有特色。

英国伦敦的瑞士再保险总部大楼（位于 30 ST Mary Axe）（图 2-86），2001 年落成于伦敦金融区，高 180m，这个高度在中国简直不值一提，

图 2-85 101 大厦，中国台北

图 2-86 30 ST Mary Axe，伦敦

图 2-87 上海金茂大厦

但在伦敦金融区，是所谓 City 的第二高楼。欧洲其他国家也对高楼持谨慎态度。Mary Axe 大厦外围的不锈钢网架的钢构件总长达 35km，超过 10 000t，在设计时考虑了建筑材料今后的循环利用。它的外形特殊，对此进行了风洞试验。

笔者觉得上海金茂大厦（图 2-87）是近年来最值得提到的高层建筑。虽未选入《创造性结构》一书，但仍在此着笔。金茂大厦高 420.5m，56 层到塔顶有一个直径 27m，净空 142m 的空中中庭。由美国芝加哥 SOM 设计，阿德里安 • 史密斯（Adrian Smith）主创。设计师将世界最新建筑潮流与中国传统建筑风格结合起来，获得伊利诺斯世界建筑结构大奖等。商品混凝土和散装水泥技术应用于地下连续墙、钻孔灌注桩、基坑围护、支撑，主楼核心筒、复合巨型柱及楼板等工程部位，应用的总量达到了 157 000m^3。金茂大厦使用的商品混凝土用散装水泥，机械上料、自动称量、

① 笔者手头有一本《创造性结构，100 年来的大师之作和工程艺术》（*Geniale Konstruktionen*，*Meisterwerke der bau- und Ingenieurskunst aus 100 Jahren*，后文简称《创造性结构》），选择了 73 个杰作。除了已经介绍的以外，再选取几个工程，也从其他方面增补了几个实例。

计算机控制技术，外加剂和掺合料“双掺”技术，搅拌车运输和泵送浇筑技术，创下了一次性泵送混凝土 382.5m 高度的记录。金茂大厦的核心筒和巨型柱的模板均采用定型加工的钢大模，所以在核心筒与楼面梁的钢筋连接处、主楼旅馆区环板与核心筒钢筋连接处、巨型柱与楼面梁的钢筋连接处，采用锥螺纹连接的施工技术，整个工程使用锥纹接头共计 58 296 只。采用了 C60 和 C50 的高强度混凝土。

高耸结构以电视台为代表。我国的两座电视塔均被《创造性结构》选入。上海东方明珠电视塔（图 2-88）1995 年建成，高 468m，重 120 000t。由塔座、3 根直径为 9m 的大柱、下球体、中球体和太空舱组成。“下球体”直径为 50m，“中球体”直径为 45m，“太空舱”直径为 14m。

广州电视塔（图 2-89）高 600m，2010 年建成。内核为钢筋混凝土筒体，外部钢结构体系由 24 根立柱、斜撑和圆环交叉构成，由上小下大的两个椭圆圆心相错，逆时针旋转 135°，扭成塔身中部“纤纤细腰”，最小处直径只有 30 多米，位于 66 层处。按抗百年一遇大风和抗 8 度地震设计。

大跨结构的许多杰作，在介绍大师时已提到，这里再简述《创造性结构》一书提到的两座德国的大跨结构。

德国慕尼黑的安联体育场（Allianz Arena）于 2005 年建成，长

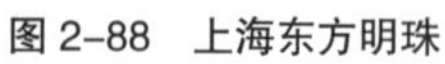

图 2-88　上海东方明珠

图 2-89　广州电视塔

图 2–90 德国慕尼黑 Allianz Arena 体育场

258m，宽 227m，高 50m（图 2-90）。使用了 120 000t 的混凝土和 22 000t 钢。屋顶大梁跨度 65m。表皮达 66 500m^2，采用了新的建筑材料乙烯 - 四氟乙烯 ETFE（Ethylen-Tetrafluorethylen），可以用电脑控制全部表皮的光色变化。观众席的充气坐垫也采用这种新材料，也可以变色和适应不同的气候变化。我们说，材料革命总是结构革命的先声，又轻又薄的新材料对大跨结构带来了新的契机。北京的水立方也用了乙烯 - 四氟乙烯 ETFE 材料。

德国柏林附近的 Brand 于 2001 年建成飞艇库 Cargolifter-Halle（图 2-91），长 363m，宽 225m，高 107m，形成 6 600m^2 及 5 200 000m^3 的大空间。由 Hochtief 公司建造，笔者工作所在的设计研究部负责人之一 Rützel 博士负责这项工程。笔者所编的基础设计计算模块曾在此应用。大家都知道德国齐柏林飞艇（Zeppelin）是一种或一系列硬式飞艇（Rigid airship）的总称，由德国斐迪南・冯・齐柏林伯爵（Count Ferdinand von Zeppelin）发明，1900 年首次飞行，曾经飞越大西洋。100 年后，德国人设想用新技术重新建造飞艇，可以载重 160t。但飞艇库建成后，飞艇计划却因资金和市场问题而难以为继，现在用作全天候的娱乐场。这样巨大的钢结构，却十分轻巧。注意下面一张图中的钢拱，它采用了折板型腹板，使两端各三片巨大的钢门自重减轻，可以滑移开关。大跨钢结构

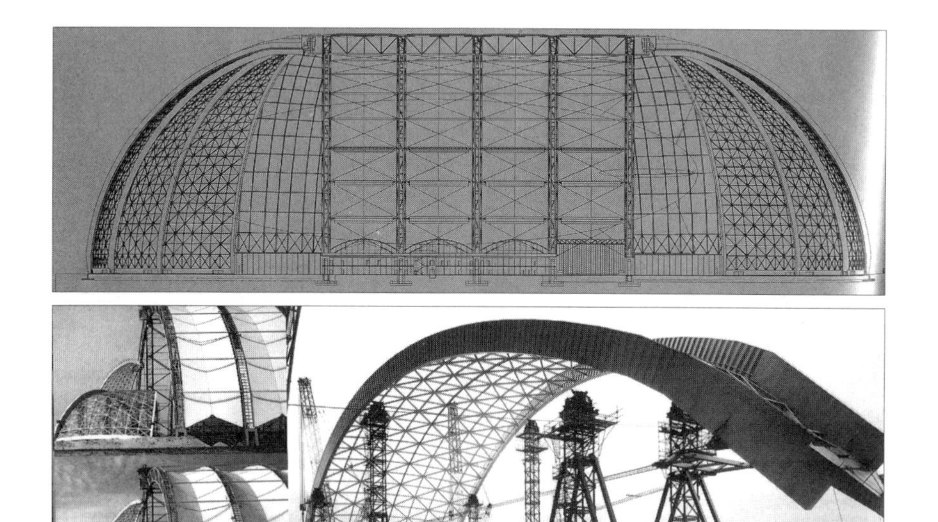

图 2-91　德国飞艇库 Cargolifter-Halle

用工字型钢，梁高很大时，腹板不是强度控制而是稳定控制，为了不失稳，腹板要很厚，大部分用钢量花在这里。改成折板形状，可以把钢板减薄，用钢量减少 30% ~ 50%。德国用这个技术建造了很多钢结构厂房和仓库。笔者曾两次专程去拜访这项专利的拥有者。笔者运用这个原理，2005 年在担任首钢钢结构首席顾问期间，研究了薄钢板折板型钢板剪力墙，发表了相关论文。

工程结构的范围很广。尽管桥梁结构和隧道结构都是很重要的分支，除文中已经提到的实例外，本书不拟详述，一则这两方面都有很多专著，二则囿于笔者的学识范围。这里列举几个被纳入《创造性结构》一书中的其他工程结构实例，结构工程师要扩大视野，还有更大的用武之地。

比利时布鲁瑟尔的原子塔（Atomium）（图 2-92）是为了世博会于 1958 年建成，是铁分子放大 1 650 亿倍的模型。原子塔高出地面 102m，打了 123 根 17.4m 的桩，结构钢板只有 12mm 厚。外面各球间距为 30m，离中心球距离 23m。公众可以进入 9 个球中的 6 个。笔者也曾乘坐其中倾斜的电梯进去过。

图2-92　原子塔，布鲁瑟尔，比利时

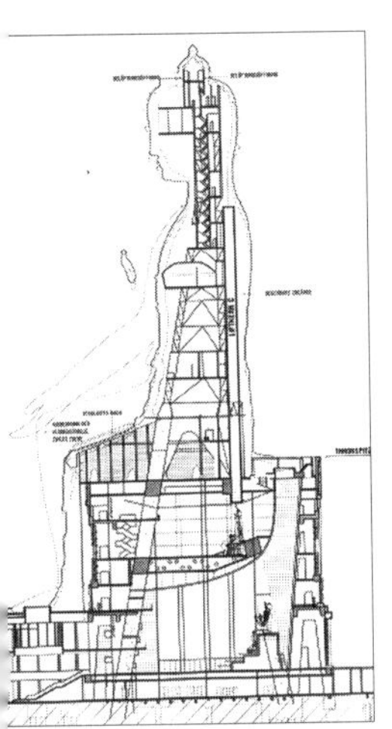
图 2-93　印度弥勒佛像
Maitreya，Kushinagar

印度拘尸那迦（Kushinagar）建造了152m高的弥勒大佛（Maitreya）（图2-93），重12 000t，按照1000年的结构寿命期来设计。采用高科技的钢结构，在英国谢菲尔德（Sheffield）制造。温度应力对这类不规则结构尤其重要，鉴于印度的气候，佛像内部有空调。设计时，考虑了温度变化、暴雨、地震、洪水和环境污染和一切可能的因素。对各种工况都进行了详细的计算机结构计算。内部的两个佛堂可以容纳4 000和2 000人，并有电梯和楼梯，在内部可以达到头顶。

笔者在荷兰参观过马斯朗特（Maeslant）风暴潮闸（图2-94）。1953年，因为风暴潮引起的洪水，使1 853人丧生。1997年建成的这项工程，闸门宽达360m，是庞大的防风暴潮引起洪灾的水利工程系统的一部分。这道世界最大的门可以绕轴旋转，轴承直径10m，重达680t。荷兰以水利工程闻名于世，水利工程结构是工程结构的一个分支，本书不打算详述，但以这个大型钢结构闸门为例，说明我们学科的覆盖面之广博。

著名的巴拿马运河（Panama）（图2-95）是这类工程的代表。我国古代有过都江堰和大运河这样的河道、水利工程，近年来，除了南水北调的运河工程，还在计划境外的运河工程。巴拿马运河于1914年首次通航，长82km，分9个台阶联通大西洋和太平洋。2006年，巴拿马运河决定拓宽。直到前两年，笔者还见到IKS的同事哈特曼（Hartmann）正在进行巴拿马运河有关工程抗震的计算。

海洋工程结构或离岸工程结构是正在迅猛发展的另一类工程结构。海

图 2-94　荷兰马斯朗特风暴潮闸（Maeslant-Sturmflutwehr）

图 2-95　巴拿马运河

底石油的开采平台（图 2-96）正越来越显示其重要性。还有海上风力发电平台也在发展中。结构工程师要放开眼界，所谓"海阔凭鱼跃，天高任鸟飞"，结构工程师无论在航空航天工程或者在海洋工程都可以发挥作用。举例来说，曾在同济和我合作的汪榴，现在空中客车（Air Bus）公司做飞机设计。笔者的一位好友 Krauss 本来是隧道工程师，而后来成为德国著名的离岸工程专家。从建工专业出身的结构工程师不仅可以从事建筑结构，还可在更多的领域发挥才能。

图 2–96　海油平台（Gasförderplattform Troll A，Nordsee，Norwegen）

图 2–97　核电站

笔者在德国工作，除了房屋建筑结构和核电站结构，还要承担桥梁和其他特种结构任务。在欧洲，土木工程中各种结构的界线是经常被打破的。在培养了大量建筑结构工程师的今天，扩展就业范围，值得引起注意。这时，知识的基础与贯通就显得格外重要了。

核电站结构（图 2-97）有自己独立的一套规范。核岛的反应堆结构和非核岛的汽轮机房、辅助车间及巨大的冷却塔，在结构上各有特殊要求。笔者长期从事核电站结构的动力分析。图 2-98 中列举了核反应堆作用于外部和内部的主要特殊荷载，它们大都需要进行动力分析。

最后，笔者还是想以建筑结构作本章的结尾。计算机硬软件技术的

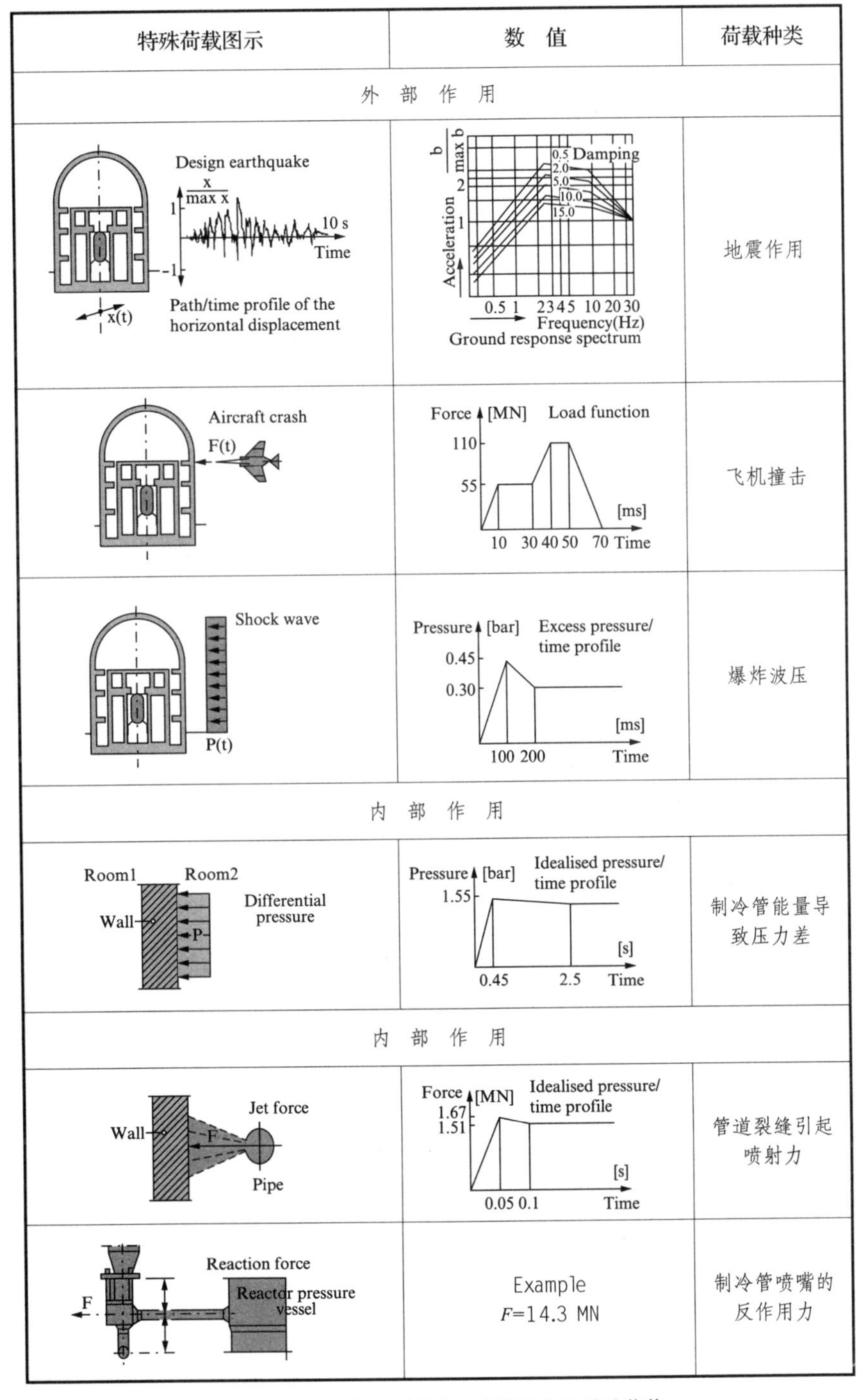

特殊荷载图示	数　值	荷载种类
外　部　作　用		
Design earthquake; $\frac{x}{\max x}$; 1; −1; 10 s; Time; x(t); Path/time profile of the horizontal displacement	$\frac{b}{\max b}$; Acceleration; 0.5 Damping; 2.0; 5.0; 10.0; 15.0; 1; 2; 0.5 1 2 3 4 5 10 20 30; Frequency(Hz); Ground response spectrum	地震作用
Aircraft crash; F(t)	Force [MN]; Load function; 110; 55; [ms]; 10 30 40 50 70 Time	飞机撞击
Shock wave; P(t)	Pressure [bar]; Excess pressure/time profile; 0.45; 0.30; [ms]; 100 200 Time	爆炸波压
内　部　作　用		
Room1; Room2; Wall; P; Differential pressure	Pressure [bar]; Idealised pressure/time profile; 1.55; [s]; 0.45 2.5 Time	制冷管能量导致压力差
内　部　作　用		
Wall; F; Jet force; Pipe	Force [MN]; Idealised pressure/time profile; 1.67; 1.51; [s]; 0.05 0.1 Time	管道裂缝引起喷射力
Reaction force; F; Reactor pressure vessel	Example F=14.3 MN	制冷管喷嘴的反作用力

图 2–98　核电站外部和内部的主要特殊荷载

飞速发展，使结构的表现途径正在展示巨大潜力。被称为“流体的建筑”的西班牙毕尔巴鄂的古根海姆美术馆（1997年）（图2-99）和西班牙塞维利亚的都市之伞（图2-100）是所谓虚拟现实空间（cyber space）的一个代表作。其实可以归于“解构主义”。建筑师发挥想象，把人们心目中的结构变化得匪夷所思，似乎不在乎结构与力学的定律，自由地表现形象。但仔细想来，即使号称“逆天”的大胆设计，实际上还是不能“逃出如来佛的手心”，只要结构成立，它必然符合力学的基本定律，起码6个Σ（各个方向的力和弯矩的总和均为零）的静力平衡定律是逃不掉的。建筑工程师只是伙同结构工程师，制造出人意表的效果。但要设计随心所欲的结构，工程师必须有更好的基本功和适应能力。运用之妙，存乎一心。对结构工程师而言，这“一心”就是一些力学和结构颠扑不破的原理。技高人胆大，能配合建筑师海阔天空的想象，就要结构工程师有坚定的理念和娴熟的技巧，这样才能面对更大的挑战。

图 2–99　西班牙毕尔巴鄂的古根海姆美术馆

图 2–100　西班牙塞维利亚的都市之伞

第三讲　结构与安全

豆腐渣—楼倒倒—阳伞吹喇叭

工程结构的首要任务就是要在预设寿命期中，确保有效，防止任何形式的失效。

豆腐渣是指结构的强度问题，强度不足可以导致结构局部或整体失效，而通常是局部的。

楼倒倒是指结构的机动问题，结构形成机动往往就是整体问题，而且是突发的和灾难性的。

阳伞吹喇叭是结构失稳的一种，构件失稳是瞬间发生的，结构整体失稳就是灾难。

强度

以“豆腐渣工程”用来形容不够坚固、容易毁坏的工程已经成为大众语言。结构（习惯上狭义的结构单指承重结构）是承担工程全部外力的骨架，“豆腐渣工程”实质上是指“豆腐渣结构”。工程中如果结构不出问题，只是非承重结构和装修出了问题，就像脱了一层皮，骨架子还在，不会立即引起整栋房屋的倒塌。怪不得一栋建筑成功了，大家称赞的大多是建筑师，而万一某个工程倒塌了，要找的就是结构工程师了。结构工程师要终生对自己设计、施工的结构负责。

混凝土这种材料的生成过程和豆腐有一点相像。和浓浓的豆浆变成豆腐相似，混凝土中的水泥和石子、砂子加水搅拌成浆体后能在空气或水中硬化，将砂、石等散粒材料胶结成砂浆或混凝土。如果偷工减料，少加了水泥，或者骨料、水太多，混凝土就无法形成强度足够的人工石材，而变成了“豆腐渣”。

工程结构的毁坏或倒塌，就是结构失效。而“豆腐渣”只是导致结构失效的原因之一。结构要能承受外界的各种作用还要有良好的工作性能和足够的耐久性能。而且，即使出现了较小概率的偶然事件，结构也要能保持其整体稳定性。

如果结构构件的强度不足，即所谓“豆腐渣”，结构就会承受不住外界各种作用（如重力、风或地震）而失效。这些失效（损毁）可能是局部的，也可能是整体的。结构失效在大多数情况下是局部的，即结构的某一个构件或节点失效。局部的开裂甚至损毁，可以加固补救。当然，局部的失效有时也会扩大到整体，千里之堤，溃于蚁穴，这就和结构体系的特征有关了。

在地震重灾区，钢筋混凝土框架结构的梁柱破坏极为普遍（图 3-1），对柱子而言，在柱顶、柱身、柱底等部位都有可能发生破坏：有些柱出现水平裂缝或斜裂缝、局部钢筋保护层脱落主筋外露；有些出现混凝土脱落、压碎、压酥、主筋压曲外露、箍筋崩落等破坏现象。现场调查发现，有些破坏的框架柱的箍筋设置存在严重缺陷（图 3-2），如箍筋间距过大和箍筋过细。此外，不少混凝土骨料基本都是大直径卵石，导致混凝土强度无法保证，在往复荷载作用下强度和变形能力更差。对梁而言，有些梁的端部出现近 45° 的斜裂缝及交叉剪切裂缝。梁柱节点的破坏也很普遍，如纵向钢筋的保护层剥落、纵筋弯曲导致节点破坏。

强度问题，不但要注意正应力拉和压之下的强度，而且更要注意抗剪强度。

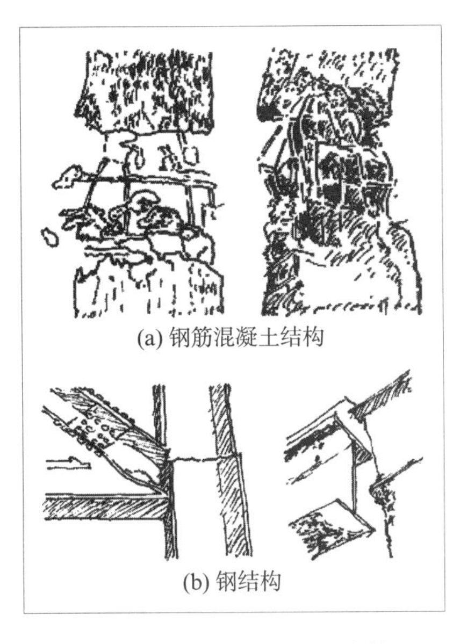

(a) 钢筋混凝土结构

(b) 钢结构

图 3–1　结构因强度不足而失效

（a）连霍高速河南渑池义昌大桥因卡车爆炸引起坍塌，发现柱子中没有箍筋

（b）2018 年 2 月 7 日，台湾花莲 6.5 级地震，建筑物倒塌，箍筋太少太细

图 3–2　箍筋设置缺陷引发的问题

与结构强度不足而引起破坏相并列的是结构的机动和失稳。这两种结构失效往往是瞬间发生的，而且造成整体稳定性的破坏，后果是灾难性的。保持结构的整体稳定性非常重要，但又易于被忽略。所以说，对待结构，

图 3–3 浙江奉化 20 年房龄的居民楼粉碎性坍塌

既要重视防止“豆腐渣”，又不能只盯着“豆腐渣”。

2014 年 4 月 4 日，浙江奉化一幢只有 20 年历史的居民楼粉碎性坍塌（图 3-3）。有人说，我国是每年新建建筑量最大的国家，寿命却只能持续 25 ～ 30 年。这不但危及生命财产，而且是极大的浪费。我们不但要从施工的偷工减料问题查起，而且也要检查设计乃至规范可能存在的问题。然而，不改变唯利是图的房屋开发体制，这种高危的房屋就难以杜绝。

结构工程师会遇到判断结构安全与否的问题。结构检验和加固，是一门专门的学问，必须经过认真学习和大量实践，才会有经验和把握去处理。这里只举一个常见的例子，初步查看结构裂缝和有无强度不足而引起失效的危险。

图 3-4 中列举了墙体常见的几种裂缝。图 3-4（a）中的裂缝大体与水平面成45° ，这种裂缝大多是由沉降不均造成。图中 *B* 点沉降比 *A* 大。图 3-4（b）的交叉裂缝应当是地震等侧向力引起的。图 3-4（c）中所示不规则裂缝可能是粉刷等面层在施工过程中出现的收缩裂缝。图 3-4（d）中的裂缝，靠近屋顶，平行而间距大体相同，可能是温度裂缝，由于屋盖温度胀缩与墙体不一致而造成。图 3-4（e）中的裂缝也是沉降裂缝，会出现在砖墙上，斜裂缝和砖缝水平裂缝连通。

但这些裂缝是否危险，则既要综合考虑它们的宽度、长度、在厚度上

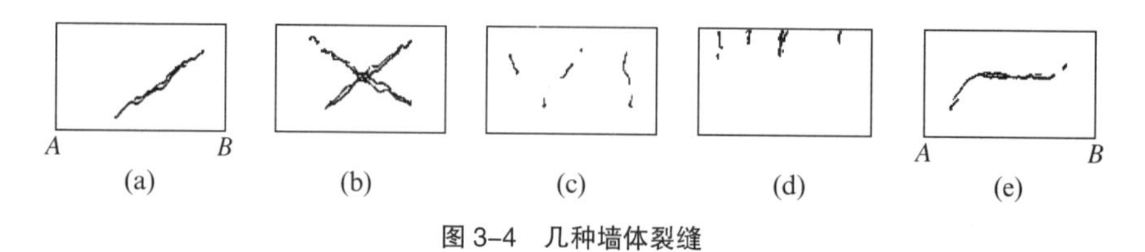

图 3–4 几种墙体裂缝

是否贯通，还要看在整个房屋所处地位及是局部现象还是多处出现等。一般说来，图 3-4（c）和图 3-4（d）不太危险，其他的对结构影响更大。

以上只是一个简单举例。结构工程师要凭借理论基础，在实践中积累经验。

“豆腐渣”问题主要是施工阶段技术措施不当或者偷工减料造成的，似乎和做设计的结构工程师关系不大。其实如何把设计意图贯彻到底，结构设计者也有责任。举一个笔者亲身经历来说明。20 世纪 80 年代初，同济大学结构动力试验室引进我国第一台地震模拟振动台。笔者负责厂房和基础的设计。设备供应方 MTS 对基础要求很高，要求混凝土达到 C50 级，而且表面不能再抹砂浆，结构混凝土必须一次到位。按照习惯做法，结构设计只要注明混凝土强度要求，再于交底时强调就行了。但笔者感到此事责任重大，而且一次成型，没有后悔药可吃。首先笔者找到同济建材教研室的沈老师，和她一起对混凝土做了大量的试验，发现配合比的影响极大，尤其是水灰比。我们又试验了多种添加剂，使混凝土的流动性非常好而强度又高。到了施工的那天，笔者接过工地现场指挥的职责。而且组织试验室同事分头把关，对每一次混凝土搅拌的进料，如砂石比、水灰比都每次必称。那天时雨时晴，砂石的含水量不断变化。我们坚持对每批砂石测试含水量，再调整水灰比。混凝土连续浇灌了几十个小时，我们坚持了几十个小时。用这种“土办法”，等到混凝土试块测试结果出来，平均强度超过 C60，现场拆模后，混凝土表面光洁，尺寸精确。MTS 的专家也确实赞赏我们混凝土的质量。这个工程很小，办法也不先进。但说明了一个事实，结构工程师不能只在设计阶段注意工程质量，而且要贯彻到材料质量的监控和现场的监控中去，使设计意图得到自始至终的管控，让工程质量得到保证。在德国，建筑师和结构工程师都有到施工现场贯彻设计意图的权利和义务，而且占设计费用很大一部分。现在有些地方和项目，似乎设计完了，就没建筑师、结构设计师什么事了。除非遇到问题和困难，后续的施工即使大幅度偏离设计意图，设计人员也难以干预了。这种状况，希望今后从法律法规开始，能够得到改善。

机动

结构机动问题又称“楼倒倒”。工程结构是由部件或构件组成，用专业语言来说是由刚体（杆件、板或壳）组成的几何不变或非机动体系，其边界约束个数要等于（静定）或大于结构自由度（超静定）。结构力学开宗明义第一章就要说明几何可变和不变的界限和规律。空间中任何一个质点都有 6 个自由度，它可以在 X、Y、Z 三个方向平移，也可以绕这三个方向转动。所谓刚体，可以把它看成一个扩大了的点，因为刚体不论多大，内部有多少个点，但都假设它们互相之间没有相对运动。要提醒的是，这里所说的“ 刚体”，只是就整体而言，其实是容许弹性或弹塑性的小变形的。3D 的刚体也有 6 个自由度。在一个平面内，2D 的刚性片有 3 个自由度。工程结构要整体稳定，就要把自由度都约束住。空间要 6 个约束，平面上要 3 个约束。在平面上的三个刚性片用三个铰两两相连，且三个铰不在一直线上，就组成一个几何不变的整体，这就是结构的三角形规律。在空间中结构由 n 个刚体组成，就有 $6n$ 个自由度，也要有 $6n$ 个约束来限制它们。结构有多于 $6n$ 个的约束，就是超静定。结构内部哪怕是固若金汤，但外部约束只要少了 1 个，整体就会变为机动了。一栋建筑，千千万万个大小刚体，内部由千千万万个约束连在一起，成了一个大“刚体”。从整体上看，外部至少要 6 个约束，少 1 个也不行。少了 1 个就会出大事！

2009 年 8 月，在台湾莫拉克风灾中，由于河岸被洪水冲刷，图 3-5 中一栋旅馆（台东知本温泉区六层金帅饭店）正在倾覆。忽略房屋结构各部分的小变形，从整体来看，仍然是一个“刚体”。只是它的基础失去了转动约束，从结构变成了机构。在它倾覆的过程中，还有所谓的 P-Δ 效应（图 3-6）在推波助澜。重心偏离基础的中心越远（Δ 不断加大），形成的力矩越大（$P\Delta=M$ 也不断加大），加速了房屋的整体转动和倾覆过程。

这种由于“结构变机构”的房屋整体倾覆，既可能如上例所说因天灾而造成，也可能由人祸而造成。设计、施工中的人为疏失，都可以酿成大祸。

图 3–5　房屋整体倾覆

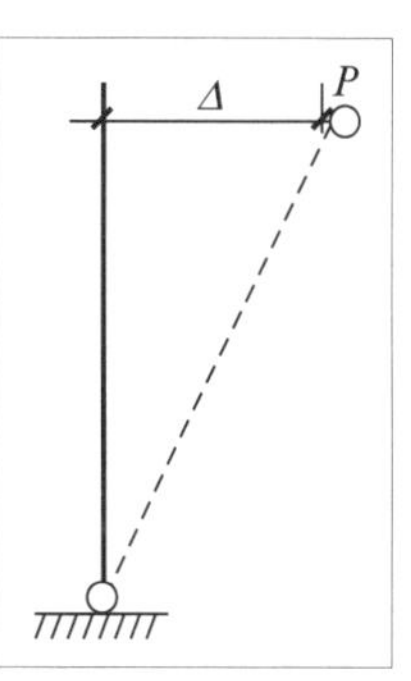

图 3–6　P–Δ 效应

图 3–7　由于施工不当而造成房屋整体倾覆

图 3-7 就是有名的“楼倒倒”。2009 年 6 月，上海莲花河畔景苑 7 号楼整体倾覆。据报道，工程项目事故专家组认定，该楼倾倒的主要原因是紧贴 7 号楼北侧的场地在短期内堆土过高，最高处达 10m；与此同时，紧邻大楼南侧的地下车库，正在开挖基坑，开挖深度 4.6m，大楼两侧压力差使土体发生水平位移，过大的水平力超过桩基的抗侧能力，导致房屋倾倒。从现场照片来看，房屋整体倾覆，基础部位位移不大，而整栋房屋转动倒地。在屋后有过高堆土，屋前有基坑开挖，水平和转动约束失效，形成几何可变的机构，最终倾覆倒地。事后追究责任，施工、监理的 6 个相关责任人获刑 3 ～ 5 年。而房屋设计本身并无问题，倒地后依然完整。所以并未追究设计人员的责任。

以上两例房屋的大事故，都出于约束失效导致结构整体机动而倾覆。倾覆是失去整体稳定的一种形式。一切结构，尤其是重心高而又遭受较大水平力（风、地震）的结构，都必须进行抗倾覆验算。但即使在设计中过

（a）日本新潟地震建筑物倾斜倒塌

（b）2018 年 2 月 7 日，台湾花莲 6.5 级地震，建筑物整体倾覆

图 3–8　地震造成砂土液化从而引起建筑物整体倾覆

了关，如果遇到不测的天灾和施工中人为的疏失，还是会出现问题。对一个从事设计和施工的工程人员，除了结构强度，还要时时记住，保证结构决不能少了约束，变成机构。

1964 年日本新潟地震造成**砂土液化**[1]，引起地基发生剪切破坏，使得建筑物发生严重倾斜甚至倒塌 [图 3-8（a）]。这种现象，在台湾花莲 6.5 级地震等大地震中也多次出现 [图 3-8（b）]。

金帅饭店和莲花河畔景苑以及日本新潟房屋的整体倾覆，都是结构体系变成几何可变机构的实例。它们的机理很简单，可以看作悬臂梁（柱）底部转动约束缺失而使结构变为机构，从稳定变为运动，因倾倒而整体失效。但这只是结构机动的一种。更复杂的体系，也会因体系机动而失效。

德国柏林有个被称为 Schwangere Auster（直译是怀孕的牡蛎，形容它的外形）的会议大厅（图 3-9），是 1956—1957 年由美国人建造的，1958 年作为礼物送给西柏林（图 3-10）。

图 3–9　柏林会议大厅

图 3–10　德国 20 世纪 50 年代邮票

图 3-11　1980 年 5 月 21 日西伯林会议大厅突然倒塌

西柏林会议大厅是由两个对称交叉的拱构成，用预应力高强钢丝混凝土做成屋顶。1980 年 5 月 21 日突然倒塌了半边（图 3-11）。

有意思的是，在 1960 年出版的柯特 • 西格尔（Curt Siegel）的《现代建筑的结构与造型》中就指出，这个西柏林会议大厅的建筑师片面追求形式，结构受力不合理。书中指出屋盖在不对称荷载下会很不稳定（图 3-12）。当时，西格尔就提出了四五种修改方案。20 年之后，如西格尔预言，西柏林会议大厅倒塌了。原因倒不是由于西格尔担心的大风，而是预应力钢丝锚头处理不当，发生锈蚀，造成一侧大拱转动导致结构成了机构而倾覆。不论如何，问题的根本点还是追求形式而结构体系不合理。两个大拱支撑在一个点上，靠这一点的约束来维持整个体系的稳定。一旦由于某种原因损坏了约束，整个体系就失效了。结构要安全，首先要结构整体稳定，不能千钧一发，系安全于一点，经不起风吹草动。西柏林会议大厅的倒塌除了结构不合理外，耐久性不够是导致破坏的直接原因。可见，保证结构的耐久性十分重要。

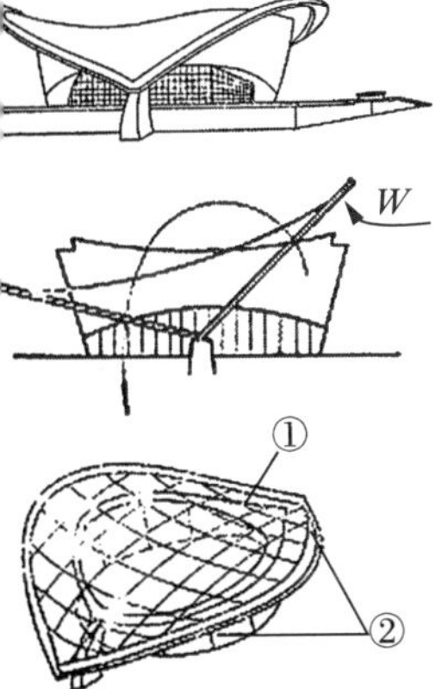

图 3-12　《现代建筑的结构与造型》一书对西柏林会议大厅的图解

西柏林会议大厅在 1987 年，由 Philipp Holzmann 建筑公司重新建造（图 3-13）。1986—1987 年，笔者正在这家公司的设计院做访问学者，和一些同事讨论过这个工程及其事故。新设计的大厅，远看仍然有点像“怀孕的牡蛎”（请与图 3-9 对比），但贝壳翻了个个儿，背朝天。结构不再支撑于一点，两端着地，体系稳定。

① 沙土液化：地震时，由于瞬间突然受到巨大地震力的强烈作用，砂土层中的孔隙水来不及排出，孔隙压突然升高，致使砂土层突然呈现出液态的物理性状，导致地基承载力大大下降。

图 3–13　1987 年重建的西柏林会议大厅

失稳

失稳有三种类型（图 3-14）。典型的结构**第一类失稳**是指压杆处于随遇平衡的临界状态，如果受到微小的干扰就不能恢复到稳定的平衡状态，结构就失稳了。物体可以处于稳定平衡状态、随遇平衡状态和不稳定平衡状态。压杆由稳定平衡过度到不稳定平衡时所受轴向压力的临界值称为临界力，压杆处于随遇平衡的临界状态，出现了所谓的平衡分叉。所谓“随遇而安”，其实已经“无家可归”了。一遇风吹草动，就失去平衡了。这种情况，只有在理想的状况下才会出现。只当一个均匀的细长杆，在受到完全精确的中心受压时，才会出现。注意，对于低屈服应力的短杆，屈曲前有可能已产生塑性变形。但对于细长杆，达到第一类失稳的临界力时，杆件还处于弹性阶段，并未达到强度极限，也没有达到屈服极限，没有出现塑性变形。所以，它不是强度问题，是稳定问题。第一类失稳时的临界力公式是由欧拉（L. Euler）于 1744 年得到的，通常称为欧拉公式。

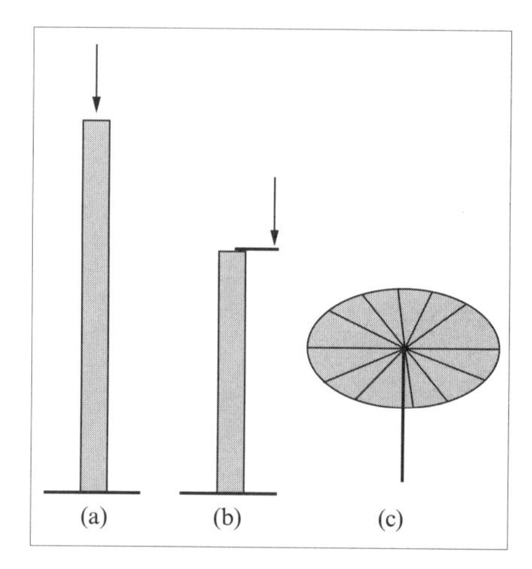

图 3–14　三类失稳

$$F_{cr} = \frac{\pi^2 EI}{l^2} \quad (3\text{-}1)$$

在各种不同支承情况下的压杆，可以把式（3-1）中的 l 写成 l_0，即杆件的计算长度。例如简支梁的 $l_0=l$，而同样长度的悬臂梁的 $l_0=2l$，失稳的临界力 F_{cr} 与 l_0^2 成反比，可见同样长度（跨度）的简支梁，其临界力要比悬臂梁的临界力大 4 倍，也就是说，简支梁比悬臂梁更不容易失稳。

第二类失稳是最常见的偏心压杆达到极限值，开始时变形随力的加大而加大，最后，力不加大，变形还在增加，出现力减小而变形仍不断增加的情况。任何现实工程中的压杆，都不会是理想的中心受压，而杆件的几何尺寸也不会理想的对称，还会有先天的缺陷，材料也不会理想的均匀。何况还可能事实上就受到偏心的力。事实上偏心的压杆出现第二类失稳开始是一种几何非线性问题。压杆还没有达到强度极限，变形就渐渐加大，P-Δ效应起作用，$P\Delta=M$，Δ越大，M 越大，而 M 越大，又导致Δ越大，进入恶性循环。最终导致杆件出现塑性变形，并达到强度极限而破坏。对比一根短粗的压杆，它即使在偏心荷载作用下，也没出现几何非线性变形，只是在压力增大到使杆件压坏，达到强度极限，这就是强度问题了。

第一类稳定问题在数学上是特征值问题，可以精确地算出来。第二类稳定的临界荷载会小于第一类失稳的临界力，但难以用精确的公式来表达，往往用第一类失稳的临界力去估计第二类失稳的临界力，常用折减材料的弹性模量的方式来适当反映材料的塑性。

第三类失稳，当力增加到某个临界力时，突然从一个平衡状态跳跃到另一个平衡状态，也称为“跃越”。图 3-15 显示的结构，当加载到 A 点时，会突然跳跃到 B 点，荷载不增加，而变形突然增大。继续加载会沿着 BC 发展，这叫上升跃越。若从 A 点开始卸载，到了 D 点，会突然跃越到 E 点，继续卸载，就会沿 EO 发展，这叫下降跃越。这种情况会在拱、扁平壳体，某些形状的帐幕结构出现（图 3-16）。在薄壁结构和一些特殊的结构（比如航天器上的太阳能板之类）都要防止这种失稳。打个比喻，就像“阳伞吹喇叭”一样。

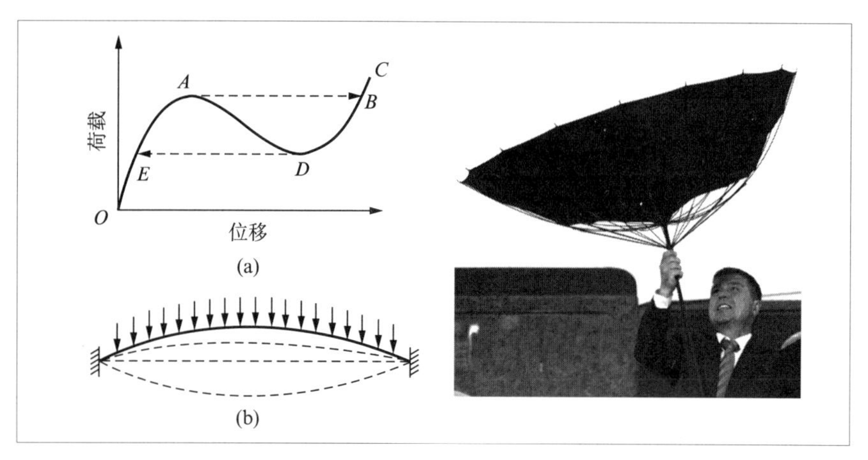

图 3–15　跃越

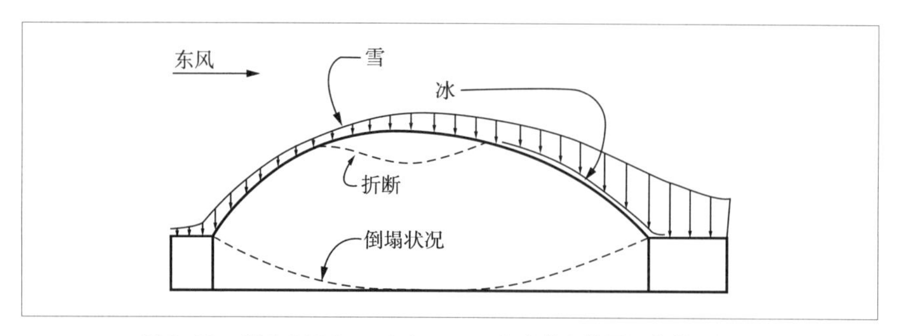

图 3–16　美国 C.W.Post 中心，1978 年在偏心的风雪荷载下倒塌

失稳是结构失效的另一种重要形式。它往往会造成结构突然的整体失效，后果不堪设想。

2010 年 1 月 3 日，昆明新机场在建桥梁坍塌，原因是支撑体系失稳。2010 年 6 月 29 日，深圳东部华侨城“太空迷航”娱乐项目发生安全事故，造成 16 人死伤。事故调查组初步查明“太空迷航”事故是因为支撑系统失稳引起的。

1974 年 7 月 20 日上午，上海市发生了一起严重的升板工程倒塌事故，造成惨重的人身伤亡和经济损失。某厂加工车间的主体建筑为五层升板结构，面积 2 348m^2，第五层升板提升后在就位的一瞬间突然整体倒塌。笔者作为同济大学的结构教师，被邀请参加了市里组织的事故调查组。组里集中了上海各大设计院的著名结构总工程师，大家去现场观察，也听到目击者的描述。一开始，大家都怀疑是施工质量问题，也就是“豆腐渣”问题。的确也找到一些局部有施工质量不太好的情况。调查组里的“公检法”代表，郑重提出是否在设计施工中有“阶级敌人”蓄意破坏。笔者再三思考，想到是否可能是失稳引起的，否则怎么会突然之间整个大楼就倒塌了呢？笔者赶回学校，钻进图书馆，找出许多有关稳定理论的书来“恶补”。得到了这次升板事故是“群柱失稳”的观点。为了慎重，笔者找到当时刚从“牛棚”放出来的李国豪老师，他正好赋闲在家。详细介绍了情况和我的观点后，这位稳定理论的大师给予笔者充分的肯定，认为应当就是“群柱失稳”②。笔者又去请教以研究稳定知名的沈祖炎老师，他也支持我的观点。笔者作了一些演算，在事故调查组里提了出来。经过大家讨论，均同意这个观点。并要我们作进一步的分析计算。因为找不到现成的计算方法，笔者找到同样留校的同班同学许哲明，他的结构力学很好，我们一起讨论了模拟计算这次升板事故倒塌全过程的方法。需要编程序、上机，这在1974年都是难题。我们又找到了复旦数学系搞计算机的先驱编制程序，算出倒塌的全过程。最后，我们论证了在第五层升板提升后在就位的一瞬间，突然引起整体倒塌的原因。这次事故总算有了个说法。

升板的事故，引起了中国建筑研究院总工程师何广乾的注意。他让建研院的结构专家张维嶽等专程来上海了解情况，且此后同意我们关于“群柱失稳”的观点。建研院决定组织编制《升板规程》，邀请笔者参加编制组。在张维嶽的领导下，编制组对升板结构的设计施工经验作了全面的总结。后来，又在董石麟的领导下，编制了补充规定。在此期间，笔者一方面参加规程编制，一方面结合一些工程，除了“群柱失稳”之外，还对无梁楼盖、柱帽、预应力无梁楼盖、新型升板工艺等作了很多设计、研究和试验。升板“群柱失稳”的设计，也在规程编制组的共同努力下提出了实用的方法。从中笔者向许多老师、前辈和学长学到了许多知识、看问题的

② 群柱失稳：失稳是指构件由于微小的干扰导致从一个平衡状态转移到另一个新的平衡状态的过程。一群承重的结构柱，由于荷载超过临界值，在一瞬间同时失去平衡，而另一个新的平衡状态，只能倒塌在地上才能找到，这就是群柱失稳。

方法以及理论与实际结合的途径。这一段经历让笔者终身受益。《升板规程》编完了，笔者也写出了《升板结构设计原理》这本教材，并多次开设这门课程。

话说回来，这里还是要介绍“群柱失稳”的原因和我们的对策。应当说对策是有效的。发生事故的那个工程，仍然采用升板结构，依然是五层。结果顺利地建成了。可见对自然的正确认识是多么重要和有力。在《升板规程》出版后，全国有超过 300 万 m^2 的升板工程顺利竣工，都是按《升板规程》设计施工的，再也没有群柱失稳的问题出现。今天已经很少提到升板了，因为混凝土现场灌注的机具已经很先进，泵送混凝土可以达到超高层。但是在 20 世纪 70—80 年代，商场、仓库和工厂依旧采用升板结构，能够加快进度、节约成本，尤其是当施工场地狭小时的好办法。

在 1990 年修订的《钢筋混凝土升板结构技术规程》(GBJ 130—90)中，对升板结构提升阶段验算是这样表达的：升板结构在提升阶段应对各个提升单元进行群柱稳定性验算，其计算简图可取一**等代悬臂柱**③，其惯性矩为这个提升单元内所有单柱惯性矩的总和，并承担单元内的全部荷载。群柱稳定性验算由等代悬臂柱偏心距增大系数验算确定。当偏心距为负值或大于 3 时，应首先改变提升工艺，必要时再加大柱截面尺寸或改进结构布置。

这里不想具体介绍升板结构的设计方法，但要理解群柱稳定性验算，必须注意以下问题：

这里指出当偏心距增大系数为负值或大于 3 时，应首先改变提升工艺，而不是增大柱截面尺寸。这在各种工程结构设计规定中，可能是绝无仅有的提法。然而这正是群柱稳定性验算的精华所在。这么说，明白地指出了，验算的是稳定问题而非强度问题。

在 1974 年的升板事故发生前，设计界相信一种说法，就是升板提升时由于提升拉杆绷紧，使图 3-17（a）所示的悬臂柱变成了简支。如上所说，由于约束条件的变化，简支柱的失稳临界力比悬臂柱大了 4 倍。用图 3-17（c）来看，在简支状态下，等于多了一个水平力，扶了柱子一把。但是，

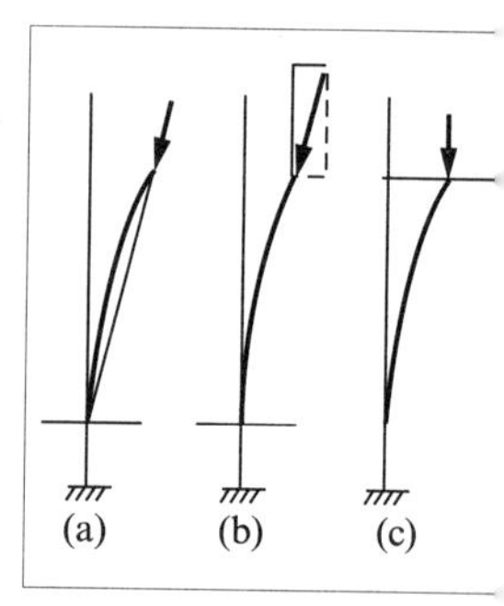

图 3–17　升板提升阶段的悬臂和简支约束

事故工程的设计者却没有看懂那篇论文的前提条件是指提升阶段。升板不可能永远处于提升阶段。一旦升板搁置在临时支承上，受力就变成图 3-17（b）的状态了。这时，又变成了悬臂柱，临界力又回到简支柱的四分之一了。

1974 年的升板事故正是在提升就位后搁置的一瞬间发生的。给我们的重要启示是必须弄清楚结构在施工全过程各个阶段的受力状况，各个阶段的边界条件不但不同于使用阶段，而且施工过程中的各个阶段受力条件也会不一样。升板提升后的搁置是特别敏感的瞬间。必须考虑结构全寿命过程的各个阶段的不同受力状况，加以控制，才能确保安全。

群柱和单柱的关系也需要有正确的理解。有一种误解，认为群柱的稳定性比单柱好，因为可以相互帮助。但升板的各根柱子受到基本相同的荷载，一旦达到临界力，大家都达到了，各柱与板都是铰接，柱子与板之间可以自由转动。柱子各自为"政"，泥菩萨过河，自身难保，谁帮谁呢？但是当一层或多层节点做好了柱帽，实现柱和板的刚接，情形就完全不同了。当柱子变形时，板就被迫跟着变形，这样板的刚度也将作出贡献，消耗能量，群柱的临界力就大大提高了。图 3-18 表示部分节点柱帽形成刚接后的状况。其实，1974 年升板事故工程的重新建造，结构本身并没有改，

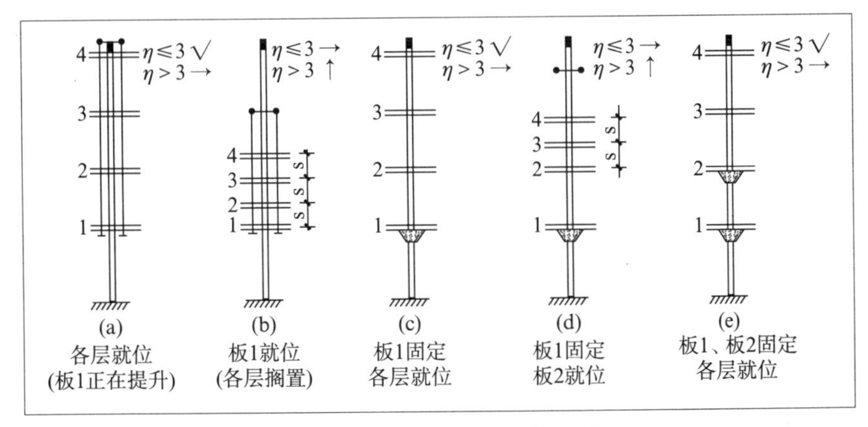

图 3–18 升板柱节点的提升和刚接

③ 等代悬臂柱：升板结构有几十根结构柱。在计算群柱失稳时，由于考虑它们有可能同时失稳，所以在力学上把它们简化成一根悬臂柱。这根等代悬臂柱的刚度是原来几十根柱刚度的总和。

只是更改了提升程序。原来是五层楼板都提升到位后再浇注柱帽，而新方案则是尽量压缩提升时楼板的间距，压低重心，让第一层楼板尽快就位，立即浇灌柱帽，形成节点刚接。然后再让第二层就位，形成刚接。如此步步为营，每一步都经过验算，使等代悬臂柱偏心距增大系数不大于 3。

在 1974 年的升板事故工程重新建造时，就是这样做的。当时很多人不相信不增大柱子截面，只更改提升程序就能保证安全。笔者作为新计算理论的提议者，和上海第五建筑公司的技术负责人等站在提升的升板上，抱着“不成功便成仁”的决心去考验这一新理论的可靠性。最后终于成功了。当时年轻，血气方刚，全心全意相信科学的力量，许多年后才会觉得后怕。

这一讲讨论了结构的首要大事：防止失效。不但要防止**强度**不够，还要警惕**机动**和**失稳**的危险。学医的学生不但学生理学，还要学病理学。同样，学结构也不能只从正面去学，更要懂得结构怎么就会破坏、失效了。防患于未然，设计时把你手中的结构从头到尾，把它的全寿命、全过程想一遍，各个关键的阶段都加验算，才会万无一失。

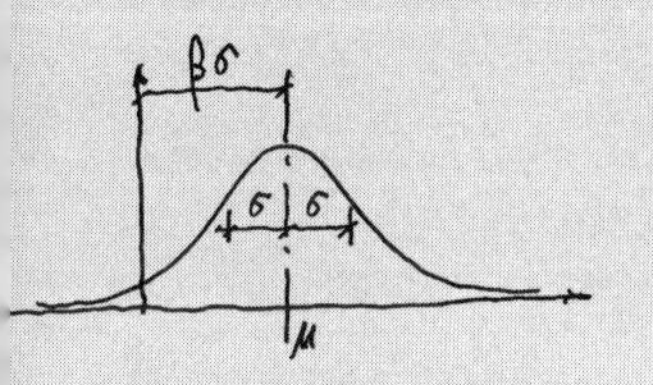

第四讲　结构可靠性

确定性—非确定性—安全性—可靠性

工程结构能够 100% 可靠吗？我们学了那么多的力学和结构课程，又可以使用那么多现代化的电脑和软件，结构计算算出小数点后许多位。那么，我们通过结构精确的分析和设计就能得到确定性的结果吗？工程结构的安全性究竟是如何得到保证的呢？

确定性[①]和非确定性[②]

结构可靠性是结构安全性概念的进一步发展和延伸。它引进了非确定性的概率理论作为数学背景，而且从单一的强度安全系数扩大到变形、耐久等更大的领域。

所有人都希望工程结构确实是安全的。尤其是结构设计师，真心希望交出一份确定性的答案。我们寄希望于正确的力学理论，基于试验的结构学和日新月异的电脑分析软件。当规范用“必须、应当”这样的肯定语气指引我们，当力学公式给出了封闭解，当电脑做出了号称仿真的 3D 计算模型，哗哗地流出小数点后面十几位的计算书和精确到毫米的 CAD 图纸时，我们仿佛真是得到了工程结构分析和设计的确定性结果了。

然而事与愿违。我们只能接受这个事实，即一切分析和设计的结果都是近似的。工程结构是用各种材料建构起来抗御各种自然或人为的外界作用的人造物。而一切材料和外界作用都是带有不确定性的。计算结果的有效位数不能超过输入数的有效位数，否则就是虚假的精确度。

以混凝土弹性模量和抗压强度的关系为例。规范里指明，C40 混凝土的轴心抗压强度设计值 f_c 为 19.1N/mm^2，弹性模量 E 为 3.25×10^4N/mm^2，由此可以得到 C40 混凝土弹性模量和抗压强度的关系：

$$E/f_c=3.25\times10^4/19.1=1\,701.570\,680\,628\,272\,25 \quad (4\text{-}1)$$

但你千万不要被这一长串数字所迷惑，看一看图 4-1，就知道混凝土弹性模量和抗压强度的关系在试验中是极其分散的。只不过是在满天星斗的试验记录中，用统计学的方法做出一条均值曲线，再给出一个工程中可以应用的数字而已。当然，知道 C40 混凝土的弹性模量大约是抗压设计强度的 1 700 倍，还是有用的。这个数值谈不上精确，但很实用。这就是客观事物的不确定性的确定性表达。

再举两个例子来说明真实世界的不确定性或分散性与工程应用的确定性方法之间的差异。

图 4-2 显示了在不同空气湿度下混凝土**徐变（或称蠕变）**[③]与加荷天数间的关系。试验结果呈现相当好的规律。研究者制作了反映这种规律的

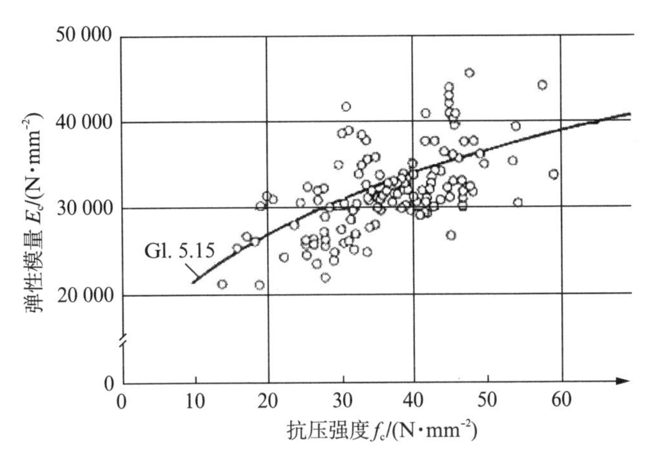

图 4–1　混凝土弹性模量和抗压强度的关系（《德国混凝土年鉴》*Beton Kalender*）

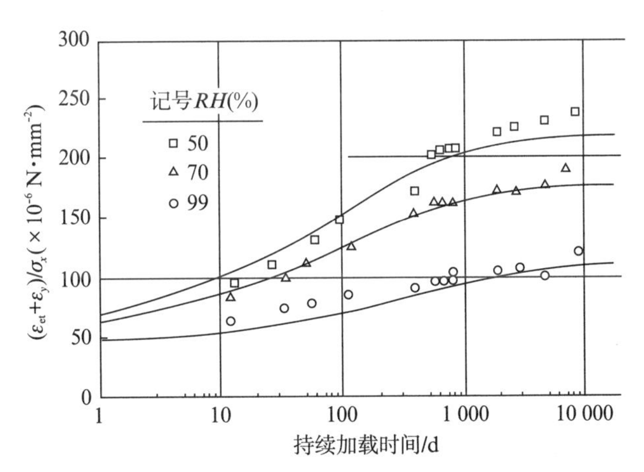

图 4–2　在不同空气湿度下混凝土徐变与加荷天数间的关系

（《德国混凝土年鉴》）

---

① 确定性：这里指对一个结构体系输入一种外界作用，会得到确定的和唯一的效应和结果。

② 非确定性：这里指对一个结构体系输入的外界作用和结果都是不确定的和分散的。非确定性一般有两种类型，一种是某一事件在实现之前是不确定的，而事件实现后就确定了。这要用概率来描述。例如钱币往上扔的时候，不知道它是正面还是反面，而落下来就确定了。在设计时，混凝土的强度难以完全确定，有可能出现对预期设计值的偏差，但施工完成后就确定了。另一种则是事件始终不确定，例如说“多云”“中年人”，这些概念要用模糊数学来描述。在结构中，例如可以用于震后房屋的震害级别鉴定等，这类模糊的不确定性用于工程结构还在研究中。

③ 徐变（或称蠕变）：在英语中，徐变和蠕变是同一个词 creep。对混凝土结构，一般称为徐变，指混凝土在荷载长期持续作用下，应力不变，随着时间而增长的变形。徐变的出现不一定需要材料处于或曾处于塑性阶段；而蠕变一般指材料在塑性变形后，在外力长时间作用下发生的应变和位移变化，常用于金属、高分子材料和岩石等。

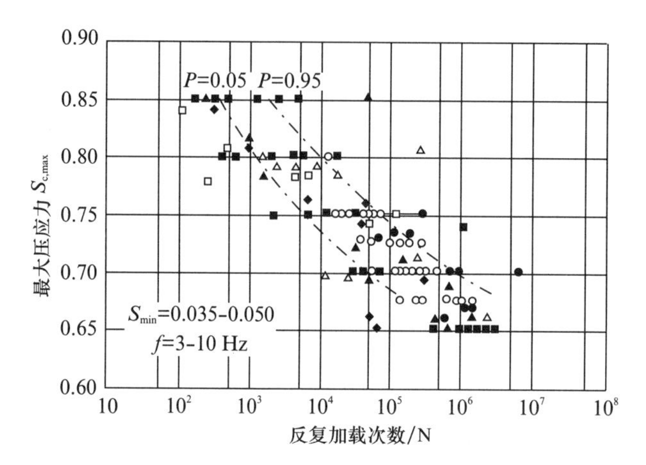

图 4–3 混凝土疲劳的反复次数和最大压应力间的关系
(《德国混凝土年鉴》)

曲线,理论和试验符合得相当好。尽管如此,还是看得出试验结果的分散性。

图 4-3 研究混凝土疲劳的反复次数和最大压应力间的关系。图中的试验数据就分散得多。但它们依然显示了一种大致的趋势,工程师就要抓住这种趋势,近似地估计这两个参数间的关系。我们需要理解,工程师面对不确定性的真实,只能去把握反映事物本质的趋势而做出工程判断,去解决实际问题。违反某些公式固然不对,但拘泥于确定性思维其实也并不正确。

以上指出了材料的分散性。结构是利用材料制成的构件组合,用以抵抗各种外界作用。而外界作用的分散性甚至更大。

风的随机性是一个典型例子。“天有不测风云”,风速、风压都是随机的。尽管现代气象科学依靠卫星云图和海量计算,有长足进步。但人们还是经常听说美国龙卷风肆虐和亚洲台风袭击突然出现的消息。只能靠统计学的方法,估计多少年一遇的最大峰值来作为设计的依据。风力在高度上的分布也是统计得来的,如图 4-4 所示。

在设计时我们必须选用确定值,例如上海市区 100 年重现期的基本风压值 0.50kN/m^2。但这些都只是按照每年一遇的风力统计的平均值,当然还要考虑一定的安全度。

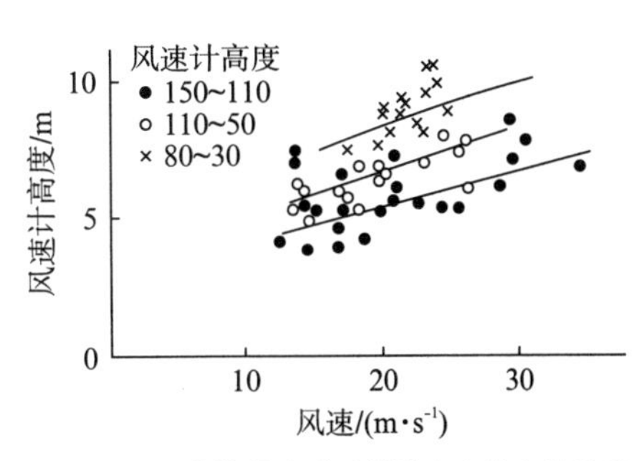

图 4–4 风力指数衰减系数随高度的变化关系（"风对结构的作用"）

不仅是风力，常见的活荷载也是统计的结果。比如说，住宅楼面的活荷载是多少呢？家家不一样，只能先大量调查，再统计，加上一定的安全度。最稳定的是反映结构自重的静荷载，但由于材料容重的变异、施工的误差，其实也只是统计结果。

变异最大的当属地震力。由于地震的规律至今未为人类所掌握，与有信风、季风之称的风不同，极具破坏力的地震往往是几百上千年一遇，统计是建立在大量数据的基础上的，但人类有史以来的地震记录很不完整。现有的地震区划，很多依据并不充分。由过去推断未来，风险极大。用很不完整的历史记录和不尽完善的地质调查估计的地震烈度，很难做到精确。所以至今地震不但发生时间难以预测，发生的烈度也往往出乎意料，和规范上给出的值往往出入较大。现在抗震研究已有长足之进步。有了快速的动力分析软件，也有了大型地震模拟振动台。但是研究时输入的地震时程曲线，只能是一种近似。而大量的研究和设计审查，常采用距离当地情况很远的地震记录。如美国、日本几十年前的地震时程曲线，常常用来分析中国各个地方的工程。用功率谱反算的人工波，也使用了很多假定，即使针对某个场地专门进行地震危险性分析，给出的结果，也只能说是在现有认识水平上的一种推测。

对于地震、泥石流、洪水和龙卷风等特大自然灾害（图 4-5），往往难以预计，超出结构的设计能力与建造的经济能力之外。业主和工程师必须抱着对大自然敬畏之心，不能以为结构是万能的，而要从地质勘探、规划选址等就开始做起，防患于未然。如果说几千年来看风水有一定的科学因素，大概就在于此吧。

人类的认识总是在发展的，现有的认识是有限的。我们要搞建设，做设计，只能尽可能做好。实际上，设计不能不根据规范，不能不使用软件，

（a）地震

（b）泥石流

（c）洪水

（d）龙卷风

图 4–5　各类特大自然灾害

不能不应用数据，但是一个工程师决不能丧失自己的判断力。工程师的优劣，不在于他是否会熟练地运用电脑，而在于他有没有清醒的头脑，判断电脑的结果是否合理；不在于他是否会使用计算结果，更在于他能考虑数据没有给出的结构整体到细部的构成和构造。

笔者指出以上这些，是希望工程师不要迷信现代计算给出的貌似精确的数据，不要过分相信多少位小数点的作用。在电脑的硬软件日益发达的今天，一不当心，工程师容易沦为电脑的奴隶。这边输入，那边输出，忘乎所以，知其然而不知其所以然。黑箱作业是信息时代对工程师的最大威胁。如果工作后渐渐忘了学过的各种结构和力学的基本概念，沦为电脑的附属品，成为打印机的传声筒，那就是工程师的悲哀了。

安全度和可靠度

由于外界对结构的作用分散性很大，设计所用数据是统计结果，往往与真实情况有出入。不但地震总是出人意料，就是年年发生的大风，也常常造成意料之外的损失。美国是很发达的国家，但常常听说有些州受到龙卷风的巨大灾害。这里有两方面因素，一是统计不完整，不确切，二是安全度不够。那么为什么不把安全度搞得大大的，让它万无一失呢？这就是经济在约束了。比如把一切建筑都按地震烈度9度设防设计，不是很好嘛？但这样做代价太高，根本办不到。因此安全和经济于建筑物而言是一对矛盾的孪生兄弟，只能兼顾，找到一个平衡点。

如果用 S 表示外界对结构的作用，R 表示结构的抗力。结构要设计成抗力大于或等于外力（作用效应）的 K 倍，这个 K 就是安全度。

$$R \geqslant KS \tag{4-2}$$

各种形式的安全度，在结构设计中应用了很多年。式（4-2）中的 R 和 S 大多是结构抗力和外力（作用效应）的平均值（图 4-6），也就是说，安全度法应用了一阶统计值。

$$\mu_{\mathrm{R}} - K\mu_{\mathrm{S}} \geqslant 0 \tag{4-3}$$

我国自颁布《建筑结构设计统一标准》（GBJ 68—84）开始到后来的《建筑结构可靠度设计统一标准》（GB 50068—2001），结构设计转入了以可靠度为基础的设计理论体系。在规定的时间内和规定的条件下，结构完成预定功能的能力是可靠性，其概率就是可靠度，它可以用可靠度指标来度量。当结构抗力和外力（作用效应）都按正态分布，可靠度指标 β 按式（4-4）计算。

$$\beta = \frac{\mu_{\mathrm{R}} - \mu_{\mathrm{s}}}{\sqrt{\sigma_{\mathrm{R}}^2 + \sigma_{\mathrm{S}}^2}} \tag{4-4}$$

式中，μ_{R}，μ_{S} 是抗力和外力的平均值（一阶统计值）；σ_{R}，σ_{S} 是抗力和外力的标准差（均方差，二阶统计值）（图 4-7）。

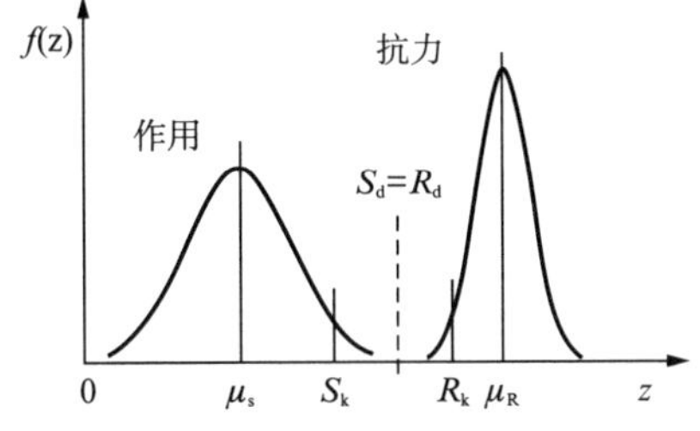

图 4–6 作用与抗力的正态分布及其平均值

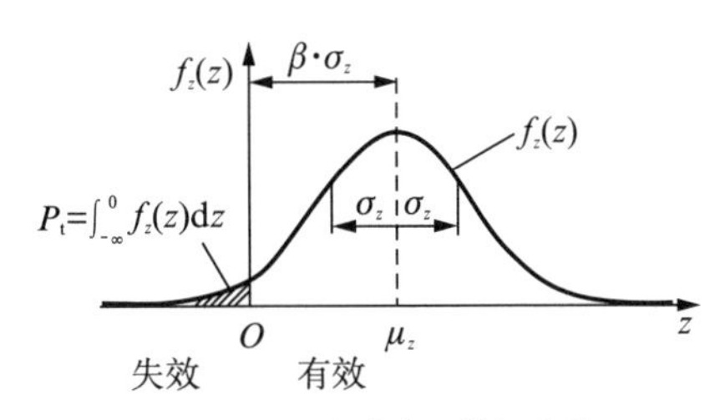

图 4–7 正态分布及其标准差

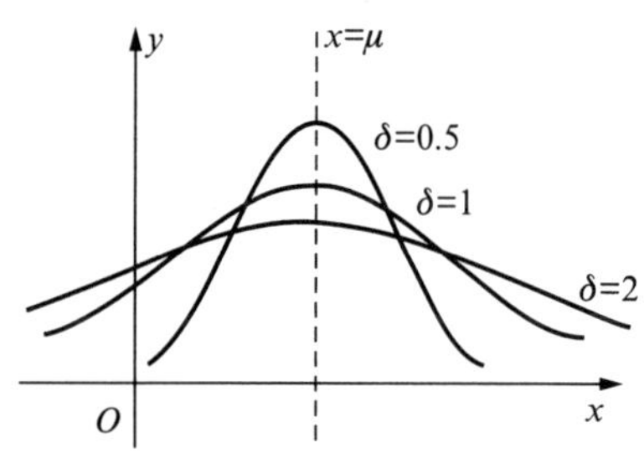

图 4–8 正态分布及其标准差及其分散性

简单地说，可靠度的方法比安全度的方法一大进步是不但用到一阶统计值，而且用到了二阶统计值。而正态分布的标准差反映了统计分布的分散性（图 4-8）。例如两种材料 A 和 B，如它们的强度平均值相同 $\mu_A = \mu_B$，但 $\sigma_A > \sigma_B$ 即 A 的强度标准差比 B 大，就是说，材料 A 的分散性比材料 B 大，工程实际中遇到强度较差的情况会较多。这样就只能用加大安全储备的方法来保证工程质量。同样标号的钢材，质量控制严谨的厂家，材料分散性小，质量可靠，很少遇到太差的产品。这种差异，在可靠度方法中就能体现出来，而安全性方法则反映不出来。选定适当的安全储备，可靠性就与失效概率建立了联系。

荷载[④]的统计分布有的并不按照正态分布。例如风荷载按照极值 I 型分布。研究结果是年最大风荷载的变异系数即 σ 为 0.471。

实际上，结构设计并不直接使用可靠性指标来进行运算。我国规范采用极限状态的设计表达式。取用永久荷载、可变荷载的标准值。这些标准值是统计得来的。一般和这种荷载的统计平均值挂钩。例如风荷载标准值等于设计基准期（50 年）的最大风荷载平均值的 0.90。雪荷载标准值等于设计基准期（30 年）的最大雪荷载平均值的 0.88。荷载的标准值称 S。对于结构抗力，一般认为都符合对数正态分布。通过统计，也得出了它们的平均值和标准差。

结构构件最基本的极限状态设计表达式如式（4-5）。

$$\gamma_G S_{G_k} + \gamma_Q S_{Q_k} = \frac{R_K}{\gamma_R} \tag{4-5}$$

式中，γ_G，γ_Q 和 γ_R 是永久荷载、可变荷载和结构抗力的分项系数。它们理论上应当和可靠性指标、失效概率以及各种荷载与抗力的变异性或标准差有联系。但实际上为了简化设计，γ_G，γ_Q 对各种结构构件均采用统一定值。而 γ_R 是对不同结构分别采用不同的定值。同时还要照顾以往规范的延续性，实际上只能采用“校准法”，就是用反演计算和综合分析得到现有结构构件的可靠度，然后确定今后设计的可靠性指标。

事实上，当可变荷载所占比例愈大，在同样的设计分项系数之下，可靠性指标 β 就愈小。在目前的设计方法中，可靠性分析只是一个理论背景。在实际使用中不免有“高高举起，轻轻放下”的感觉。这也是现阶段结构理论在实际发展水平下不得已而为之的办法。各国结构规范发展水平不尽相同，但很多规范也采用类似的权宜之计。

现行规范，规定对延性破坏的结构构件取 β=3.2，脆性破坏的结构构件取 β=3.7，然后规定各种荷载和抗力的标准值和各个分项系数，反演它们的可靠性指标和失效概率，为 3.2 或 3.7。

现代钢筋混凝土规范就结构设计而言是以性能和可靠度理论为基础的。结构的安全性和适用性（即结构性能）则用极限状态方程来表达。可靠性理论的进一步扩展，用来分析结构的耐久性问题。欧洲几国发了一种新的耐久性设计方法（Dura Crete Method）。将耐久性设计建立在结构性能和可靠度理论的基础之上，并明确定义了结构的使用寿命。结构的耐久性越来越推向前台，显示它的重要性。第二次大战后世界经济大发展建造的大量工程均已渐渐老化。我国 20 世纪 80 年代以来大规模建设建成的房屋、桥梁等结构耐久性问题也已凸显。而大跨、高层建筑、桥梁、隧道的维修甚至比建造还困难。在设计和施工中未雨绸缪，主动考虑耐久性，已是迫切的问题。图 4-9 说明，在结构的使用阶段考虑包括安全、稳定在内的传统问题，加上时间维度，就进入耐久性研究领域。

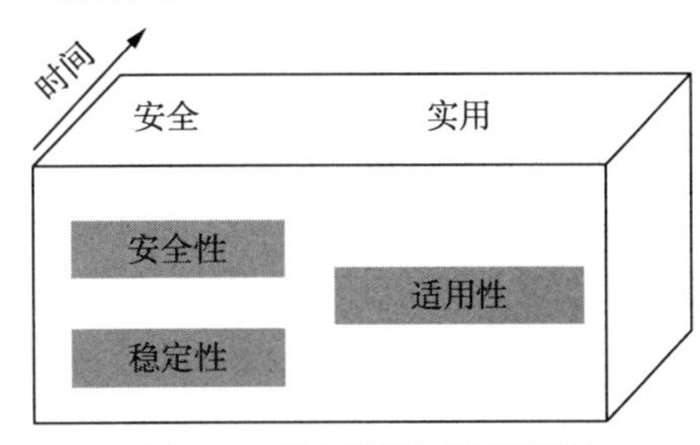

图 4–9　耐久性增加问题的维度

耐久性问题中结构抗力会随时间而降低，如钢筋的锈蚀、混凝土的老

④ 荷载：是指施加在工程结构上使它产生效应的直接作用，也就是使结构或构件产生内力和变形的外力。荷载包括各种重力的作用，也包括风力等外力作用。但用于地震或温度升降这些作用，就难以用荷载的概念来概括。现行规范改用“作用”来概括各种外界影响。

化、徐变（蠕变）。结构抵抗外部环境作用的能力可以定量地纳入了设计考虑。可由碳化引起钢筋锈蚀的性能指标和由氯离子扩散所引起的钢筋锈蚀的指标来衡量。而外界作用因为使用条件变化，如桥梁通车量加大，超过设计预期或气候恶化导致外界作用如风力的增加等，从而也随时间而增加。原来单一的外界力学作用，扩大到作用可分为力学作用 S_1（如风荷载、地震作用等），环境作用 S_2（如二氧化碳、氯离子等）和由火灾产生的作用 S_3。作用效应 E 和抗力 R 在时间 T 交汇，就是结构的寿命，如图 4-10 所示。

现行结构设计规范中的设计基准期与本文所提出的结构使用寿命不是一个概念。结构设计基准期主要是指最大活荷载（如风荷载）在此期间出现的可能性，而非指结构的使用寿命。

结构研究者和工程师应用可靠性理论，进行可靠性分析，得到可靠性指标与 时间（t）的关系，算出工程对象的可靠性指标和相对应的时间点 T 即使用寿命。耐久性问题中可靠度随时间逐渐降低（图 4-11）。工程师不能控制外界作用，但能改善结构材料如混凝土的耐久性，例如改善沿海结构对盐气侵蚀的抵抗。目前研究人员研发的自修复材料，能够利用混凝土中的高分子材料成分自动修复，使裂缝愈合。

总之，结构工程师面对的是不确定的外界作用和结构抗力，而要给出确定性的计算结果。借助于规范和现代计算工具与方法，电脑会如愿以偿地给你随便多少位小数的“精确解”。但作为结构工程师，要保持清醒的头脑，回忆并运用最基本的力学和结构基本概念来检验、控制电脑计算结果的合理性，让电脑和软件成为工具，并时刻警惕不要沦为规范和电脑的奴隶。

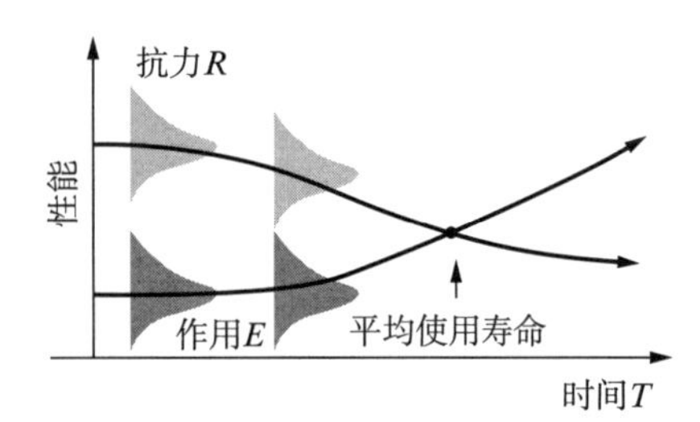

图 4-10　耐久性问题中抗力随时间而降低，作用随时间而增加

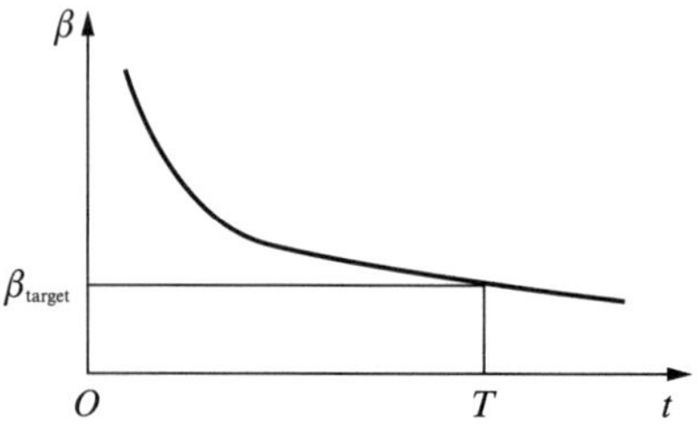

图 4-11　耐久性问题中可靠度随时间逐渐降低

结构的平衡、形状、刚度和强度

第五讲　结构的平衡

力的平衡 —力与变形—结构的本构关系—线性与非线性

工程结构的力学属于牛顿力学的范畴。结构工程师最先关注的是力和力的平衡，其实，力和变形如同手心手背，二者间的关系就是结构的本构关系。静力和运力也是相通的，线性和非线性也是相通的，前者都可以看作是后者的特例。

力的定律和力的平衡

结构设计就是谋求整体和局部的统一，运用工程材料去寻求对抗外界作用的合理系统，构建适用、经济、美观、安全、耐久、高效的空间。结构把各种外力（重力、侧向力）导向归属（大地），而几何把力化作可视的形象。结构和力互为表里。

结构工程师都要学习力学，在大学或研究生阶段，学习了好多门力学。但归根结底都属于牛顿力学范围。我们讨论的工程结构属于宏观世界，又是不运动或低速运动的，且应用环境是地球这个惯性体系。因此常规的土木工程和爱因斯坦的相对论力学并无关联。

牛顿三定律是 17 世纪发表的（1687 年），迄今已三百多年。其间经过许多先贤的细化和深化。由于牛顿力学揭示了事物的本质，所以基本原理依然矗立，学通它并在工程结构中熟练运用并非易事。然而，只要我们的工程是以地球上宏观、静止的结构物为对象，我们就离不开经典力学。

牛顿第一定律：物体都有维持静止和做匀速直线运动的趋势，没有外力，它的运动状态是不会改变的。牛顿第二定律：$F=ma$，外力的大小与加速度的大小及物体的惯性质量成正比。通过它，静和动就相通了。牛顿第三定律：两个物体之间的作用力和反作用力，在同一条直线上，大小相等，方向相反。这些从中学起就熟知的定律，却正是工程结构的基础。牛顿所讨论的物体是本身没有变形和大小的刚性质点。

先从刚性质点入手。作用力等于反作用力，不仅是在一维，即在同一条线上适用，扩展到二维，三维也同样适用。这就是 $\Sigma F=0$（合力为零）。在二维结构体系有 3 个合力（Σ）：X、Y 方向的平移和绕 Z 轴的转动，而在三维体系就有 6 个合力：X、Y、Z 方向的平移和绕 X、Y、Z 轴的转动。换句话说，一维体系，只有 1 个自由度，二维体系有 3 个自由度，而三维体系有 6 个自由度。结构只允许体系的每个局部（构件）有小变形，而不允许各构件间相对运动，更不允许机动。因此对结构来说，一维体系，需要 1 个约束；二维体系需要 3 个约束；而三维体系需要 6 个约束。约束少于这个起码的要求，就会运动或机动，而约束超过这个起码的要求，就形

图 5-1　力的平衡

成超静定。

我们大概都读过克雷洛夫寓言（图 5-1）。天鹅、大虾和梭鱼决定要把一车货物拉走，三个伙伴一起套到车上，可是用尽了力气，车子还是一动也不动。

如果向三个不同方向用力，加上马车重力及其水平向的摩擦力，最终形成的合力为零，马车就不会运动。这是力的三维平衡问题。

现实中的工程结构其实都是三维的，但有时可以简化成一维或二维。一根长梁，有时可以当作一维的线形结构；一条长堤或一排房屋，往往可以横切一刀，当作平面问题，即二维的结构来分析。但过度的简化，会得出不真实的结果。

例如一个体操吊环运动员，若将他双手平举的动作简化为中间是铰的一维的线型模型，是无法平衡的，水平分力变为无穷大（图 5-2）。但事实上，运动员的肩头的二头肌很发达，承担了弯矩，和梁板结构类似。

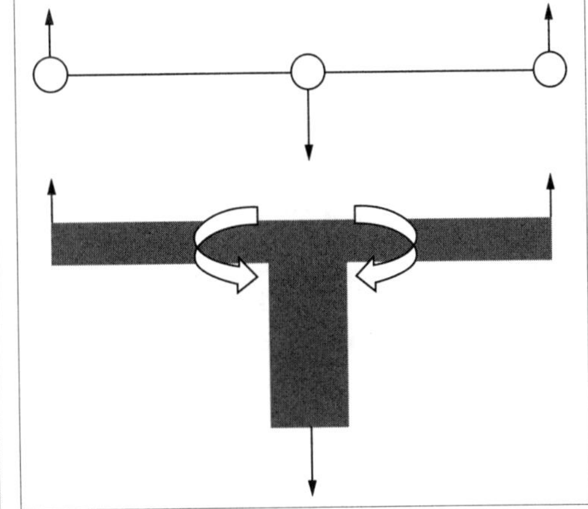
图 5-2　真实对象的简化

结构设计首先要考虑的关键之一，就是力的平衡。

图 5-3 所示拱形桁架，只有屋面的拱承担竖向重力，不但需要两边柱子提供的竖向约束，还会产生水平推力。水平约束由谁提供呢？在此，下部的拉杆就是必需的。上弦的压力，由下弦的拉力来平衡。不能忘记这种

图 5–3　拱形桁架和拱桥

力学上的“来而不往非礼（理）也”。拱桥则可以让两岸的山体来承担水平推力。

1959—1962 年由俞载道做结构设计的同济大学大礼堂（图 5-4），是装配整体式钢筋混凝土网架薄壳结构。拱形网壳结构跨度 54m，建筑空间跨度 40m。网壳两端有钢筋混凝土水平大梁。拱脚三脚架下面设置了藏在地面以下的 ϕ22 或 ϕ25 水平拉杆。除了拱脚三脚架与地基间摩擦力之外，又加了拉杆，作为保险措施，让网壳的水平分力从两端拉回去。

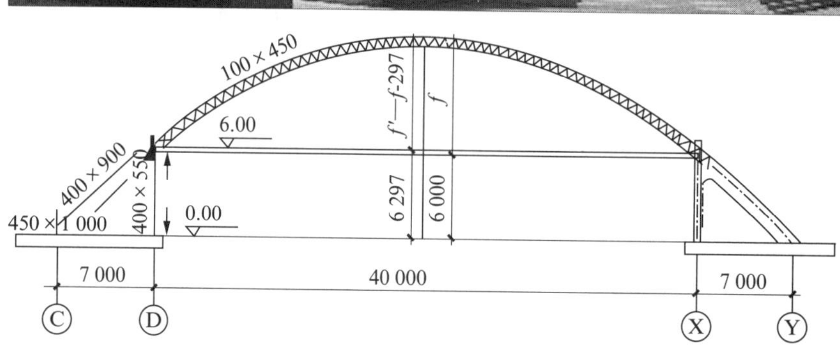

图 5–4　同济大学大礼堂

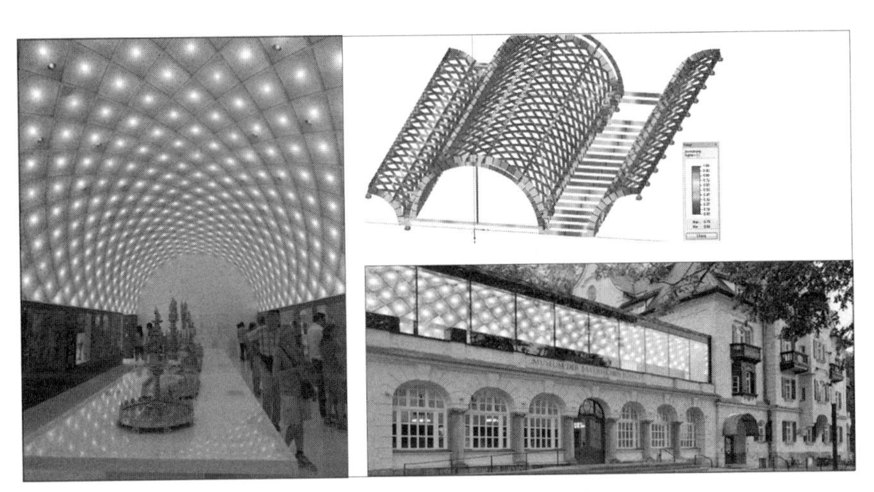

图 5–5　巴伐利亚国王博物馆网壳

2012 年德国钢结构大奖得主，是位于著名风景区新天鹅堡（Schloss Neuschwanstein，Füßen）的巴伐利亚国王博物馆（Museum der bayerischen Könige）（图 5-5）把一个现代钢网壳完美地结合到一幢古老建筑之中，巧妙地靠两边半壳取得平衡。

上海某高层建筑水平支撑如图 5-6 所示。如何平衡水平支撑的巨大拉压力（可达 40 000kN）成了结构设计的难题。图中的方案并不理想。它打算把支撑斜杆的拉压力锚固到钢筋混凝土的剪力墙中去，再通过楼面分布到各片剪力墙，共同来承担风和地震引起的水平力。另一种方案是在剪力墙中再暗藏交叉支撑，用以传递斜撑传来的力。由此可见，力的传递和平衡，是结构工程师必须牢记和解决的问题。

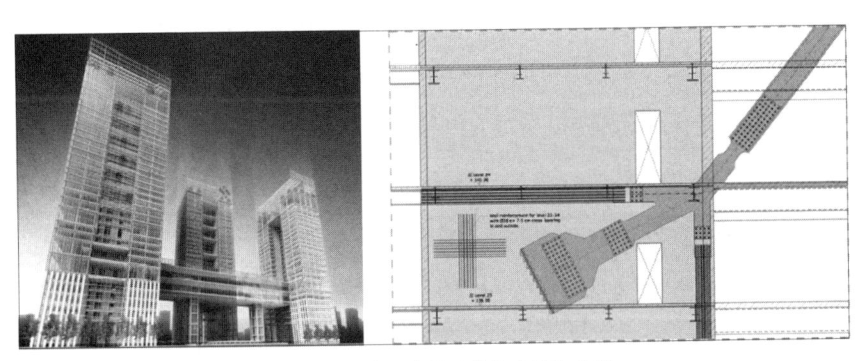

图 5–6　某高层建筑及其剪力墙和支撑

外界作用加于结构的各种外力，必然转化为各种内力在结构内部“流动”，直至归于大地。稳定的结构，其局部和整体到处都处于平衡状态，我们任意截取结构的一个局部（节点、构件的一段等）都必须满足所有的平衡条件，否则结构就会运动或破坏。每个力都要来去分明，受力明确而简洁，是结构工程师追求的目标。看似简单的道理，却是结构的基本原理所在。

力与变形—结构的本构关系①—线性与非线性

结构构件并不是刚体，而是由可变形的材料制成。工程结构的对象是由有尺度、有变形的材料构成的物体，这就需要另一个力学基本定律——胡克定律，这个定律甚至比牛顿定律还早发表 9 年。即在弹性限度内，物体的形变跟引起形变的外力成正比。

这个定律可表达为 $F=k \cdot x$ 或固体中的应力 σ 与应变 ε 成正比，即 $\sigma=E\varepsilon$。这就是弹性体的**本构关系**（Constitutive Relation），它把外力作用下截面的应力和应变联系在一起，也就把力和变形联系到一起，如果把 E 从一个常数发展为一个函数 $\sigma=E(\sigma)\varepsilon$，那就涵盖了固体材料的弹塑性本构关系。线性和材料非线性也就相通了。

结构工程师常常把注意力集中在力、应力和相应的结构抗力、强度上面。但不能忘记力与变形、应力与应变二者如影随形，不可分离。比如一栋高层建筑，我们不会忘记下层的柱子承受巨大的压力，但可能会忽略压力下相应的变形。而在结构高度超静定条件下，这种变形又会引起其他梁、柱、剪力墙中的次生应力。两端受约束的梁，在温度应力作用下，尽管梁的长度没有变化，但却能产生很大的拉压应力。在用于高铁的连续铁轨中，这种应力变得十分重要。

大部分工程材料在小应变下都是弹性材料，不同的是当应变增大时，有的呈现塑性，有的呈现脆性（即断裂先于塑性发生）。钢具有良好的弹性，但当应力超过屈服应力（图 5-7 中 A 点），应力应变关系也不再是直线，钢材进入流动阶段，或强化阶段。图 5-7 中 C 点称为屈服极限或流限；然后进入强化阶段，达到应力最高点 D，称强度极限；最后进入塑性变形阶段，直至破坏（E 点）。

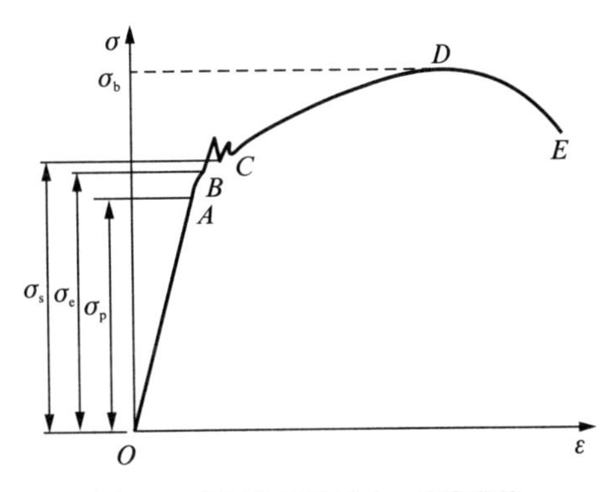

图 5–7　钢拉伸时的应力 – 应变曲线

低碳钢达到屈服极限时的应变是 0.2% 左右（图 5-8），它的塑性很好，达到强度极限时的应变 ε 可以达到 4% 以上。如果把强度极限时的应变与屈服极限时的应变的比值来衡量**延性**[②]的大小，这个比值越大，延性就越好。这种材料属于延性材料。

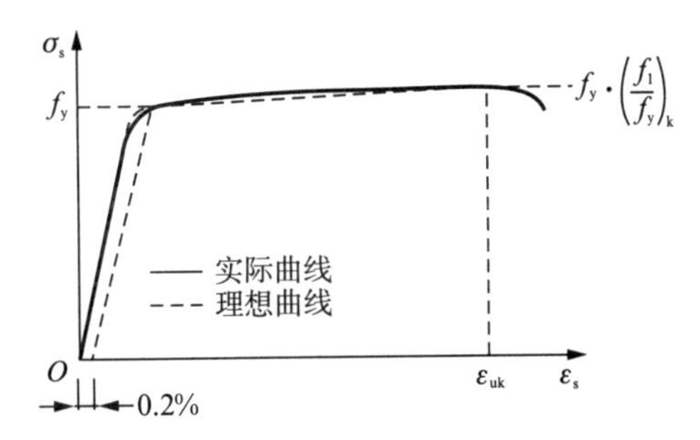

图 5–8　钢筋拉伸时的应力 – 应变理想曲线

经过冷拉、冷轧加工的钢材，强度会提高，屈服应力增加而延性减小。

混凝土、玻璃等材料延性更小，达到强度极限时的 ε 只有 0.2% ~ 0.3%，不足软钢极限 ε 的十分之一。这种材料属于脆性材料。

混凝土受压的塑性变形能力比受拉大得多。但极限压应变也只有 ε_c= 0.30% ~ 0.35%，极限拉应变只有 ε_{cl}=0.01% ~ 0.012%。而且强度越高的混凝土极限应变越小。在钢达到受拉屈服极限应变时，早已超过混凝土的

① 本构关系：结构的本构关系是指材料的应力–应变模型。提出过各种本构模型（图解和数学表达式）来近似地描述材料的力学特性：如应力–应变关系及强度–时间关系。

② 延性：延性是结构材料的一种特性，指结构、构件或构件的某个截面从屈服开始到达最大承载能力或到达以后而承载能力还没有明显下降期间的变形能力。材料在弹性阶段具有变形可恢复的特性。超过弹性阶段，材料进入应变增加而应力不增加（或缓慢增加甚至减少）的塑性阶段。在塑性阶段，在外力作用下，变形无法恢复，产生残余变形。如果一种材料的塑性阶段能持续很长，结构就会在较长时间耐受反复荷载，使结构在刚度减小的情况下，降低动力反应、增加耗能，而不达到强度极限，也就是不破坏。这对结构抗震和耐疲劳等尤其重要。和延性相反的就是脆性。

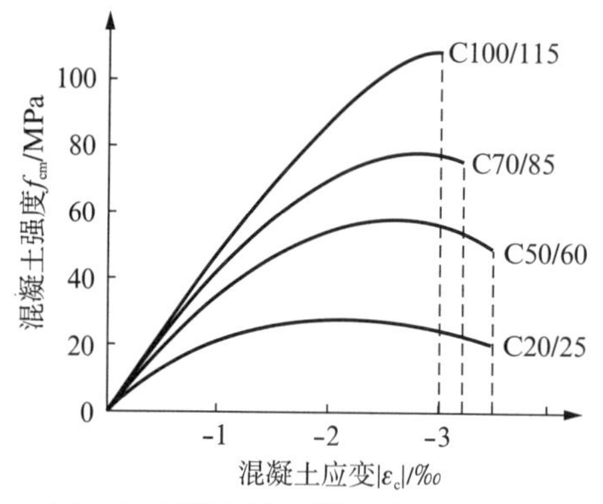

图 5–9　混凝土受压时的应力 – 应变曲线

极限拉应变。所以钢筋屈服时，受拉区混凝土早已开裂。但钢受压屈服时的极限应变（不是钢的极限压应变）比混凝土的极限压应变（图 5-9）还小一点，这一点很重要，因此钢筋混凝土受压区的钢筋和混凝土能够共同工作到最后。在混凝土被压溃之前，受拉钢筋已经达到屈服极限。截面乃至构件变形很大，直至达到破坏。这就是**延性**破坏。构件的变形很大，但还未倒塌，这正是设计师希望看到的延性破坏过程。

混凝土拉压在二维和三维空间的本构关系可以用图 5-10 来表示。

根据广义胡克定律：

$$\varepsilon_x = \frac{1}{E}[\sigma_x - \mu(\sigma_y + \sigma_z)],\ \gamma_{xy} = \frac{\tau}{G},\ G = \frac{E}{2(1+\mu)}$$

式中，ε_x 为应变；γ 为剪应变；ε_y，ε_z 有相应的公式；E 为弹性模量；G 为剪切模量；μ 为泊松系数，即侧向膨胀系数，取 0.2 左右。

不要忘记 μ 的作用，这对地基土和钢筋混凝土构件起着重要作用。后文会再讨论。

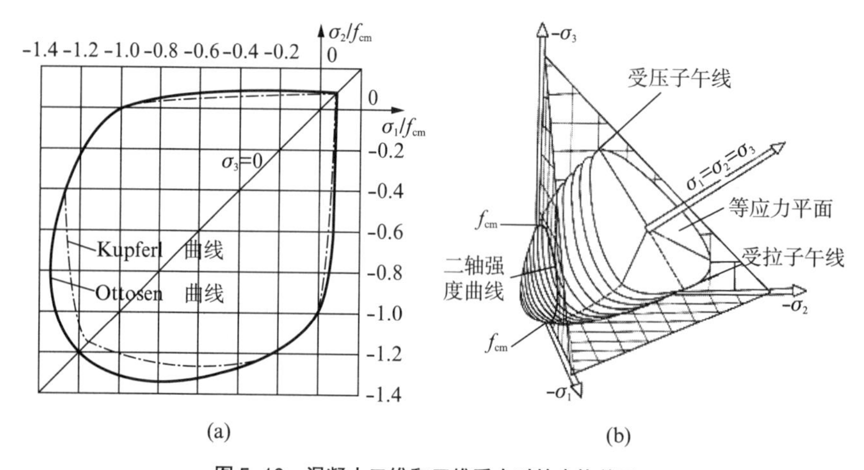

图 5–10　混凝土二维和三维受力时的本构关系

均匀受力的中心受拉或受压，截面上全部纤维受力均匀。材料的应力应变曲线就是截面的本构关系。但受弯和偏心受力的构件，截面的力和变形的关系，和该截面受拉纤维或受压纤维的应力应变关系是不同的。如果我们讨论一片框架甚至整个结构的本构关系，就要研究相应水平上结构力与变形的关系，而不能简单地用材料的应力应变关系来代替。应力是指构件单位面积上的力，单位是 N/mm^2；应变是指单位长度上的变形值，无量纲。而外力和内力，通常是指作用于一个构件或整个结构上的力，单位是 kN，变形的单位是 mm。在有限元法中，把结构分成无数个小单元，所以可以应用基本的应力-应变关系。如果模型是一整个梁或框架，就要用这个结构的力和变形关系来作为它的本构关系。

为了简化，在很多理论中用理想弹性和理想塑性的本构关系（图 5-11）。实际上，现在的计算方法已能考虑材料的非线性，用三线或四线模型来模拟钢筋混凝土等材料。随着研究的深入，工程结构的模型，也应用了现代力学理论，引进更多参数，考虑材料的断裂力学性质，考虑与时间的关系，定量地计算收缩、徐变（蠕变）等，如提出用神经网络方法确定材料的本构模型，包容更多的试验数据。但在一般工程中，还是以经典力学模型为主。

上面所说的非线性是材料非线性，结构还有几何非线性的问题。悬臂梁的 P-Δ 效应就是最简单的几何非线性问题。2004 年，笔者在北京首钢带领几位研究生对折板型薄钢板剪力墙（图 5-12）进行了研究。在有限元模型中考虑了材料非线性，也考虑了几何非线性。图 5-12 也显示了一组分析结果。折板型薄钢板剪力墙的原理是控制薄钢板的厚度和压型波纹的高度和宽度，使得薄钢板的屈服应力小于失稳的临界力。这样，薄钢板在失稳之前进入屈服和流动阶段。

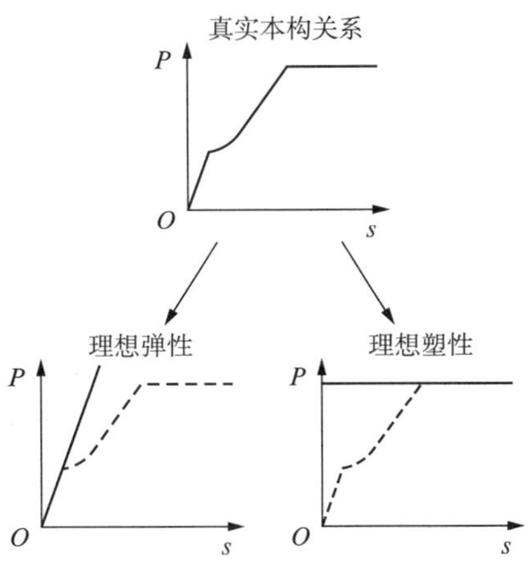

图 5–11　理想弹性和理想塑性的本构关系

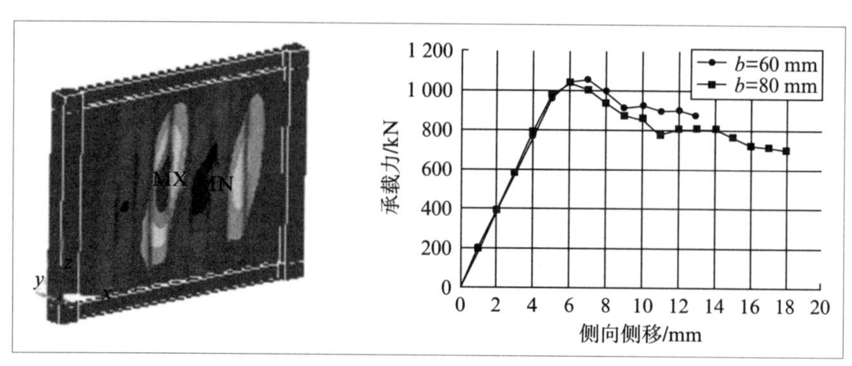

图 5–12　折板型薄钢板剪力墙的力与变形关系

剪力墙就成为一个延性结构。分析结果表明，很薄的钢板，如 2mm，只要有适当的波纹，就能承担很大的侧力而不会失稳，可以作为延性结构，在地震作用下有很大的承载能力和耗能能力。

上面说过，弹性体的本构关系可表达为 $\sigma=E\varepsilon$ 或 $F=kx$。例如在受弯构件中，$k=EI$，此时，力和变形 q-Q-M-θ-f 之间，存在有趣的“祖孙关系”：

$$\frac{\mathrm{d}f}{\mathrm{d}x}=\theta,\quad \frac{\mathrm{d}\theta}{\mathrm{d}x}=\frac{M}{EI},\quad \frac{\mathrm{d}M}{\mathrm{d}x}=Q,\quad \frac{\mathrm{d}Q}{\mathrm{d}x}=q$$

即挠度对 x 轴的微分是转角，转角对 x 轴的微分是弯矩除以刚度，弯矩对 x 轴的微分是剪力，剪力对 x 轴的微分是均布荷载。倒过来积分，又可以从力求得变形。二者之间有一个刚度系数。工程师可以徒手用图乘法得到构件的挠度，就是利用了弯矩 M 和挠度 f 之间的相似地位，只要不忘记刚度 EI，就可以采用对相同的杆件在相同的边界条件下画弯矩图的办法，得到挠度曲线。

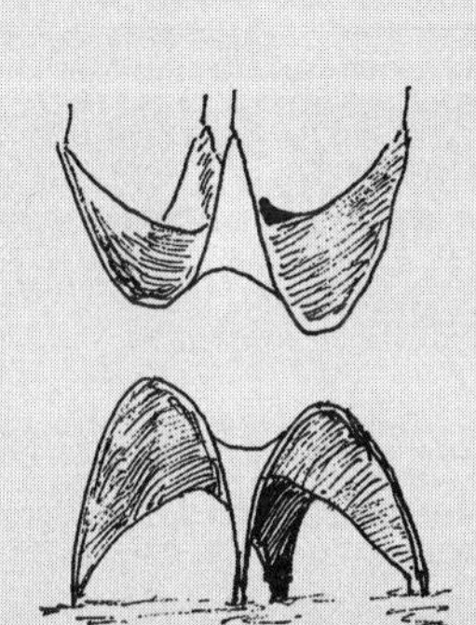

第六讲　结构与形状

结构的形状—几何的力量—传力路线最短—直接与间接受力

结构工程师能动的空间有多大？面对一个工程项目，对功能只能满足，对材料只能选用，对经济只能尽力，对施工只能适应。剩下的发挥空间，其实主要在于结构的选型。结构工程师能充分发挥的是选用或创造结构的形式。看到几何是你的朋友，看清形状蕴藏的力量。

几何的力量

结构工程师要认识到自己的局限性。对一个工程项目，对功能只能满足，要服从建筑师的主导。对材料只能选用，只能用市场上常用的种类。对经济只能尽力，结构造价占造价的比例很小。对施工只能适应，为特殊的结构形式创造新的施工方法和设备谈何容易。结构工程师能够发挥的领域是结构几何形状的选择和创新。

理解几何形状对结构的重大影响，对结构工程师非常关键。最简单的例子如图 6-1 所示。

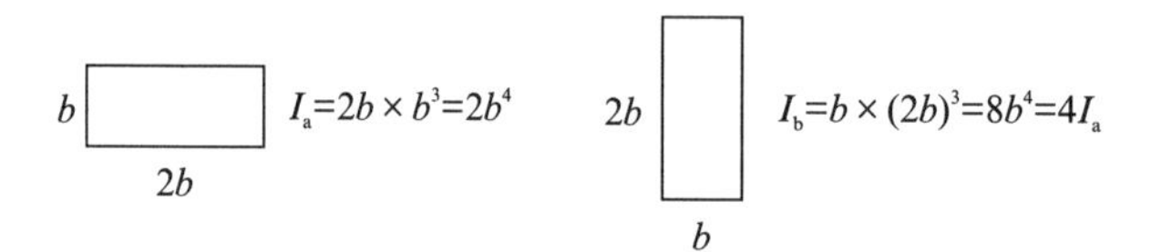

图 6–1　相同截面的梁不同方向放置时的惯性矩对比

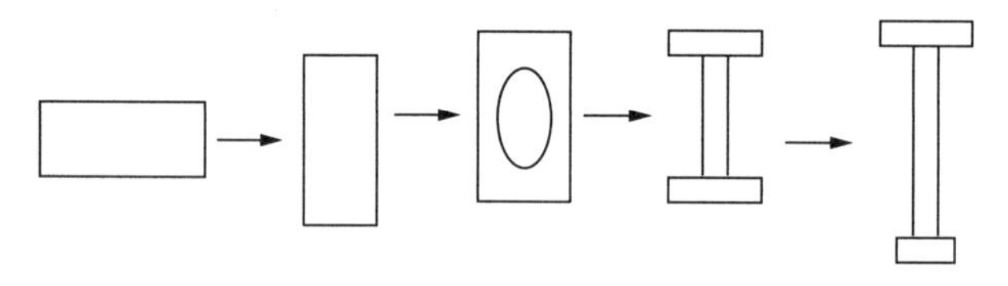

图 6–2　形状的力量—矩形的变化

最简单的矩形，其截面高度愈高，**惯矩**①就愈大，其抗弯能力就愈强（图 6-1）。从横放到竖放，从竖放到开洞，从实腹到空腹，从一块矩形到相连的两块矩形。把截面布置得离中心愈远，惯矩就愈大（图 6-2）。但是也不是没有限度的。至少有两点：一是剪力要能够通过腹板传递；二是要避免腹板太薄而局部失稳。

结构形状的变化途径归纳起来，主要是三种：

（1）增加结构高度，增大截面惯矩；

（2）结构从一维（线型杆件）到二维（平面结构）再到三维（空间结构）；

（3）从直线到曲线，从平面到曲面。

这些形状的变化，都会使同样的材料构成更有效的结构，即在相同自

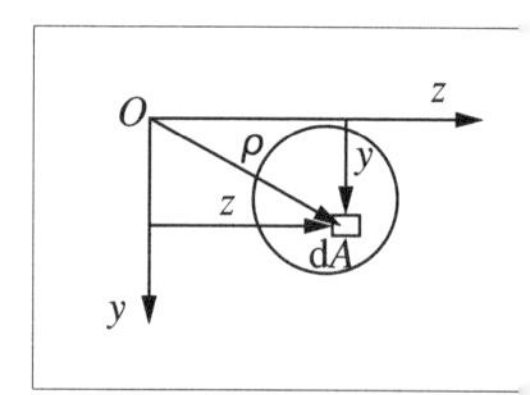

图 6–3　截面对 z 轴的惯矩

图 6-4　桁架到网架的发展

图 6-5　桁架到拱架到曲面网架到球面网架的发展

重条件下，改变结构的几何形状，使之能达到更大的跨度或空间覆盖面，承担更多的荷载。但也要看到付出的代价是结构高度的增加，即结构要占用更大的空间。而这又往往受到建筑和工艺的限制。权衡利弊，针对具体项目找到最优化的结构几何形状正是结构工程师的任务。

前面已经用矩形形状的变化来说明**增加结构高度，增大截面惯矩**的效果。再举例说明其他两点。图 6-4 显示了从平面桁架到空间网架的发展。图 6-5 显示了从平面桁架到拱架到曲面网架再到球面网架的发展。

德国的轻型钢结构工业建筑，已形成标准化的产业链；有梁柱体系、框架体系、拱架体系、空间桁架体系、网架体系等（图 6-6）。

人们从自然界获得灵感，不但航空器学鸟、航海器学鱼，仿生学在工程结构中也早有成功的运用。学习自然界经千锤百炼进化而成的最合理的结构形状，并将之用于工程。

西班牙加泰罗尼亚的著名建筑师高迪，也精通结构原理。他在巴塞罗那的一系列作品永载史册。笔者三次去参观高迪的作品，每次有一种参拜

① 惯矩：又称惯性矩（moment of inertia of an area）是一个几何量，通常被用作描述截面抵抗弯曲的性质。惯性矩的单位为（m^4）。即面积二次矩，也称面积惯性矩。例如截面对 Z 轴的惯矩 I_z 如图 6-3 所示。

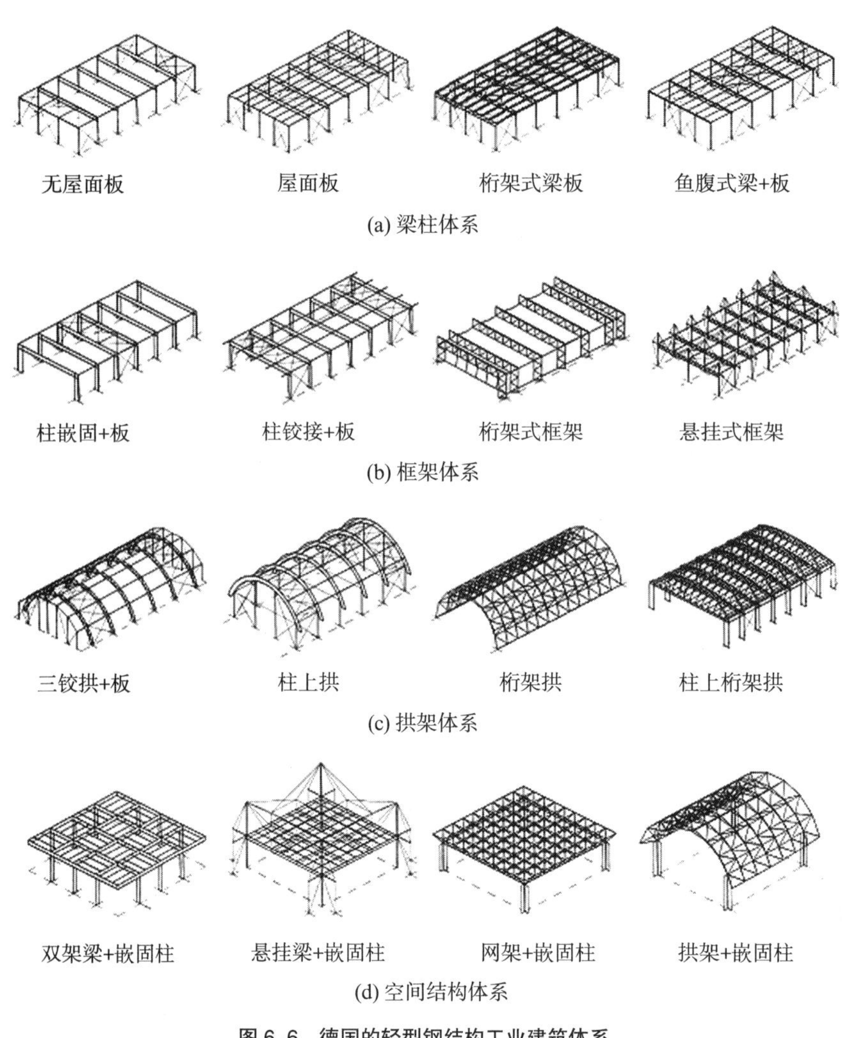

图 6–6　德国的轻型钢结构工业建筑体系

结构圣地的感觉。高迪的米拉公寓，不但建筑上独具一格，而且结构上也充满了巧思异想。走进它的屋顶结构空间，好像进入了鲸鱼的腹腔，薄薄的一片砖，砌成鱼骨形状。结构的形状不但产生力量，还产生美感。米拉公寓是结构与建筑的完美结合（图 6-7）。

高迪的杰作圣家族教堂，自 1884 年开工建造至今，历经一百多年尚未完成。在 19 世纪末，没有电脑和有限元，以这样空前的创造性形式建造高塔，高迪用悬链反过来模拟高塔。悬链是处处受拉，反过来就是处处

图 6–7　高迪的米拉公寓

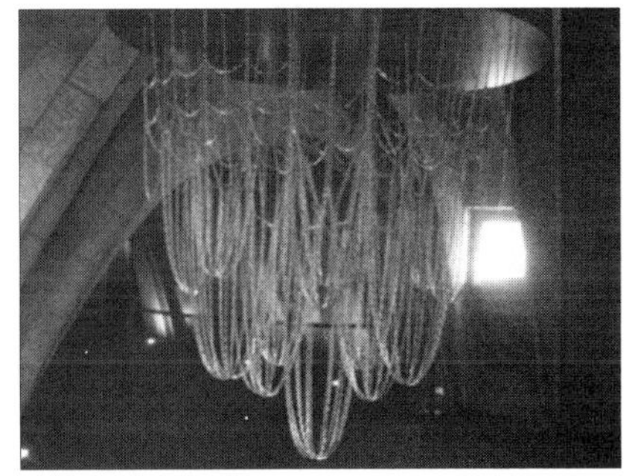

图 6–8　高迪的圣家族教堂和悬链模型

受压（图 6-8）。

这种利用自然现象和仿生学的结构工程师不止高迪。笔者 20 世纪 80 年代在德国达姆施塔特工业大学做客座教授期间，认识了瑞士薄壳专家伊斯勒（Heinz Isler）。他应达姆施塔特工业大学的 König 教授所邀请，每周从瑞士赶来上一天薄壳选修课。

图 6–9　伊斯勒的冰冻或石膏薄壳模型

伊斯勒让学生发挥想象力，用木头架子悬挂麻布，自然形成各种形状。用石膏浆浇在布上，凝固后就是各种薄壳（图 6-9）。在冬天甚至可以浇水，凝固成冰后形成薄壳模型。在他的书中，列举了自然界种种壳体乃至花瓣的形状（图 6-10—图 6-13），这是他灵感的来源。

瑞士以山清水秀闻名于世。而这些极为现代的壳体结构却能融入其间。笔者认为其原因是这些壳体本来是从仿生得到启发，由大自然而来，再回到大自然去，就不显得突兀。

在建筑结构发展史上，不少建筑工程师致力于结构形式的创新，巧妙

图 6–10 自然界的壳和曲面

图 6–11 伊斯勒书中的薄壳形式

图 6–12 伊斯勒在瑞士建造的各种形式的薄壳

图 6–13 各种形式的薄壳可用于工业建筑和体育场

运用几何形式的变化建造出许多大跨、轻巧、经济、美观、新颖的作品。

从相对的力量来看，蚂蚁比大象更有力气。因为蚂蚁能搬动几倍于体重的物品，而大象却不能搬动相当于自重的荷载。一种高效的结构，应当能承担比自重多得多的荷载。一个连承担自重都显得吃力的结构，不是好的结构。人们会赞美放下水不载人就快沉的船和飞上天无法载重的飞机吗？

图 6-14 中三个分别建造在南非、利比亚和巴西的大型体育场，结构新颖，但其共同特点是结构合理，轻盈经济，充满创新精神。

图 6-15 列举了一些体育场建筑的钢结构示意图。

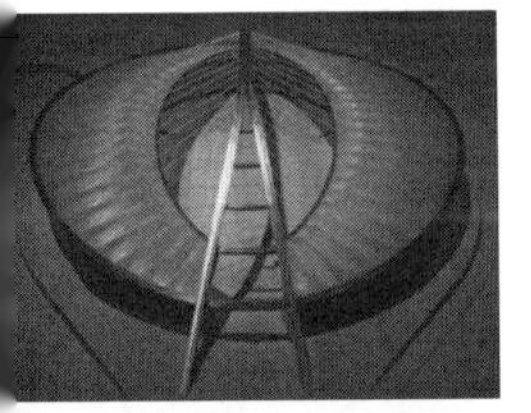

(a) 南非德班体育场模型

(b) 利比亚的黎波里体育场模型

(c) 巴西的曼努斯体育场模型

图 6–14 三个结构新颖的大型体育场

与之成为对比的是笨重、杂乱的结构体系（图 6-16）。尽管这个结构的设计，施工的承担者都面临并解决了空前的难题，知其不可为而为之，使之能顺利建成是很大的成功。但从结构原理的角度来看，我们实在不能苟同这种盲目追求形式、耗费大量材料、受力不明确、施工复杂、保养困难，却连承担自重都吃力的结构，鸟巢的用钢量甚至达到 720kg/m^2。应当抵制个别设计师“已所不欲，却施予人”的做法。而同一时期的另外两栋建筑，尽管形式上较为简练，但也存在结构上的不合理。正如沈祖炎指出：“我国目前的重大工程几乎都采用国外建筑师的奇特方案，方案中标与否完全取决于评审人对建筑造型的审美，而非建筑功能、结构、施工、造价、环境、节能等更多重要因素。这种方案中标评选机制的缺陷，导致当前中国产生了一大批世界上都罕见的浪

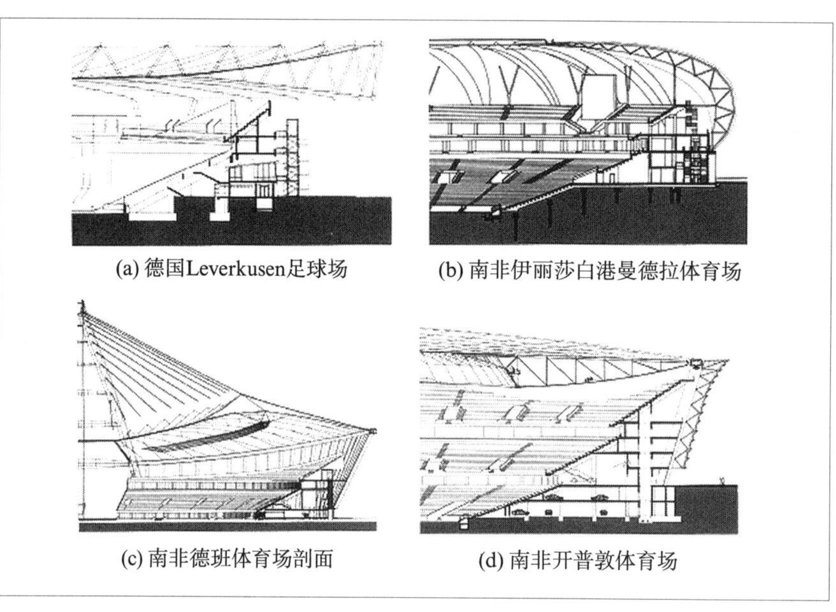

(a) 德国Leverkusen足球场　(b) 南非伊丽莎白港曼德拉体育场

(c) 南非德班体育场剖面　(d) 南非开普敦体育场

图 6–15　体育场建筑的钢结构示意图

图 6–16　节点的复杂和
件的笨重，从结构的观点
都不是合理的

费建筑。因此，要产生轻、快、好、省的钢结构，毋庸置疑，必须要完善目前的方案评选机制，杜绝浪费建筑的产生。”图 6-17 中，屋顶钢结构的外壳虽然有形式上的优势，但还是单纯从建筑形式出发。尤其是它还覆盖着内部三个独立的屋盖，叠床架屋，用钢量达到 263kg/m^2。图 6-18 运用了新型的膜结构，但为了追求形式，极不规则，一万多根杆件每一根都不一样，施工图纸达三万多张，用钢量达到 120kg/m^2。这些建筑，影响很大，形成误导，造成了严重的后遗症。而 20 世纪 70 年代建

图 6–17　利用结构形状降低用钢量

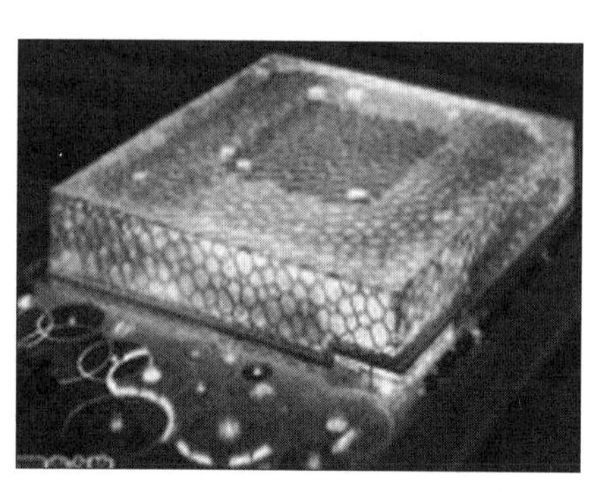

图 6–18　采用膜结构，经济适用

成的 110m 跨度的上海体育馆，用钢量只有 75kg/m^2。美国佐治亚体育馆（240m × 192m）于 20 世纪 90 年代建成，用钢量只有 30kg/m^2。这此都值得我们结构工程师深思。

结构工程师的噩梦是不得不屈从于各种压力，勉为其难地凑合出不合理的结构去满足建筑师形式主义的追求和业主独树一帜的欲望。而结构工程师的梦想则是能善用形状的力量，创造出形式合理、传力明确、经济适用的结构佳作。

传力的路线

桥梁结构不是本书的重点，笔者在这方面的经验也不多。但谈到结构传力路线，还是要以悬索桥和斜拉桥为例。

悬索桥（suspension bridge）发源于我国的竹索桥。现代悬索桥源于 19 世纪。从著名的美国旧金山的金门大桥（1937 年，图 6-19）到我国湖南矮寨大桥（2012 年，图 6-20），悬索桥一直是大跨桥梁的主要形式。悬索桥最大跨度为 1 991m（日本明石海峡大桥），国内 1 661m 的舟山西堠门大桥为第二。

图 6-19　金门大桥

图 6-20　矮寨大桥

斜拉桥（cable-stayed bridge）可以从 1955 年瑞典的斯特伦松德（Stromsund）桥算起。最大跨度的斜拉桥也已超过 1 000m（图 6-21）。

一般说，跨度 300 ~ 1 000m 斜拉桥比悬索桥有明显优势。有人认为，跨度达到 1 400m 的斜拉桥比同等跨度的悬索桥节省二分之一的钢索，造

图 6–21　斜拉桥

价低 30% 左右。

经济有时并非唯一考虑的因素。新建的美国旧金山海湾大桥，本来也设计成斜拉桥。但是湾区多数居民希望新大桥与湾区原有的大桥如金门大桥形式谐调，还是决定追加造价，做成悬索桥。这座大桥的钢结构制作，由上海振华重工承担。振华以港口机械闻名。但 2006 年，振华在总经理管彤贤的领导下，看准钢结构市场发展趋势，挺进钢桥市场，在全球竞标中取胜。振华克服各种困难，成功制成巨大的高精度构件，装船漂洋过海，在大洋彼岸安装（图 6-22）。

但近年来，斜拉桥仍然是建造大桥的优先选项。斜拉桥对悬索桥的优势，若只从最简单的力学结构原理来看，其实就是传力路线更短。大跨桥梁在两个桥塔之间，由吊索形成附加的支点。桥梁的荷载通过吊索再传到桥塔，最终传到地基。但斜拉桥与悬索桥的区别在于，斜拉桥的拉索直接传到桥塔，传力路线是个三角形。而悬索桥的吊索把桥梁荷载通过吊索先传到主悬索，然后悬索再传到桥塔，最终传到地基。传力路线是个四边形。构件每个点上的主应力方向都在变化，把这些表示方向的矢量连接起来的迹线称为力流。力流如同在轨道上跑的车，每一步都要有“轨道”，也就是钢索，路线愈远，耗费材料愈多。

工程师在作结构方案时需要考虑结构的传力途径，比如水平力的传递，地震作用和风荷载是如何传到抗侧力结构的。有些工程师知道竖向荷载如何传递，但对水平力的传递还须认真考虑。以风荷载为例，风从四面八方吹来，首当其冲的是墙和窗或幕墙。玻璃幕墙需要详细的设计，

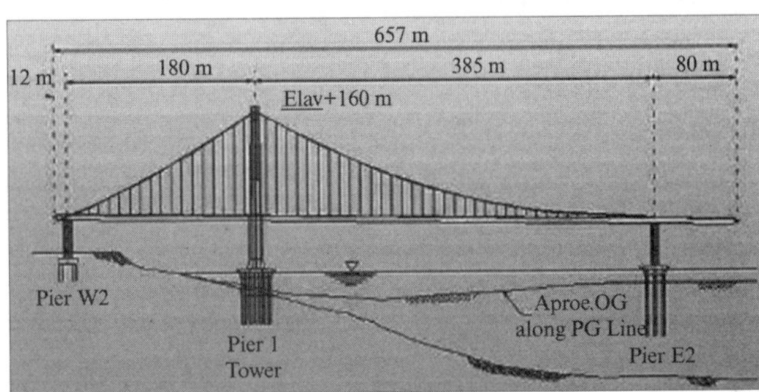

图 6–22　美国旧金山新海湾单塔悬索桥，钢结构由上海振华重工制造

高层建筑还需考虑动力分析。外墙的风力传到楼盖，而楼盖又传给抗侧力结构，如剪力墙、筒体。但是千万不要以为，有了足够的抗侧力结构，水平力就有可靠的去处了。结构设计往往都是在楼板刚度无穷大的假定下进行的。如果楼板开了大洞，水平楼板局部缺失了，怎么传递风力呢？或者地下室靠近外墙开了大洞或设立坡道，那怎么样考虑将水平的土压力传递至地下结构的抗侧力结构或传递至另一端的剪力墙？再往下想，抗侧力结构并非终结，还需要传到基础。到了基础，还要传给地基。遇到拱结构这类推力特别大的情况，如果摩擦力不够，就需要用拉杆把推力拉回来。同时需要注意，桩基通常只传递垂直荷载，并不能抵抗过大的水平力。所以，结构工程师最好像电影导演那样，把外力想象成一辆小汽车，从直接接触风力的外墙开始，让它一路开下去，直到大地母亲。如果哪一个路段断了，就要采取措施。当各楼层情况变化时，这种“电影”要每层每段逐一放映。

上面说的是风力，地震力是与质量有关的。地震作用随着质量的分布而分布，设计时考虑其作用于楼面质心只是所有楼面作用的合力作用点，一旦有大的洞口，或者质量分布不均匀，考虑整个楼层的地震作用在整个楼面的质心就不太合适了。均匀的结构自重，是一种传递方式，而一些集中的大质量，如设备等，就要给以特殊考虑，让这个局部在地震时可能出现的很大反应能安然无恙地传递到地基。

为此，作为“导演”的结构工程师要为它编制一套专门的“分镜头剧本”。

结构工程师如果不能像交响乐指挥那样把整个结构的“总谱”烂熟于心，就不能得心应手地把每一个构件像指挥每一件“乐器”一样控制得当，而让每一种、每一处的荷载像每一个“音符”那样处理得恰到好处。

传力路线短是结构形式的一个重要原则。可以与之并列的另一个重要原则是截面的受力。

截面的受力

全截面均匀受力（中心受拉或受压）优于偏心受力（受弯或偏心拉压）（图 6-23）。截面偏心受力时，接近中和轴的区域受力很小，显然全截面均匀受力，材料应用效率更高。当然，受弯和偏心受力时，可以在应力小的区域开洞或仅用腹杆相连接。

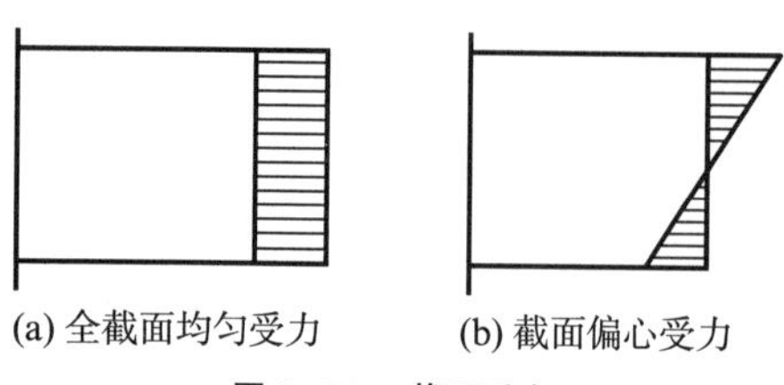

(a) 全截面均匀受力　(b) 截面偏心受力

图 6–23　截面受力

斜拉桥不仅传力路线短，

而且拉索都是中心受拉。这是钢材的优势所在。钢的强度高，截面可以很小，但钢材太薄，就有失稳的问题。只有全截面受拉，最能发挥钢材的优势。悬索桥和斜拉桥的拉索都基本上中心受拉，而把力传给桥塔，由它承受巨大的压力，最后把力传到基础和地基。尽管有风力，主要承担压力的桥塔，可以用钢筋混凝土来建造。但考虑到旧金山地区是高烈度地震设防区，新海湾大桥采用钢材建造，其钢板厚度很大。

结构形状“从直线到曲线”这种发展的驱动力，不但可以从力的传导路线来解释，还应该从将弯曲转化为压缩，从而提高结构总体抗力来理解。例如，拱的传力路线长，但它的内力是压-弯，优于梁的完全由弯曲承载。所以，截面内的应力分布，或即内力状态，也是很重要的因素。

悬挂结构也用于高层建筑。著名的香港汇丰银行大厦（图 6-24）和德国慕尼黑宝马（BMW）大厦（图 6-25）都是悬挂结构。钢材受拉的优势得以充分发挥，但与此同时，传力路线比较远。各层的荷载要通过拉杆吊到高处，再传递到塔楼，以压力的形式再传到基础和地基。从图中可以看

图 6–24　香港汇丰银行大厦

图 6–25　德国慕尼黑宝马（BMW）大厦

到，汇丰银行大厦分五段把楼层分别吊在巨型桁架上，再传到塔楼传到地基。而宝马大厦则分成两段，分别悬挂。

传力路线短和**全截面均匀受力**这两个原则有时是相互矛盾的。结构工程师要参透原理，权衡利弊，作出选择，确定方案。

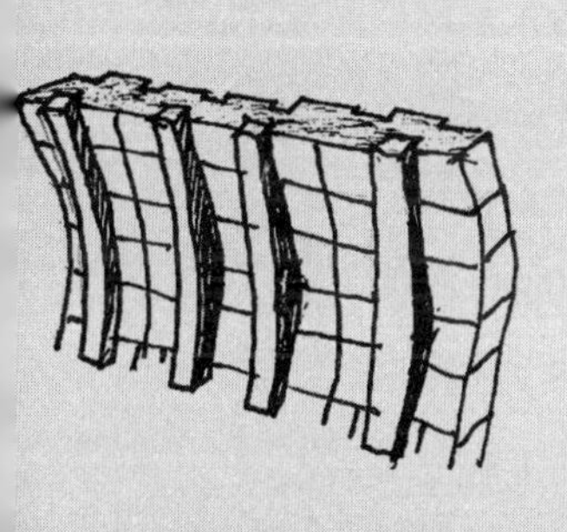

第七讲　结构的变形

强度—刚度—力的分配

结构的变形是与它的刚度相关的。强度是材料抗力的尺度，刚度是材料抗变形的尺度，但其大小却不是对应的。存在强度很高而刚度很小的构件，也存在刚度很大而强度很低的构件。 力是按刚度而非强度分配的。

结构的强度与刚度

结构的变形是与它的刚度相关的。结构的平衡方程用来描述受力状况，几何方程用来描述变形程度，物理方程用来描述本构关系。

$\sigma=E\varepsilon$ 这个弹性体的本构关系，是对中心受拉或中心受压的截面而言的。所谓弹性，就是应力和应变成正比。如果是偏心受拉，偏心受压或受弯的截面，这个关系只对截面的一个微小薄层或纤维才适用。对匀质材料，如钢材，在弹性范围内，在整个截面上都符合这个线性关系。但对非匀质的钢筋混凝土，其实一开始就不完全是线性的。到了开裂之后，那就完全不一样了。其中的钢筋在达到流限前都符合上述的线性关系，但混凝土则很早就进入非线性阶段了。概括而言，把 E 从一个常数发展为一个函数 $\sigma=E(\sigma)\varepsilon$，那就涵盖了固体材料的弹塑性本构关系。钢筋混凝土的本构关系可以假定如图 7-1 所示，注意混凝土的开裂，钢筋的屈服和混凝土的压坏都构成曲线的转折。

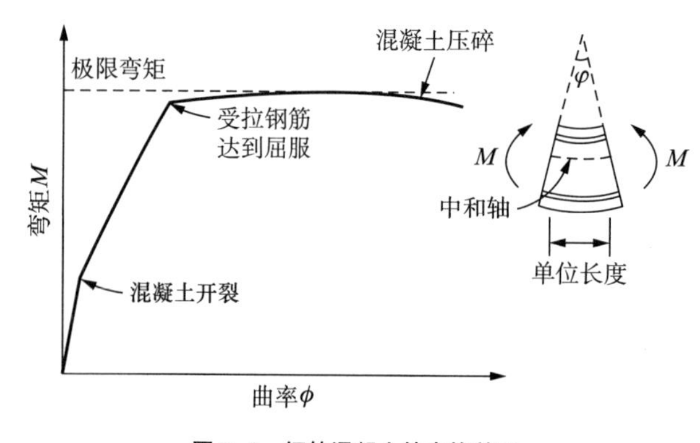

图 7–1　钢筋混凝土的本构关系

构件力和变形的关系，其实是它所有截面应力和应变关系的宏观表现。每个截面应变积累起来，变成构件的变形。单位力作用下的变形的倒数就是构件的刚度。对于各种构件，根据设计需要，指定了一些特指的刚度指标。例如对中心受拉或中心受压的截面而言，截面为 EA、长度为 L 的直杆在轴线力 N 的作用下，其位移为

$$\Delta=\frac{NL}{EA}\quad\frac{1}{\Delta}=\frac{EA}{NL}，当 N=1，构件的刚度就是 k=\frac{EA}{L}。$$

对于偏心受拉，偏心受压或受弯的截面而言，构件的线刚度$i=\frac{EI}{L}$。

对于结构，可以用层间位移的倒数作为层间刚度，把顶端位移的倒数作为该点的结构刚度。

对钢筋混凝土，常用一个等效的弹性模量把它看成一个等效弹性体。

弹性悬臂梁的顶端作用一个单质点，它的自振频率是：

$$\omega=\sqrt{\frac{k}{m}};\quad f=\frac{1}{2\pi}\sqrt{\frac{k}{m}}$$

结构的自振频率与结构刚度的平方根成正比，与结构的质量的平方根成反比。

应力和应变是手心手背，也像一对双生子。在材料的弹性阶段，它们之间的关系是成正比，只和该材料的弹性模量 E 有关。但强度和刚度却没有对应的关系。首先，两个概念根本不在同一个范畴。刚度是结构生命全过程与变形相关的特性，取决于材料类型（由 E、G 等参数表征）和截面（由结构构件的几何特征 A、I 等表征）；而强度是结构达到极限时的最大容许应力。有的结构构件刚度很大而强度很小，例如砖石结构，尤其在受弯或偏心受力的情况下，由于砖石材料的受拉强度很小，使结构强度很低。另一类材料如钢结构，结构构件刚度很小时，强度也可能很大。由于钢的受拉受压强度都很大，而且二者很接近，尽管 E、G 都相对较大，但截面按强度需要都可以做得很小，因此结构刚度相对很小。钢筋混凝土结构则介于二者之间。各种材料的结构，它们的刚度与强度不匹配，在工程中会造成很多问题，这正是下面想要讨论的。

力是按刚度分配的

结构的一个极为重要而又普遍的规律是：**力是按刚度而非强度分配的**。在外力作用下共同工作的各结构组成部分（各构件、部件）按照它们的刚度来分配所受外力。随着外力的增加，结构各组成部分的刚度发生变化，如果它们仍都处于弹性阶段，力的分配比例不变。如果一部分构件已进入塑性，刚度变小，那么外力就要进行重分配，各个构件分配到的外力就会发生变化。这个规律对不同类型的结构都是适用的。

弯矩分配法

作用于框架节点的弯矩按与此节点相连的各根杆件的抗弯刚度进行分配（图 7-2）。假定刚度系数为杆件惯矩与其长度的比值：$k=\frac{I}{L}$。例如，远端为固定端的杆件的抗弯刚度 K 为 $4Ek$，远端为简支端的杆件的抗弯刚度 K 为 $3Ek$。

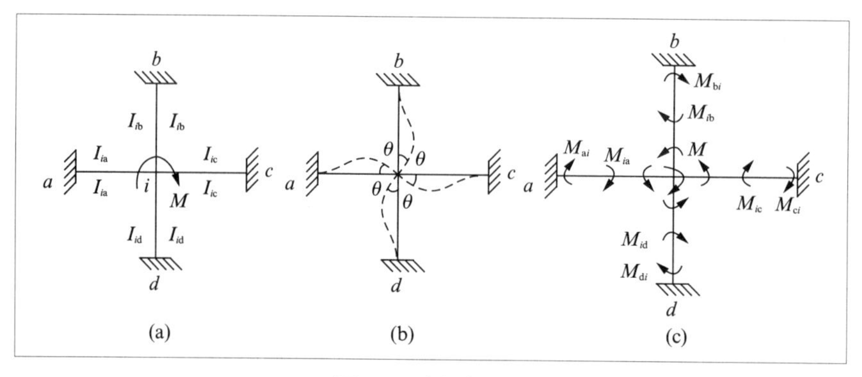

图 7–2　弯矩分配法

在节点 i 上作用外弯矩 M，发生相应的转角 θ，关键是节点是刚性连接，问题所指是处于弹性阶段，而且没有破坏，所以图中四根杆件在节点处的转角是一样的，都是 θ，因此：

$$\begin{aligned}M &= \sum M_i = M_{ia} + M_{ib} + M_{ic} + M_{id} \\ &= (K_{ia} + K_{ib} + K_{ic} + K_{id})\theta \\ &= 4E(k_{ia} + k_{ib} + k_{ic} + k_{id})\theta \\ &= \sum K_i\theta\end{aligned}$$

各杆件 j 的弯矩和刚度统一写成，当各杆件的 E 相同，有

$$M_{ij} = K_{ij}\theta = \left(\frac{K_{ij}}{\sum K_i}\right)M = \left(\frac{k_{ij}}{\sum k_i}\right)M$$

由此可见，节点的弯矩是按照杆件的刚度或相对刚度分配的。按现在通行的计算方法，无论是手算还是有限元算法，只要各钢筋混凝土杆件材料一致，截面大小相同，不论杆件中的配筋大小如何，在弹性阶段，它们计算结果中分配所得的弯矩是一样的。

如果某杆件刚度太大而强度太小，用非专业的话来说，就是“志大才疏”，活儿揽了一大堆，结果干不了。例如以前有采用承重砖墙和钢筋混凝土框架共同工作的结构，地震来了，砖墙截面大，弹性刚度大，吸引了很大部分的力，但强度、特别是受拉强度太小，结果没等钢筋混凝土框架发挥作用，砖墙先倒了。

框架结构的强柱弱梁

在框架结构设计中，必须遵循“强柱弱梁”的原则。抗震规范中明确规定：

$$\sum M_c = \eta_c \sum M_b$$

对于 9 度设防的一级框架还要求：

$$\sum M_c = 1.2\sum M_{bua}$$

式中，η_c 为柱端弯矩增大系数，按房屋抗震等级分别取 1.4，1.2 和 1.1。

这就是说，框架节点上下柱端截面弯矩设计值之和 $\sum M_c$ 要比节点左右梁端截面弯矩设计值之和 $\sum M_b$ 大出 10%~40%。

规范说明，弯矩设计值可按弹性分析分配。

这里的规定，理解起来相当困难。因为弯矩设计值在弹性阶段是按刚度分配得来的。而强柱弱梁的本意，是控制强度而不是单纯控制刚度。要让梁柱在弹性刚度上满足上述要求，就要把柱子尺寸放得很大。对于跨度大的梁，压缩其截面高度其实很困难。

在抗震规范的“条文说明”里倒是说得很清楚：“试验研究表明，梁先屈服，可使整个框架有较大的内力重分布和能量消耗能力，极限层间位移增大，抗震性能较好。在强震作用下结构不存在强度储备，梁端实际达到的弯矩与其受弯承载力相等。”因此，所谓“强柱弱梁”指的是“节点处梁端实际受弯承载力 M^a_{by} 和柱端实际受弯承载力 M^a_{cy} 之间满足下列不等式”：

$$\sum M^a_{cy} > \sum M^a_{by}$$

“条文说明”还指出：“国外的抗震规范多以设计承载能力衡量或将钢筋抗拉强度乘以超强系数。”

以设计承载能力衡量，说出了强柱弱梁的问题本质。**强柱弱梁**是强度问题而非刚度问题。然而规范中要求用弯矩设计值来控制，而弯矩设计值是按梁柱的弹性刚度分配得到，把一个极限强度的问题变成调整弹性刚度的问题了，这是值得商榷的。

必须指出，杆件的弹性刚度和它的强度不成正比。把梁的刚度调弱，不等于它会先屈服。我们假想如果一个框架节点上，梁的弹性刚度较大，它分配到的弯矩大，如果限制配筋，反而可以保证先屈服。反之，如果为了追求梁的弹性刚度足够小，以便分配到的设计弯矩足够小，小到满足比柱的弯矩小 10%~40%，梁的截面就必须小。在配筋时就会不得已地加大配筋，而在这种情况下柱的截面较大，配筋会较少。其后果是，梁的截面小而屈服强度高，由于钢筋的延性，梁也许开裂，挠度很大，但柱却先破坏了。事与愿违，变成弱柱强梁。杆件刚度的大小并不决定它们的强度大小，这一点不能混淆。

正本清源，为什么要强柱弱梁呢？垮了一根柱，就会垮一大片。正如幼儿园的问题：树上有 10 只鸟，打下一只还有几只？房屋有 10 层楼，垮了一层，还有几层？下层柱子垮了，上层各层待不住；上层柱垮了，也会压垮下面各层。答案在“9 • 11”事件中已看得很清楚（当然，“9 • 11”事件绝不仅是梁柱的问题）（图 7-3）。而梁则是局部问题。垮了一根梁，压了一间房；垮了一根柱，整栋待不住。梁的破坏一般不至于影响一大片。可以说，梁是“并联”问题，柱是“串联”问题，所以才把强柱弱梁提到如此重要的地位。

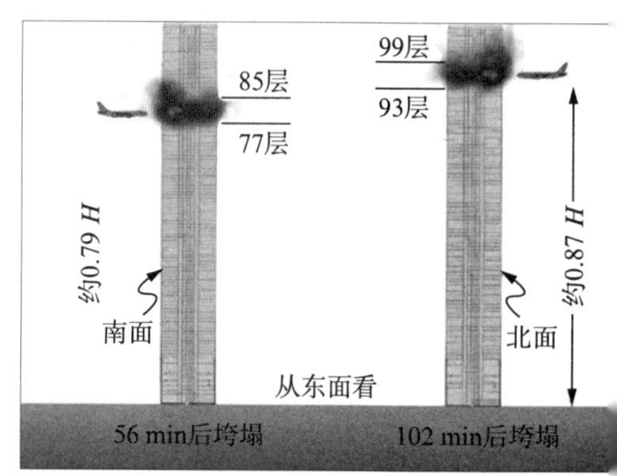

图 7-3　房屋垮塌的连锁反应

把强度问题变成刚度问题去考虑，不但违反初衷，而且不一定能够达到目的，还会造成柱的截面不必要地增大等设计上的难题，让结构工程师和建筑师产生许多矛盾。

强柱弱梁是强度问题，希望还是回归到强度问题去解决更为合理。

框架和剪力墙[①]或筒体的共同工作

框架剪力墙结构体系在中、高层建筑中大量使用（图 7-4）。纯框架结构由于抗侧力性能差，在大多为抗震设防地区的我国，应用范围较小。而一度使用过的不少纯剪力墙结构因为不易灵活布置而刚度又过大，应用也较少。板式楼便于使住宅楼保持受欢迎的南北朝向，这时框架是优先的选项。弄懂了框架剪力墙体系的工作原理，对框筒结构体系就不难理解，而框筒体系是目前在高层、超高层中应用最多的。

图 7–4　板式住宅楼的框架剪力墙结构（XYP 余迅设计）

在侧力–风力和地震作用下，只要长度与深度之比不太大而且开洞不太多，楼面在平面内的变形可以忽略，成为连接各榀框架与剪力墙的“刚片”，强迫各榀框架与剪力墙的水平变形一致（指楼板不变形，若有扭转，则转角一致）（图 7-5）。因此，水平力按各榀框架抗剪刚度和剪力墙的抗弯刚度来分配。可以把剪力墙的抗弯刚度加起来成为总剪力墙，再把框架的抗剪刚度加起来成为总框架（图 7-6）。它们之间的连杆就是楼板，通常可以忽略其变形。

---

① 剪力墙（Shear wall）：建筑物上大部分的水平剪力被会分配到平面内刚度很大的结构墙上，这就是剪力墙名称的由来。事实上，“剪力墙”更确切的名称应该是“结构墙”或“抗震墙”。从变形的角度来看，剪力墙却是以弯曲变形为主的弯曲型结构。剪力墙围合起来，就构成了筒体结构。框架则是以剪切变形为主的。框架和剪力墙组合起来叫框剪结构，框架和筒体组合起来叫框筒结构。

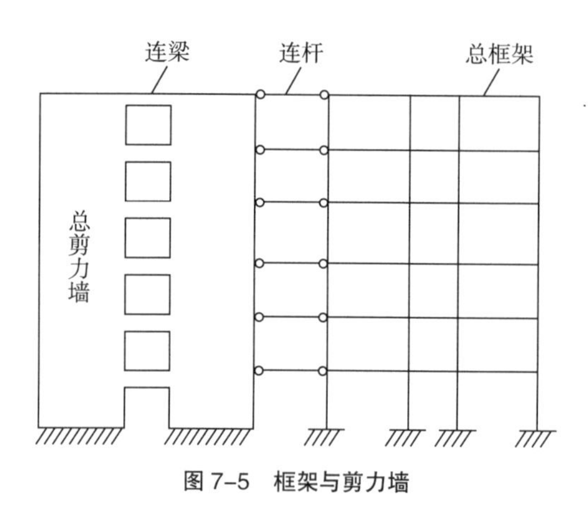

图 7-5　框架与剪力墙

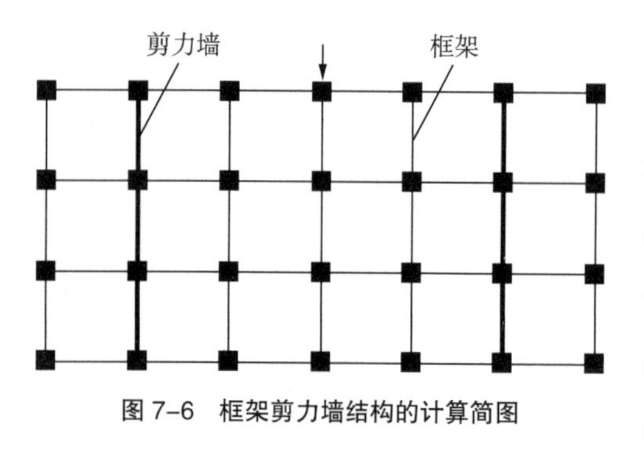

图 7-6　框架剪力墙结构的计算简图

框架和剪力墙的变形特征不能望文生义。剪力墙又称抗风墙或抗震墙等，它的作用是抵抗水平剪力，但它的变形特征却是弯曲型。也就是说，剪力墙主要是一个受弯的悬臂梁。框架的每根柱子主要是受弯，但整片框架却是剪切型结构，只要注意到框架从整体上看，在受力变形过程中，楼面依然保持水平，只有侧移而忽略倾斜，就知道它是整体呈剪切变形。由下而上看，剪力墙的悬臂梁变形曲线越往上增加越快，而框架越往上增加

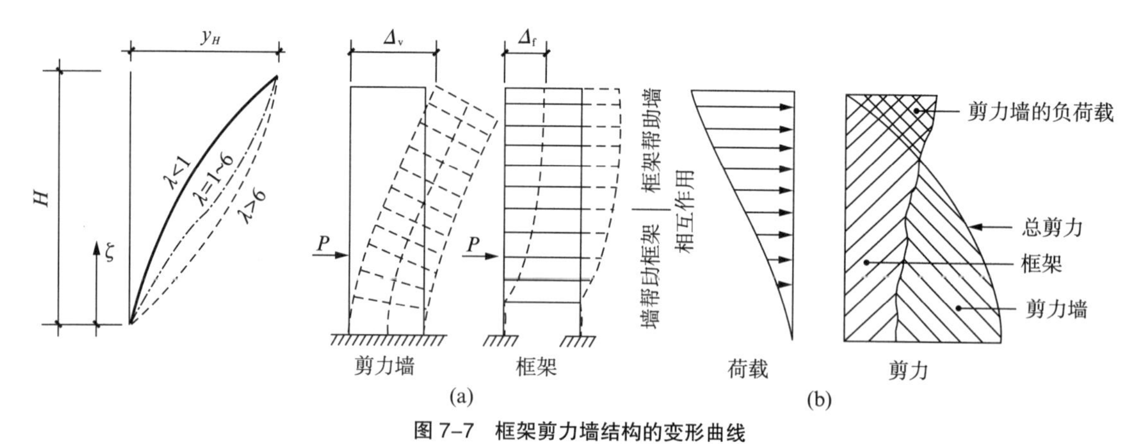

图 7-7　框架剪力墙结构的变形曲线

越慢（图 7-7）。由此可见，当整个框剪体系协调变形，下面各层的剪力墙要帮助框架，而接近屋顶时框架反而在帮助剪力墙，亦即框架会分担更多的剪力。换句话说，剪力是按刚度分配的。变形小，作为其倒数的刚度

就大，分配到的侧力就更多。回到本章的主题，力按刚度分配的原则，不但体现在各榀框架和剪力墙之间，也体现在刚度沿高度变化时，二者分配比例的变化上。

$$\lambda = H\sqrt{\frac{C_f}{EI_w}}$$

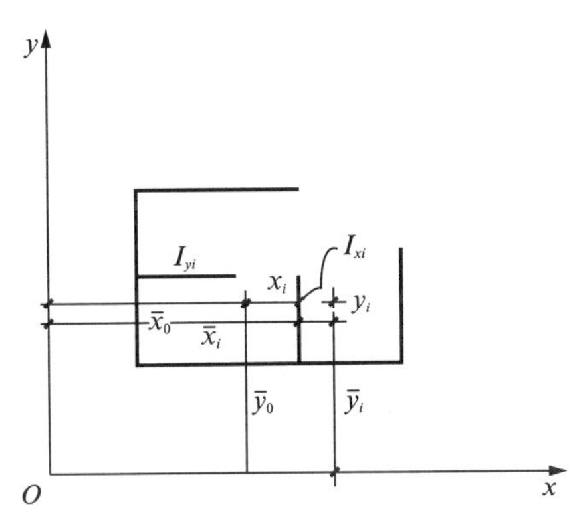

图 7–8　任意剪力墙结构体系

式中，H 为高度；C_f 是框架的抗剪刚度；EI_w 是剪力墙的抗弯刚度。当 C_f=0，λ=0，就是纯剪力墙。当 EI_w=0，λ= ∞ 则是纯框架。

设一剪力墙结构体系，在 x，y 两个向都有剪力墙（图 7-8），可以按下面的方法按刚度分配地震力。第 i 榀剪力墙绕 x，y 向的抗弯的惯矩 I_{xi} 和 I_{yi}，它相应的绝对坐标是 $\bar{x}_i$ 和 $\bar{y}_i$。先算出刚度中心的绝对坐标 $\bar{x}_0$ 和 $\bar{y}_0$：

$$\bar{x}_0 = \frac{\sum_{i=1}^{n} I_{yi}\ \bar{y}_i}{\sum_{i=1}^{n} I_{yi}}, \bar{y}_0 = \frac{\sum_{i=1}^{n} I_{xi}\ \bar{x}_i}{\sum_{i=1}^{n} I_{xi}}$$

可以算出各榀剪力墙中心和刚度中心的距离即相对坐标为 x_i 和 y_i。出平面方向的惯矩可以忽略。这样，就可算出任何一榀剪力墙 j 平移的地震力分配系数 W_{xj}，W_{yj} 和扭转的地震力分配系数 W_{xjt}，W_{yjt}。

$$W_{yj} = m_{y0}\ \frac{I_{xi}}{\sum_{i=1}^{n} I_{xj}}$$

$$W_{xj} = m_{x0}\ \frac{I_{yi}}{\sum_{i=1}^{n} I_{yj}}$$

$$W_{yj\mathrm{t}} = m_{z0}\ \frac{I_{xj}x_j}{\sum_{i=1}^{n}[I_{xi}x_i^2 + I_{yi}y_i^2]}$$

$$W_{xj\mathrm{t}} = m_{z0}\ \frac{I_{yj}y_j}{\sum_{i=1}^{n}[I_{xi}x_i^2 + I_{yi}y_i^2]}$$

式中，m_{x0}，m_{y0}，m_{z0} 是一层 x，y，z 三个方向的质量。

在钢结构房屋中，也可以用支撑代替钢筋混凝土剪力墙作为抗侧力结构。在板式住宅楼中采用楼电梯井作为抗侧力结构并非最佳方案。因为楼电梯井偏在一边，在地震作用下，会造成扭转。剪力墙的布置不但要刚柔适当，而且要力求均匀对称。太刚则地震反应增大，令结构承受更大的地震作用，太柔则变形过大，满足不了规范对房屋顶点位移及层间位移的要求。结构刚度中心偏移，则在地震作用下造成扭转。现有的建筑往往失之于太刚。结构优化的一个思路是调整结构的刚度，使之在满足规范变形要求的前提下，使结构尽量柔软（$>T_g$）一些，尽量减少地震反应。参见地震影响曲线（图 7-9）。

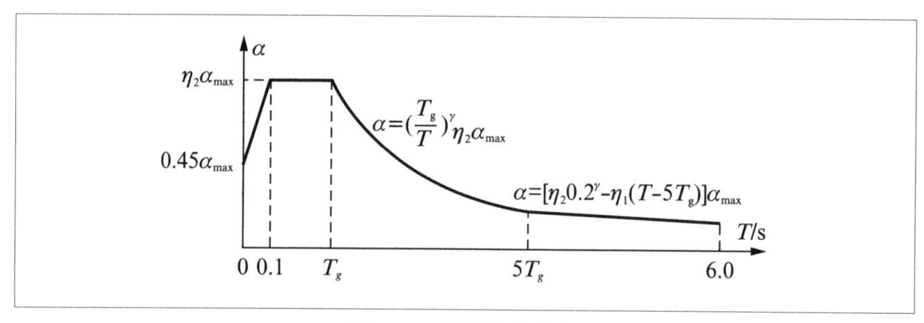

图 7–9　地震影响曲线

回顾抗震理论发展的历史，从追求刚度尽量大到柔性设计理论，认识到在设计中并非刚度越大越安全。日本屡遭大地震，在抗震理论的发展史上，也有诸多贡献。1922 年，内藤多仲发表《框架建筑抗震结构论》，提出用剪力墙加强结构抗震性能的理论，使“刚性抗震”理论在日本主导数十年。日本在 1923 年关东大地震后，长期不敢造高层建筑，房屋高度限于 11 层。关东大地震后，1924 年，日本在世界上首次规定了建筑结构抗震设计必须要考虑“水平设计震度”。1951 年河角广提出按照“地域”与“基础地质构造类别”来规定设计震度。1953 年日本在全国设立强震计观测记录地震，同年发表“频谱解析法”，借助地震记录进行抗震设计研究。20 世纪 60 年代，武藤清利用计算机分析地震观测，并提出“柔性抗震结构”理论，成功设计了日本第一座 36m 的超高层建筑“霞关大楼”。那时的“超高层”是指超过了当时的规定。从此认识了建筑柔性的重要，在当时是一个了不起的突破。

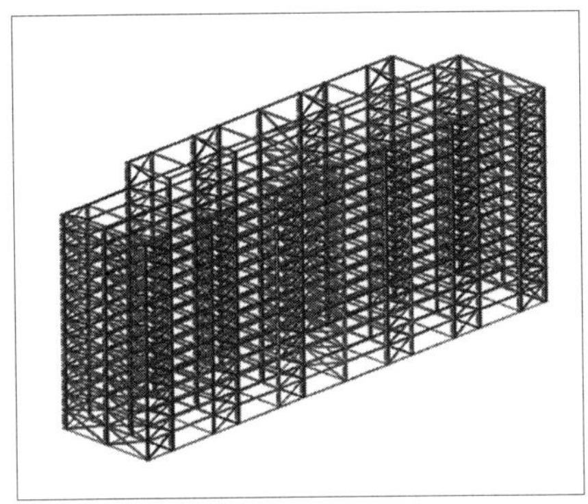

图 7–10　框剪体系钢结构，用支撑代替剪力墙

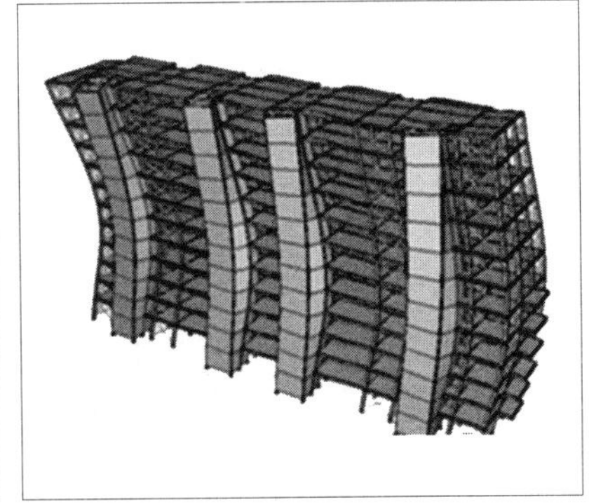

图 7–11　框剪体系要尽量避免偏心和扭转

框剪体系钢结构，可以用支撑代替剪力墙（图 7-10）。框剪体系要尽量避免偏心和扭转，当钢筋混凝土楼的电梯间和钢结构框架结合，容易出现扭转问题（图 7-11）。

在强震作用下，到了框剪结构工作的后期，各榀结构的刚度会起变化，剪力墙的下部会开裂，结构进入塑性阶段，这时框架承受侧力的比例会增加。也要注意到，由于整个体系的刚度下降，地震反应降低，此时的总侧力减小，框架受力的绝对值增加不会太多。但出于安全的考虑，规范规定任一层框架柱必须设计成能承受的最小地震剪力之和不小于该结构底部总地震剪力的 20% 或各楼层地震剪力最大值的 1.5 倍二者中的较小值。当柱子数量少于 10 根时，每根柱子应承担底部总地震剪力的 2%。

这里，我们又要回到中心话题：刚度和强度概念的区别。这牵涉到对上面这段话的理解。在上海市《超限高层建筑工程抗震设计指南》中规定，板柱—框架—剪力墙结构中，剪力墙或筒体应承担结构的全部地震作用，各层柱子应承担不少于各层全部地震剪力的 20%。当柱子数量少于 10 根时，每根柱子应承担各层地震剪力的 2%。值得注意的是，这里把“结构底部总地震剪力的 20%”改成为“各层全部地震剪力的 20%”，笔者认为是合理的。

但是问题的关键在对于“**承担**”二字的理解。如果认为“地震剪力的 20%”是指在弹性阶段有限元分析时框架分配到力的比例，那就必须使框

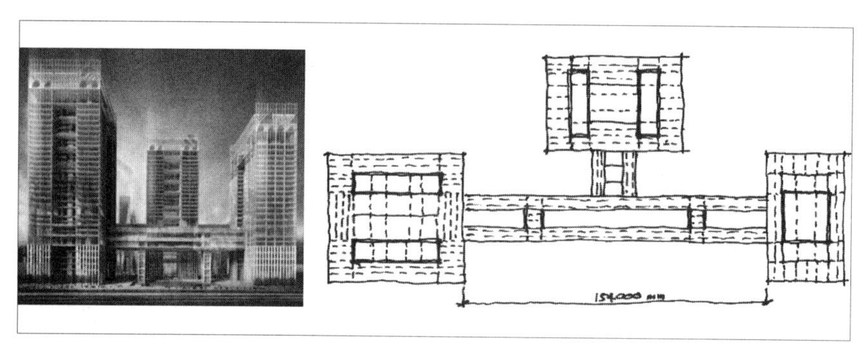

图 7–12　框筒结构体系（Werner Sobek 结构设计）

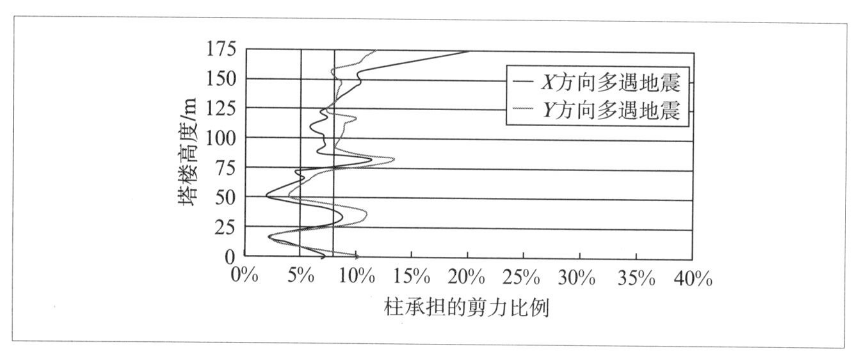

图 7–13　框架结构分担剪力的比例（Werner Sobek 结构设计）

架的刚度加大，也就是加大梁和柱的尺寸。但这是很难达到的。某工程（图 7-12 和图 7-13）的一个实例表明，框架柱承担的剪力只达到 10% 左右。只有在顶部几层，框架分担了近 20% 的剪力。

笔者认为，**“承担”**不应等同于**“分担”**。**“分担”**是按**刚度分配**到多少外力，而**“承担”**则是**强度**的概念，即**承载能力**的概念。

明确地说，要使框架柱刚度大到能分配到 20% 的侧向外力，很难做到，也不合理。实际上，设计剪力墙或筒体时，已经让它们能承担 100% 的侧向力，在强震作用下，剪力墙或筒体开裂，进入塑性阶段，框架分配到的侧力增加。作为抗震的第二道防线，要能承受各层全部地震剪力的 20%，这是针对承载能力而言。不要混淆刚度和强度的概念。举例来说，在弹性阶段，框架柱由于刚度有限，在有限元分析中也许只分配到 5%~10% 的侧向力，但也要按 20% 总剪力去设计它们的极限承载能力。当然，如果初步设计选取的截面太小，配筋时会超过最大配筋率和违反其他构造要求，这时就需要适当调整截面。但要是把一个强度的概念，强加于刚度范畴，一定要求在弹性阶段的框架柱尺寸很大以便有足够的刚度去分担更大的侧力，就会造成不合理的设计。相信这并非规范的初衷。

框筒结构体系（图 7-14）在筒体结构的计算构造方面有区别于剪力墙的特点，但总的受力特性仍可参照我们对框剪结构体系的讨论。

施工中

总体

竣工

图 7–14　济南某高层建筑的框筒结构体系（XYP 余迅设计）

连续梁的弯矩重分配

上面讨论了框剪结构体系在剪力墙进入塑性阶段后，框架和剪力墙所分担总剪力的比例将重新分配。这是一种结构因为刚度变化而引起的内力重分配。这种重分配，也在我们熟知的连续梁中出现。

钢筋混凝土连续梁在弹性阶段，支座上的负弯矩很大，比跨中的正弯矩大很多。这就使支座处的配筋很拥挤，而这些钢筋还需要穿过柱子，使梁柱节点纵横钢筋大量集中，受力不佳、施工困难。

如果减少连续梁支座的配筋，支座处钢筋就会较早达到流限，此处出现塑性铰。所谓塑性铰，它和理想铰一样能转动，但理想铰不承担弯矩，而塑性铰能承担定量的弯矩。理想铰可以自由转动，塑性铰的转动有一定限制，转角太大就破坏了。塑性铰在容许范围内转动，支座弯矩维持一个定量。这时跨中弯矩就增加了，就好像把支座上一部分弯矩转移到跨中去了，相应地也把配筋移部分地到跨中。图 7-15 中最下面一条曲线，在支座屈服弯矩和极限弯矩之间，转角增加很多而弯矩基本维持不变。这时连续梁的延性很好。图中上面两根曲线表示没有或延性较差的情况。

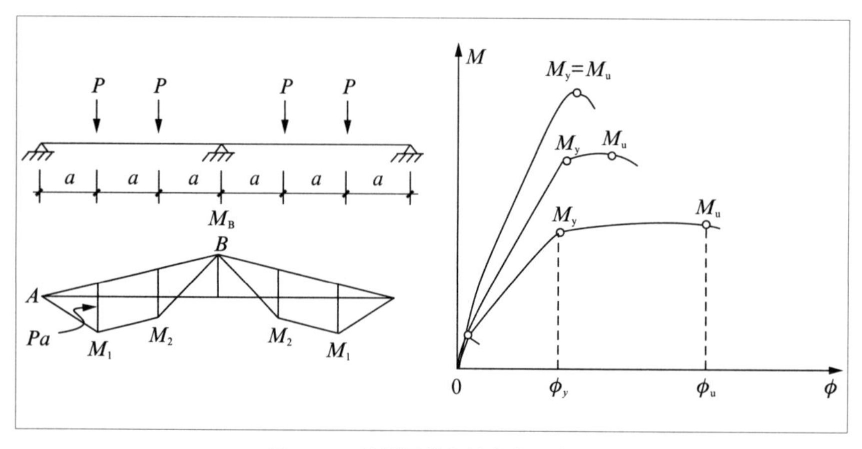

图 7–15　连续梁的塑性内力重分配

实现内力充分重分布的条件是内力重分布的幅度必须与截面塑性转动能力相适应。设计时一般控制支座弯矩的调幅在 25% 以内。图 7-16 表示悬臂梁塑性铰的转角曲率 ϕ（ϕ 的积分是转角 θ）和它的简化。

除了连续梁，对连续板、双向板及框架，都可以进行一定的调幅，利用塑性内力重分布。其实质就是认识到力是按刚度分配的这一原理，掌握超静定结构在受力过程中结构各部分的刚度对比不断消长，内力随之进行重分配，而在设计中加以利用。配置足够的箍筋，满足各种构造要求，才能使连续梁进行塑性重分配的各个阶段都得到保证（图 7-17）。

力按刚度而非强度分配这个原则，是建立在变形协调的基础上的。节点的弯矩按相交各杆件的刚度分配，其前提是节点是刚接的，各根杆件之

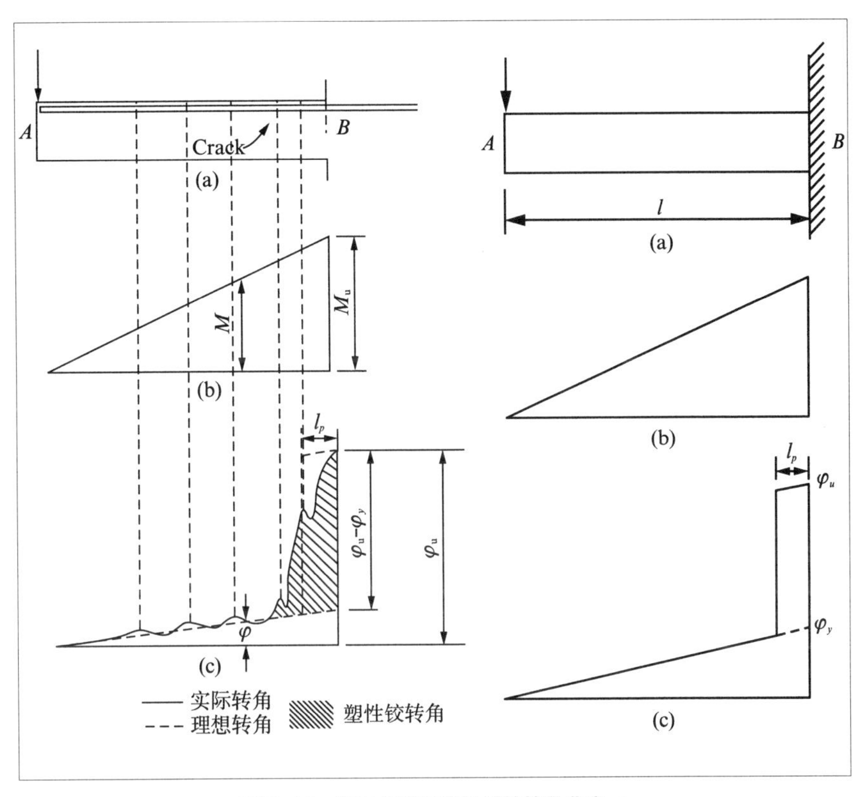

图 7–16　表示悬臂梁塑性铰的转角曲率 ϕ

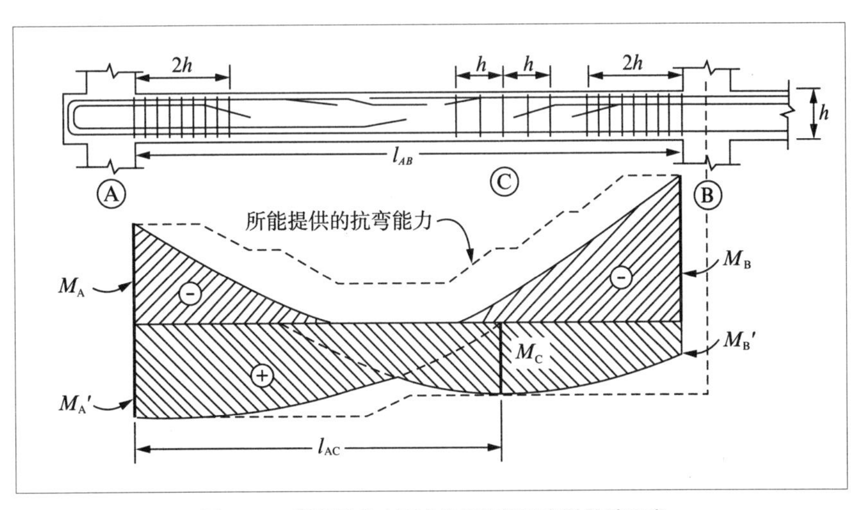

图 7–17　塑性重分布要求连续梁满足各种构造要求

间的夹角在转动前后保持不变。框剪结构框架与剪力墙之间由变形可以忽略的水平楼板相连。如果要计入楼板的弯曲变形，分配比例就会有变化。简而言之，如果各榀框架和剪力墙之间没有楼板连接，那么它们只能承受直接作用于其上的水平力，而不能重分配。部分荷载由刚度小的转嫁给刚度大的抗侧力结构，其前提是它们之间有变形可以忽略的楼板相连接。

掌握力按刚度而非强度分配这个原则，还可以运用到其他结构问题。例如桩基和箱形基础共同工作，各自承担的力和它们沉降值的倒数有关。这里就不一一列举了。

结构的能量、动力、延性和性能

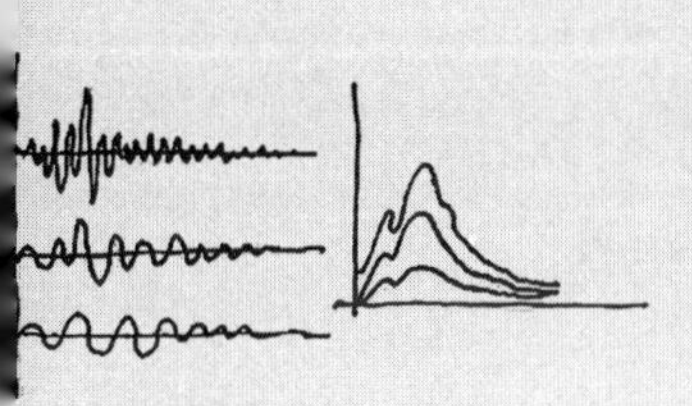

第八讲　结构与能量

运动方程—能量原理—有限元法—动力方程—反应谱

工程结构的力学属于牛顿力学的范畴，拉格朗日和哈密尔顿力学是它的进一步发展。能量原理是有限元法和动力方程的理论基础。静与动也是相通的。

运动方程

作为工程结构基础的经典力学，博大精深。各种专著，要花功夫去钻研。笔者在这里只想略微回顾一下其发展的主要脉络。我们结构工程师虽然不是力学家，但是要理解结构的力学背景。避免只会像使用傻瓜照相机那样去使用电脑软件。

通过牛顿第二定律，静和动就相通了。外力的大小与加速度的大小及物体的惯性质量成正比 $F=ma$。牛顿分析了位移、速度、加速度、力等矢量间的关系，又称为矢量力学。

牛顿定律发表101年后，经典力学迎来了又一个里程碑——约瑟夫•拉格朗日（Joseph-Louis Lagrange，1736—1813 年）。从 1788 年开始，拉格朗日把经典力学推进到一个新阶段。他把牛顿以力为基本概念的运动方程形式，进化到以能量为基本概念的形式。

在牛顿力学中，约束越多，未知数就越多。我们在结构力学中解超静定问题，约束越多，求解就越复杂。拉格朗日使用了广义坐标。如果系统有 N 个质点，又有 m 个约束，该系统就有 $s=3N-m$ 个自由度。拉格朗日选取 s 个完全满足约束条件的独立坐标，使问题变为求解 s 个未知变量。可以理解为，拉格朗日体系把方程简化到一个未知量，而方程数目增加了，在矢量力学中，方程的阶次较高，则求解比较困难。拉格朗日引入了广义坐标的概念，运用达朗贝尔原理，拉格朗日方程得到了和牛顿第二定律等价的结果，但更具有普遍的意义。

拉格朗日力学假设，具有 n 个自由度的系统的运动状态由 n 个广义坐标 q_i 及它们的一阶微分即广义速度$\dot{q}_i$决定，加上时间坐标：

$$\mathcal{L}(q,\dot{q})=\mathcal{L}(q_1,q_2,\cdots,q_n;\dot{q}_1,\dot{q}_2,\cdots,\dot{q}_n;t)$$

这个函数称为拉格朗日函数。

假定 T 和 V 分别是这个体系的动能和势能。拉格朗日函数（拉格朗日量）就是二者之差。

$$\mathcal{L}(q,\dot{q},t)=T-V$$

$\mathcal{L}$就是作用量。如果系统没有能量耗散，$\mathcal{L}$=0。拉格朗日的最小作用原理指出体系作真实的运动，使作用量必然取极小值。拉格朗日的理论背景是能量守恒。因此将运动方程的力学问题，归结成求极值的问题。牛顿力学的解和微分法联系在一起，微分法是用来求函数的极值的。而广义坐标下的拉格朗日方程，表达出来是“函数的函数”，即泛函。而其求极值的方法就是“变分法”。拉格朗日发展了欧拉所开创的变分法。表达上述思想，相当于牛顿第二定律的拉格朗日方程是 n 个二阶微分方程：

$$\frac{\mathrm{d}\partial\mathcal{L}}{\mathrm{d}t\partial\dot{q}_i}-\frac{\partial\mathcal{L}}{\partial q_i}=Q_i$$

假设一个受某作用力的质点，从初始位置移动到最终位置，它所做的机械功跟移动路径无关，这个力就称为保守力（conservative force），工程结构常用的重力、弹簧力等，都是保守力；但摩擦力和空气阻力是非保守力。对于保守力体系：

$$\frac{\mathrm{d}\partial\mathcal{L}}{\mathrm{d}t\partial\dot{q}_i}-\frac{\partial\mathcal{L}}{\partial q_i}=0$$

拉格朗日力学相当于牛顿第二定律，但它更具有普遍意义，对后来力学的发展起了很大作用。

牛顿发表定律之后的第146年，拉格朗日发表他的工作之后的第45年，另一个里程碑是哈密尔顿（William Rowan Hamilton，1805—1865年）在1833年对经典力学的重新表述。

哈密尔顿力学是在拉格朗日力学的基础上发展起来的。

哈密尔顿定义每一个广义速度都有一个对应的**共轭动量**[①] p_j，定义为

$$p_j=\frac{\partial\mathcal{L}}{\partial\dot{q}_j}=\frac{\partial\mathcal{L}(q_j,\dot{q}_j,t)}{\partial\dot{q}_j}$$

① 共轭动量（Conjugate variables）：两头牛背上的架子称为轭，轭使两头牛同步行走。共轭即为按一定的规律相配的一对，或者说是孪生。当自变量等于除极值以外的某一值时，应变量可取两个不同的值与之相对应，当这两个不同的值之和或之积为定值时，这种现象称为共轭现象。哈密顿力学中共轭动量表述为拉格朗日函数对广义速度的偏微分。共轭动量的概念后来也被用到量子力学中。

哈密顿量 $\mathcal{H}$ 是拉格朗日量变换而成（勒让德变换）：

$$\mathcal{H}(q_j,p_j,t) = \Sigma q_j p_j - \mathcal{L}(q_j,p_j,t)$$

可以证明 $\mathcal{H}$ 等于总能量：

$$\mathcal{H}=T+V$$

把等式两边微分，得到哈密顿力学的运动方程：

$$\frac{\partial \mathcal{H}}{\partial q_j} = - p_j$$

$$\frac{\partial \mathcal{H}}{\partial p_j} = q_j$$

$$\frac{\partial \mathcal{H}}{\partial t} = - \frac{\partial \mathcal{L}}{\partial t}$$

哈密尔顿方程是一阶微分方程，而拉格朗日方程是二阶微分方程。因此哈密尔顿方程更容易求解。哈密尔顿力学也能导出与牛顿和拉格朗日等价的运动方程。它的推导更复杂，但它更深刻，普遍地解释了事物的本质。

能量原理和有限元法

哈密尔顿原理实质上就是最小作用原理。或者说，在真实运动中，动能和势能的差总是趋于最小，在保守力体系中，作用量为 0。

上面叙述的力学还是在描述质点或刚体在空间时间坐标内的运动规律。而工程结构需要考虑材料和它的变形，这就需要利用力和变形的桥梁——广义胡克定律。从能量的角度来观察弹性体：单位体积的应变能称为应变能密度，就是正应力、剪应力和它们相应的应变的乘积之和的二分之一：

$$U_0 = \frac{1}{2}(\sigma_x\varepsilon_x + \sigma_y\varepsilon_y + \sigma_z\varepsilon_z + \tau_x\gamma_x + \tau_y\gamma_y + \tau_z\gamma_z)$$

应用胡克定律，各向同性弹性体的应变能密度用应变表达为

$$2U_0 = (\lambda + 2G)(\varepsilon_x^2 + \varepsilon_y^2 + \varepsilon_z^2) + 2\lambda(\varepsilon_x\varepsilon_y + \varepsilon_y\varepsilon_z + \varepsilon_z\varepsilon_x) + G(\gamma_{xy}^2 + \gamma_{yz}^2 + \gamma_{zx}^2)$$

应力和应变关系可以表达为

$$\sigma = \frac{\partial U_0}{\partial \varepsilon}$$

应用胡克定律，完全用应力来表达，就成为

$$2U_0^* = \frac{1}{E}[\sigma_x{}^2 + \sigma_y{}^2 + \sigma_z{}^2 - 2v(\sigma_x\sigma_y + \sigma_y\sigma_z + \sigma_z\sigma_x) + 2(1+v)(\tau_{xy}{}^2 + \tau_{yz}{}^2 + \tau_{zx}{}^2)]$$

应力和应变关系可以表达为

$$\varepsilon = \frac{\partial U_0^*}{\partial \sigma}$$

真实的弹性物体的应力应变应当同时满足力的平衡条件和物体的连续条件，即变形协调条件。利用能量原理，可以找到求解的途径。

先回顾一下虚功原理，一个质点体系的平衡方程是：

$$\sum_i F_i = 0$$

如果一个质点体系中所有的力F_i在不违反约束条件下作任意虚位移，若它们所作的虚功的总和为0，则此体系为平衡力系。其虚功方程为

$$\sum_i F_i^{\mathrm{T}} \delta u_i = 0$$

对于连续弹性体，Σ 求和要改成积分。

把结构看作一个质点系，就可以应用虚功原理。以U表示应变势能，U_e表示外力势能，Π表示总势能：

$$\Pi = U + U_{\mathrm{e}}$$
$$\delta\Pi = 0$$

应变矢量ε也用位移矢量u来表达，U和U_e都是u的泛函。总势能最小表示平衡是稳定的。求解 $\delta\Pi=0$ 是求泛函极值的问题，也就是变分法问题。同时要在边界上满足：

$$u = \bar{u}$$

最小总势能原理就是在一切可能的变形状态中，弹性体系的真实变形状态应当使体系的总势能最小。三维弹性体的可能变形状态是指满足位移协调要求的位移场u：

$$U_0(\varepsilon)=\frac{1}{2}\lambda(\varepsilon_x+\varepsilon_y+\varepsilon_z)^2+G({\varepsilon_x}^2+{\varepsilon_y}^2+{\varepsilon_z}^2)+\frac{1}{2}G({\gamma_{xy}}^2+{\gamma_{yz}}^2+{\gamma_{zx}}^2)$$

利用广义胡克定律，把ε和γ都改为σ和τ，以 U^* 表示应变余能，U_e^* 表示支座位移余能，Π^* 表示总余能，得到：

$$\Pi^*=U^*+U_e^*$$
$$\delta\Pi^*=0$$

最小总余能原理就是在满足平衡条件与力的边界条件的所有可能的应力状态中，同时也满足位移连续条件和边界位移条件的应力状态必将使余能为最小。

如果支座不沉降，$U_e^*=0$，就成为最小应变余能原理。应变余能在数值上等于应变能。统称为最小功原理。对三维弹性体有：

$$U_0^*(\sigma)=\frac{1}{2E}({\sigma_x}^2+{\sigma_y}^2+{\sigma_z}^2)-\frac{v}{E}(\sigma_x\sigma_y+\sigma_y\sigma_z+\sigma_z\sigma_x)+$$
$$\frac{1}{2G}({\tau_{xy}}^2+{\tau_{yz}}^2+{\tau_{zx}}^2)$$

力学大量的工作是在寻求问题的解法。所以力学的发展是和数学物理方法平行发展的。应用能量原理，可以解决许多弹性力学问题。而对结构工程师而言，是它构成了有限元法的基础。随着电脑和高级算法语言的快速发展，数值计算方法也快速发展。有限元法利用电脑的高速计算能力，使解答有成千上万未知数的方程组成为可能。而有限元的理论基础也是哈密尔顿力学。此外，哈密尔顿力学还被运用到电学和量子力学中去，成为经典力学到现代力学的桥梁。

有限元法是把结构或弹性体分离成微小的单元 dxdydz。弹性体中的三类变量是位移 u、应变 ε 和应力 σ。对它们的相互关系用以下三种方程来加以描述：平衡方程，用来描述受力状况；几何方程，用来描述变形程度；物理方程，用来描述本构关系。

按照最小势能原理，用变分来求解（图 8-1）。

假定在位移场正确解 u 附近有一个满足边界条件的试探解 $\hat{u}$：

$$\hat{u}=u+\delta u$$

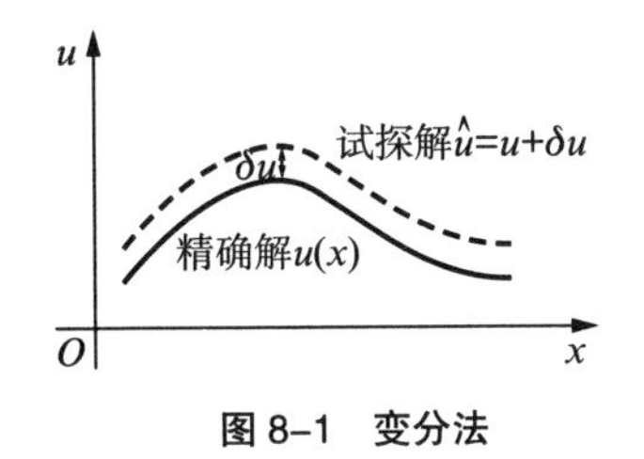

图 8–1　变分法

其中，δu 就是 u 的变分。寻找正确的解，就是位移场的势能利用变分法找到最小值。

把复杂的结构设法等效地离散为一系列标准的几何体，找出这种标准几何体的试函数，然后把它们组装起来，回归总体，再利用最小势能原理建立一系列的线型方程组。解出这些方程组，就得到了问题的结果。这就是有限元法的基本思路。但它能够得以实现的前提是大规模而快速计算的能力。随着电脑能力逐年成倍的增长，为有限元法用于结构的更大规模和更精确地模拟创造了条件。

动力方程—反应谱

牛顿定律发表 56 年后，达朗贝尔原理（d'Alembert principle）由达朗贝尔（Jean le Rond D'Alembert，1717—1783 年）于 1743 年提出而得名。对于质点系内任一个质点，此原理的表达式为 $F+N-ma=0$，式中，F 为作用于质量为 m 的某一质点上的主动力，N 为质点系作用于质点的约束力，a 为该质点的加速度。从形式上看，上式与从牛顿运动方程 $F+N=ma$ 中把 ma 移项所得结果相同。于是，后人把 $-ma$ 看作惯性力而把达朗贝尔原理表述为：在质点受力运动的任何时刻，作用于质点的主动力、约束力和惯性力互相平衡。

要进入动力学，先回顾一下单质点体系的振动。设一个质量为 m 的质点，由并联的弹簧和阻尼连接到地基。质点对地面的相对运动为 x，弹簧的恢复力与 x 成正比，即 kx，其中 k 是弹簧常数。同时还有阻尼器，通常假设阻尼与速度成正比，即黏性阻尼为 $c\dot{x}$，其中 $\dot{x}=\frac{\mathrm{d}x}{\mathrm{d}t}$，即速度，$c$ 是衰减系数。

$$F=ma$$

写成

$$(-ma)+F=0$$

达朗贝尔只是做了一个移项，但物理上有深刻的意义，从静力进入了动力，或者说，可以用静力的方法考虑动力问题了。

如果地面以$\ddot{y}(t)$运动，质点的加速度为$\ddot{x}+\ddot{y}$，惯性力为$-m(\ddot{x}+\ddot{y})$，得到固定在地面上的单质点黏滞阻尼系的运动方程：

$$-m(\ddot{x}+\ddot{y})-c\dot{x}-kx=0$$

或
$$m\ddot{x}+c\dot{x}+kx=-m\ddot{y}$$

最简单的情况是无阻尼，而且只有 x 向的单自由度运动，即 $c=0$，$\ddot{y}=0$：

$$m\ddot{x}+kx=0$$

令
$$\omega^2=\frac{k}{m}$$

方程的解是
$$x=A\cos\omega t+B\sin\omega t$$

是一个圆频率为 ω 的振动：

$$\omega=\sqrt{\frac{k}{m}}$$

其自振频率 f 为（其倒数为周期 T）：

$$f=\frac{1}{2\pi}\sqrt{\frac{k}{m}}=\frac{1}{T}$$

这个看似简单的自振频率公式非常有用，结构工程师应该牢记。笔者的经验是，不论多么复杂的结构，如果算出它的总质量和总刚度，用这个公式就能初步估计出这个结构的第一自振频率。可以定性地校核电脑大量运算结果有无重大差错（例如单位不对或模型有重大错误），电脑结果给出的海量数据，可以通过这个简单的方法大概检查它的第一自振频率，手算结果应该是可靠的。同时，工程师可以在第一时间了解结构的自振频率（或周期）处于反应谱的什么位置，大体了解整个结构是“太软”还是“太硬”，对结构方案有一个感性的认识。而不是被动地坐等大量电脑数据出来后才有判断和调整结构合理刚度的机会。要知道，在大多数情况下，结构在第一自振频率下的振动，对能量耗散的贡献最大，往往起着很重要的作用。结构工程师要明白，只计算第一自振频率是不够的，但尽早了解结构方案的第一自振频率却很有用。

对结构工程师而言，最常用的振动是地震问题。上面提到的振动方程，可以用于地震动反应。

$$m\ddot{x}+c\dot{x}+kx=-m\ddot{y}$$

$$\omega=\sqrt{\frac{k}{m}}$$

故 $$\omega^2=\frac{k}{m}$$

再定义$\frac{c}{m}=2\xi\omega$，当

$$\left(\frac{c}{2m}\right)^2=\frac{k}{m}$$

阻尼系数 c_c 成为临界阻尼系数 c_c：

$$c_c=2\sqrt{km}$$

因为 $$\frac{c}{m}=2\xi\omega,\xi=\frac{c}{2\omega m}=\frac{c}{2\sqrt{km}}$$

所以 $$\xi=\frac{c}{c_c}$$

称为临界阻尼比或阻尼常数。钢结构取 0.02，钢筋混凝土结构取 0.05。

设$\ddot{y}$（t）为地震加速度，这就是单质点体系受地震作用时的运动方程式。由此可以求解该单质点体系的位移反应、速度反应和加速度反应。传统的方法有褶积计算法、傅里叶变换法和直接积分法。编制相应的程序，有了地震速度和位移的初始条件，就可以求出每一时刻的地震反应。

结构工程师最感兴趣的是反应的最大值。地震时，单质点体系的最大相对位移，最大相对速度和最大绝对加速度分别记为 S_d，S_v 和 S_a，它们都是临界阻尼比 ξ 和周期 T 的函数。若以临界阻尼比 ξ 为参数，绘出周期 T（横轴，自变量）与 S_d，S_v 和 S_a（纵轴，应变量）的关系图，就是相对位移反应谱、相对速度反应谱和绝对加速度反应谱（图 8-2）。

图中对不同周期的振子输入相同的地震作用，求出它们的反应曲线，对每一种阻尼下的反应取其最大值，绘出周期 T 与 S_d，S_v 和 S_a 的关系图，得到反应谱。

相对位移反应谱、相对速度反应谱和绝对加速度反应谱的走向，大体

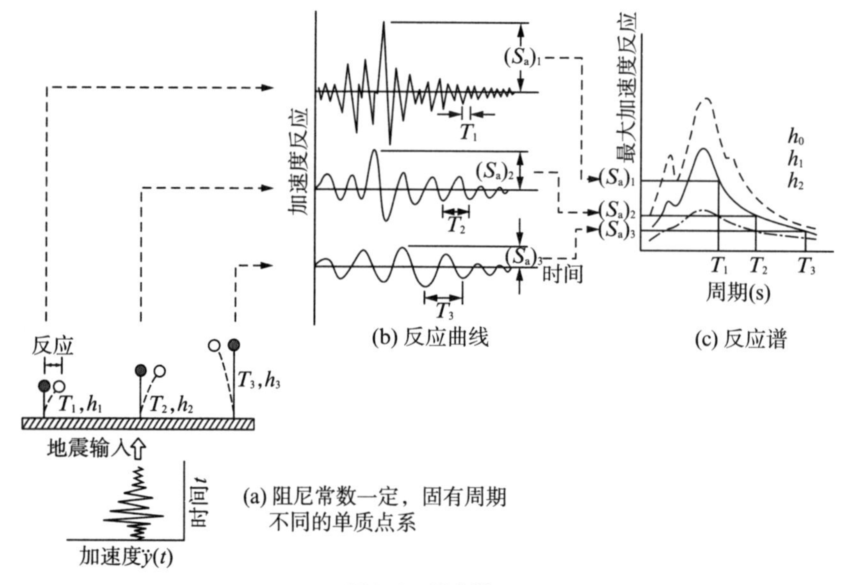

图 8-2　反应谱

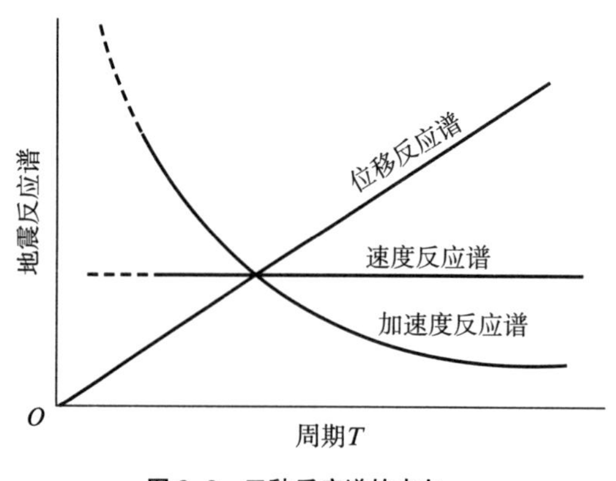

图 8-3　三种反应谱的走向

上如图所 8-3 示。

由此可以把位移、相对速度和绝对加速度三种反应谱绘在同一张图上，叫作三重反应谱。图 8-4 是美国埃尔・森特罗（El Centro ）1940 年 5 月 18 日地震的三重反应谱。

理解了反应谱是单自由度结构自振周期与地震反应最大值的关系曲线，就可以理解对多自由度的结构体系必须先进行振型分解，取足够多的自由度。有规定要求高层建筑应至少取 15 个振型。而笔者分析复杂结构时，

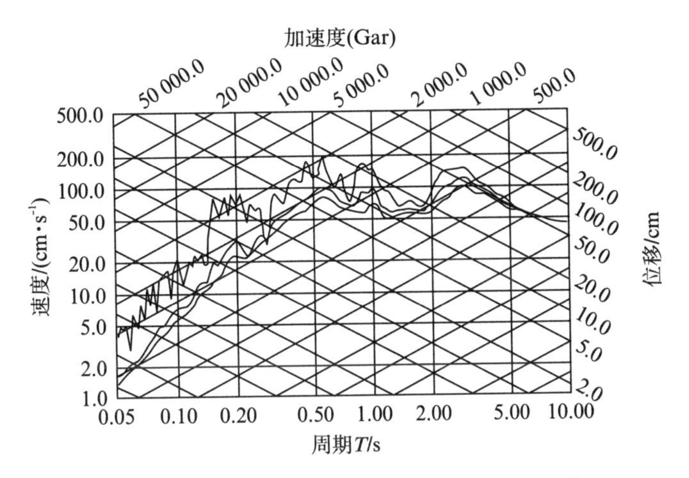

图 8–4　El Centro 地震三重反应谱（1940–05–18）

用到过 100 个振型，发现在很高振型时，依然有一定的贡献，尤其是竖直振动。所以最好根据初步计算结果，看总的能量贡献是否达到要求，不够的话，就需要增加振型。对于高层建筑，至少取 15 个振型，而且振型数的取值应满足振型参与的有效质量大于总质量的 90% 以上。唯有这样，反应谱法才会得到较为可靠的结果。各个振型对能量的贡献，可以根据计算结果中振型参与系数的大小判断。

地震分析常用的另一种方法是时程分析法。这种方法直接求出输入地震动的时程反应。它的好处是不仅取最大值，而且考虑了全部输入的特性。结构的全部振型，由低到高，都反映进去了。但是这种算法是否正确，和输入时程与现场情况的符合程度有很大关系。时程法需要至少输入 3 条地震动时程曲线、2 组实际记录和 1 组人工模拟的加速度时程曲线。但这几条时程曲线的选择要符合真实的现场，也是很难办到的。而反应谱则是由许多地震时程曲线波形输入后得到的，更具有普遍性。其实地震分析很大的问题是输入的盲目性。即使对重要项目专门进行地震危险性分析所得的人工地震时程曲线，也难以准确预测真实地震。

时程分析法只有当输入的时程曲线选取得当时才能发挥其优点。最好有专门的现场地震危险性分析，提供针对现场特殊情况人工造出的功率谱而形成的时程曲线。尽管时程分析在地震可靠性分析的支撑下，能够比反应谱法更有针对性，但也不能盲目相信时程法的精确性。应该领会反应谱法和时程法在结构中反映出来的结构基本特性，把握设计概念，加强构造措施，不迷信所谓精确数据结果，作出优化的设计。这对结构工程师的素质、理论水平和实践经验都提出了更高的要求。

其实，有些项目必须使用时程法。笔者从事核电站的动力分析多年，经常要计算各种机器、仪表和管道的地震反应谱。特别是在多层厂房，不同楼层、不同对象的设计反应谱都需要由结构工程师提供。这时进行时程分析是必要的。从地基输入 *XYZ* 各个方向的时程曲线，指定楼层和设计对象的时程反应就可以取得，供给工艺、设备的工程师使用。图 8-5 是楼层反应谱的一个实例。从图中可以看出阻尼大小影响很大。而竖直方向的反应比两个水平向要小很多。

时程分析是时域分析（time domain），有时还必须进行频域分析（frequency domain）。例如对于核电站反应堆这样刚度很大的结构物，动力分析模型也是一组质弹阻体系，但此时地基的变形模量和阻尼值的选取就特别重要。采用频域分析，对每个不同频率都可输入不同的阻尼。对于自振频率很高的结构物，地基高频部分应当输入对应的阻尼，理论和试验研究都表明，地基在高频范围的阻尼很高。

这里要再简单回顾一下时域和频域的概念。地震记录或人工形成的地震波，地震的位移、速度、加速度作用和反应作为纵轴等通常是以时间为横轴的。所以称作时程（time history），如果按一定的时间间隔而非连续地进行采样，就成为离散的序列，成为时间序列（time series）。反之，如果有一组离散的序列，也可以倒求近似的光滑曲线，这就要用到傅里叶变换。简单地说，傅里叶级数的每一项都用正弦和余弦两种三角函数之和表达。而各有系数（例如相当于振幅的系数），如果选取恰当的系数，足够多的正弦、余弦曲线就可以叠加出任意曲线。通过傅里叶变换，可以把一个时程曲线转换成以频率为横坐标的频率谱，称为傅里叶谱。有傅里叶振幅谱、相位谱等。

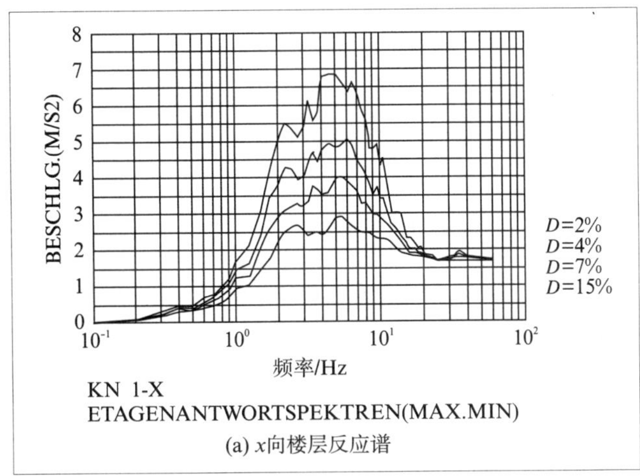

(a) x向楼层反应谱

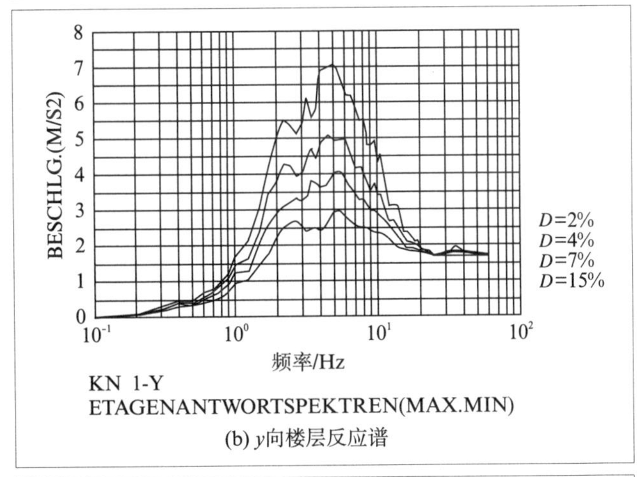

(b) y向楼层反应谱

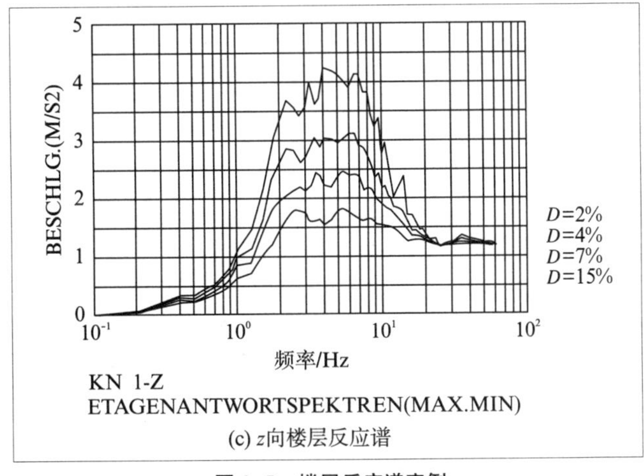

(c) z向楼层反应谱

图 8–5　楼层反应谱实例

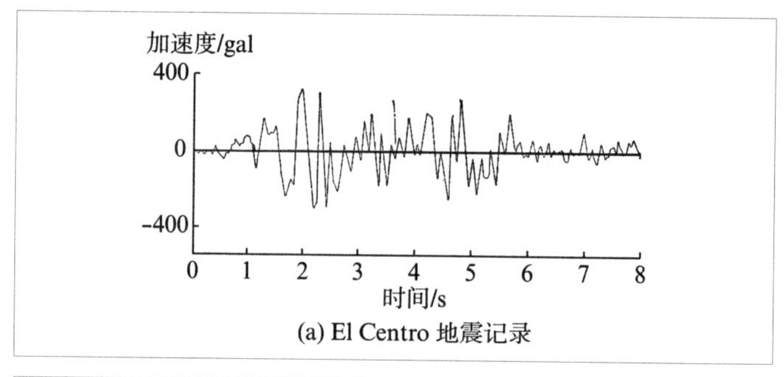

(a) El Centro 地震记录

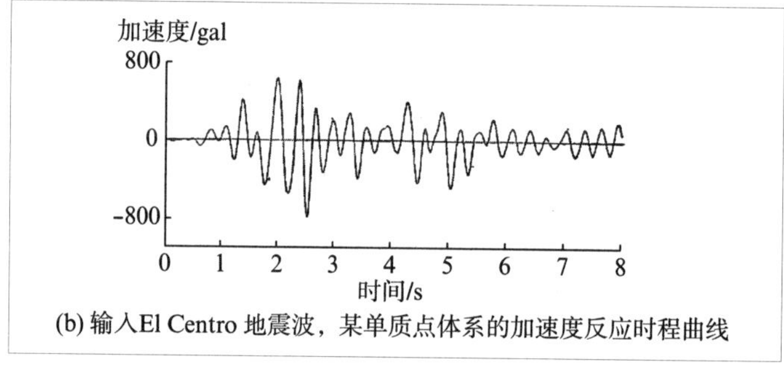

(b) 输入El Centro 地震波，某单质点体系的加速度反应时程曲线

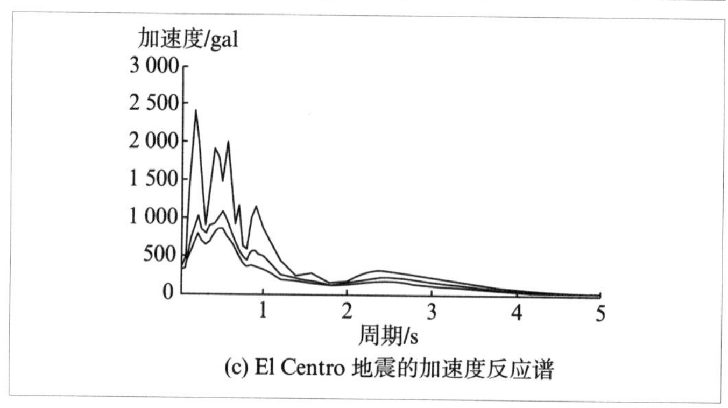

(c) El Centro 地震的加速度反应谱

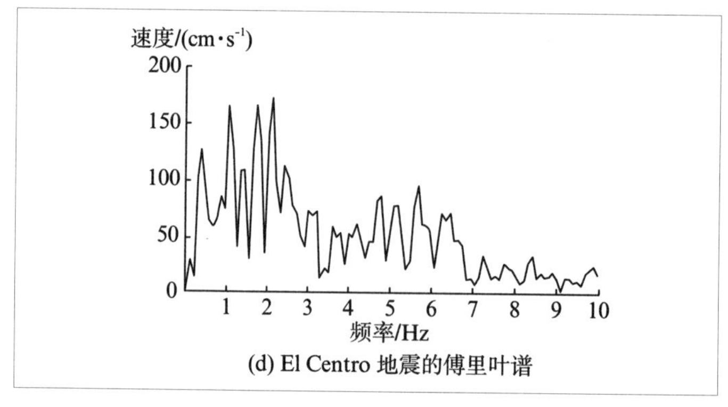

(d) El Centro 地震的傅里叶谱

图 8–6　El Centro 时程曲线和谱

以地震工程界常用的El Centro地震记录为例，图8-6（a）为El Centro地震记录，横坐标是时间（单位：s），纵坐标是加速度（单位：gal），最大加速度是326gal（也可为速度或位移的）；图8-6（b）为某种刚度单质点体系的反应时程曲线，横坐标是时间（单位：s），纵坐标是加速度（单位：gal）（也可为速度或位移），最大加速度是787gal；图8-6（c）为三种不同阻尼情况下的反应谱，横坐标是周期T（单位：s），纵坐标是加速度（单位：gal），可见在不同周期及不同阻尼下，反应差别很大，输入最大加速度是326gal，反应加速度的峰值可达2400gal以上；图8-6（d）是傅里叶谱，横坐标是频率（单位：Hz），纵坐标是速度（单位：cm/s）（也可为加速度或位移的）。傅里叶谱的优点是可以表明原来的地震记录内含有什么样的频率成分，而且表明哪些频率下的分量大。如果某些频率下反应分量特别大，这些分量就成为“卓越的”，相应的频率就成为“**卓越频率**[②]”。由此可以推断这种地震作用对各种建筑物影响的大小。如果建筑物的主要自振频率接近地震输入的卓越频率，反应就会很大。反之，影响就小。

在设计高层建筑时，往往把地基当作嵌固端。如果有桩基和足够层数的地下室，这样做误差不太大。因为高层建筑相对而言比较柔。但最好还是考虑上部结构和地基基础的共同工作。必须指出，如果结构刚度很大，相对而言，地基很柔软，那么头几阶的地震反应都来自地基，而非结构。例如核电站设计，对于核反应堆安全壳这样刚度极大的结构，地基在地震反应中的贡献很大，因此不能把地基看作嵌固端。而且地基阻尼的正确选用也就显得更为重要了。在反应谱法中，如果基础假定为有6个自由度的弹簧和阻尼，则三个平移和三个转动都应输入不同的相应阻尼。竖直方向

---

② 卓越频率：指随机震动过程中出现概率最多的周期。用以描述地震震动或场地特征。频率的倒数是周期。现在确定地震影响系数用的是场地特征周期。按建筑的场地类别，根据土层等效剪切波速和场地覆盖层厚度划分为四类，而剪切波速在不同的土层中速度是不一样的，尤其是在软土与硬土中差别更加显著。特征周期是根据覆盖层厚度H和土层剪切波速V_s按公式$T=4H/V_s$计算的周期，表示场地土最主要的振动特性。卓越周期与特征周期都是场地固有周期T_0的预测值，但预测方法有所不同。

阻尼最大而转动阻尼较小。在时程法中，各个模态均有不同的阻尼。在动力分析中，阻尼的选用也是一个重要问题，不可掉以轻心。

从结构的角度来看，动力与静力区别最重要的标志是什么呢？从反应谱方法和时程法都能看到，在动力作用下，结构反应的大小与结构的刚度和阻尼有关，也就是说，在动力作用下，结构的内力不仅与外力有关，而且与结构自身的特性有关。但在结构的几何形式和约束条件相同的情况下，在静力作用下，内力只与外力有关，而与结构特性（材料、刚度、质量）无关。例如一间教室，如果大家都安静地坐着，那么楼板中的内力只与所受荷载有关，而与楼板结构的刚度、材料等自身特性无关。但如果大家都跳起来，静力变成动力，这时楼板内力就和其自身特性有关了。材料（木、钢或钢筋混凝土）、楼板的厚度以及结构形式都会使结构反应不一样。如果动力扰动比例不大，就用一个动力系数来笼统地加以考虑。如果动力影响很大，那就必须进行动力分析了。例如，地震，高耸结构所受风力，机械运转下的动力基础等。自然界万物都在运动之中，所以静力只是动力的一种简化。

第九讲 结构的延性

混凝土的约束—开裂与劈裂—延性与耗能—性能设计与延性系数

结构抗震的核心是增强结构的延性而避免脆性破坏。钢材的延性很好，而钢筋混凝土结构增加延性的核心是保证约束。结构抗震的计算和构造基本上都离不开延性这个主题。而在反复荷载作用下延性好，就能增加结构耗能能力。

延性是结构抗震设计的核心问题

结构的行为就是外界作用和内在抗力的对抗。以上各讲大都在讨论外力及其传递、分配。这一讲要着重讨论结构的抗力。对于结构抗力最严重的考验就是抗震。当然还有人力难以抗拒的天灾人祸，如战争、恐怖袭击、洪水、海啸、龙卷风等。但现行规范中对工程结构最难的要求，就是抗震了。地震由于它的不确定性、突然性和破坏性让结构工程师和研究者不得不全力以赴地对付。而对强烈地震，工程结构无法硬顶，唯一的办法是发挥结构的延性，以变形降低受力反应，以空间换取时间，以柔克刚。改善结构延性，就成了结构抗震设计的核心问题。结构抗震的计算和构造基本上都离不开延性这个主题。

钢结构由于钢材延性好，只要重视钢结构的节点构造、焊接应力等问题，其延性和抗震性能都会有很好的表现。而混凝土本身其实是脆性材料，钢筋混凝土的延性是本讲讨论的重点。

结构工程师往往会把注意力集中到结构构件的强度问题上去。但纵观震灾结构调查和抗震理论中计算和构造，不能忽视的是加强结构延性。

混凝土的开裂和劈裂

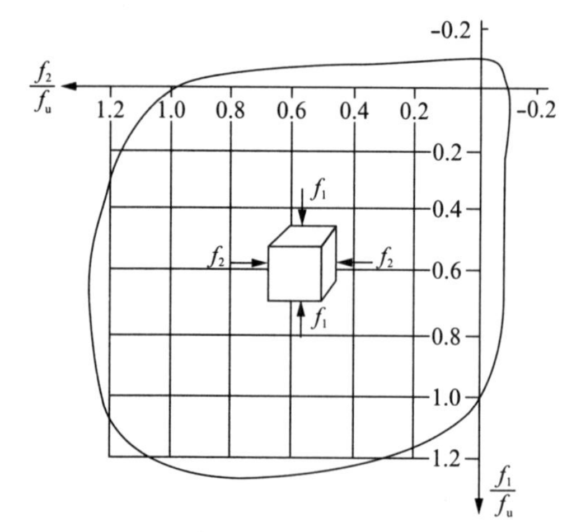

图 9–1　混凝土双向受力时的强度

混凝土材料的特点是受压相当好而受拉很差。图 9-1 中混凝土的受拉强度不到它的受压强度的十分之一。在弹性阶段，这事实上意味着受拉极限应变也不到受压极限应变的十分之一。低强度混凝土的塑性变形能力较高强度混凝土强，其极限压应变 ε_b=0.20%~0.25%，极限拉

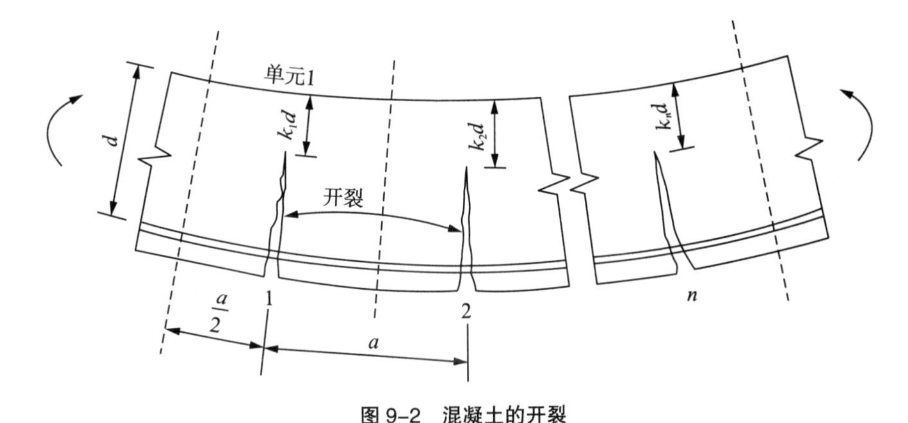

图 9-2　混凝土的开裂

应变 ε_b=0.01%~0.015%。

所以在受弯或偏心受力的钢筋混凝土构件中，受拉区混凝土很早就会开裂，受拉区完全靠钢筋受力。混凝土这种垂直于受力方向的裂缝称为“**开裂**”（图 9-2）。

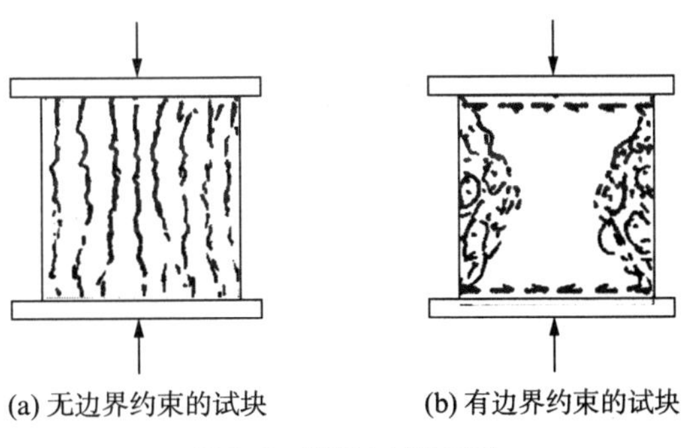

图 9-3　混凝土试块受压

混凝土试块受压，在图 9-3（a）为试块上下面都涂油，即试块边界基本上没有约束；而图 9-3（b）则在试块上下面都不涂油，试验机对混凝土试块构成边界约束。

试验结果表明，二者的破坏形态一致之处是混凝土此时的裂缝都是平行于受力方向。但有无约束差别很大。工况（a）的裂缝大体与受力方向平行，承载能力很小，而工况（b），承载能力高很多，混凝土被压碎，向侧向崩裂，离边界约束远的破坏更多，成两个对接的锥形。由此也可看到约束的影响之大。

混凝土这种平行于受力方向的裂缝可以称为“劈裂”（图 9-4）。可见混凝土的所谓压坏，实质上也是被拉坏，是在受压时侧向膨胀造成崩裂。梁的破坏标志不是受拉区混凝土开裂，而是受压区混凝土压坏，实际上是

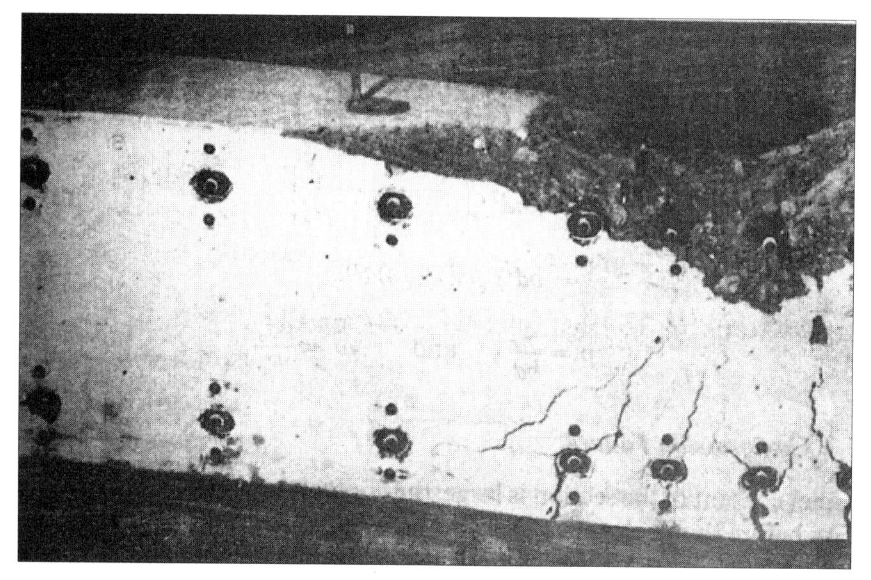

图 9–4　梁的受压区混凝土破坏

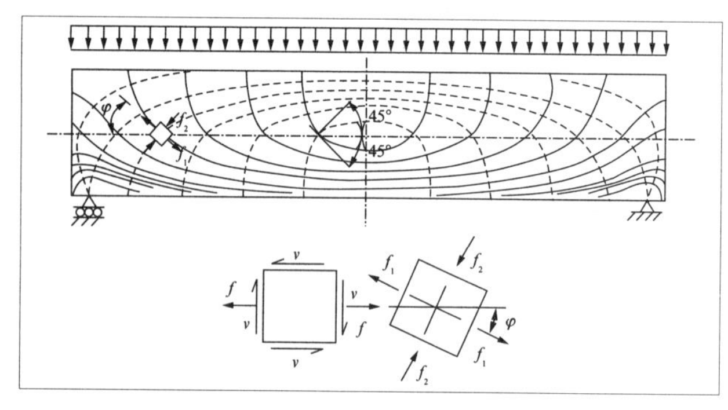

图 9–5　梁的受剪

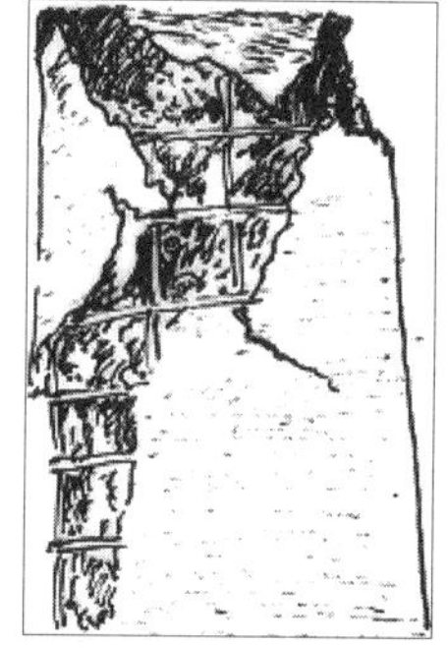

图 9–6　柱的受剪破坏

平行于压力方向的劈裂造成的崩裂，是侧向膨胀造成横向受拉破坏。

梁柱受剪破坏，有主压应力和主拉应力的联合作用，如图 9-5 和图 9-6 所示。

混凝土的约束和非约束

钢筋混凝土开裂处有受拉钢筋承担外力，而属于脆性破坏的劈裂更加危险。对付劈裂的方法是加强对混凝土的约束，也就是要配置足够的横向

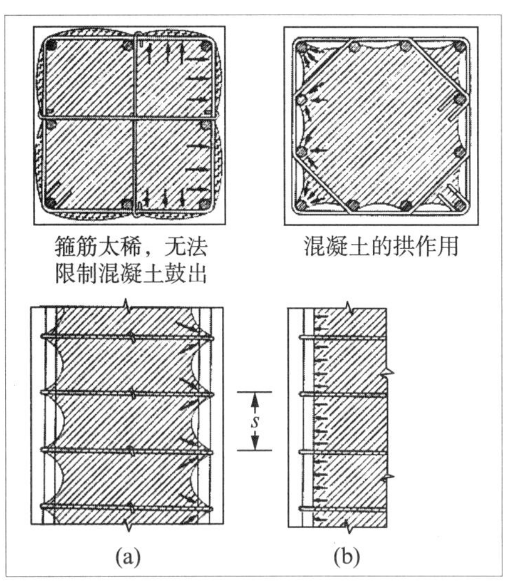

图 9–7　柱的箍筋要有足够的密度才能起约束作用

图 9–8　柱的箍筋不足

钢筋。而且要有足够的数量和密度，才能起足够的约束作用，如图 9-7 所示。图 9-8 所示的柱，在地震作用下，混凝土完全压碎，图中可见箍筋明显不足。大量的震害照片都显示，箍筋不足会导致结构严重损害。房屋如此，桥梁也如此。但有些结构工程师，只注意纵向钢筋的配置，忽略了箍筋的数量和间距是否足够。箍筋的设置，不仅要看计算结果，还要符合几近繁琐的构造措施。不仅设计者会疏忽，在施工现场，箍筋布置甚至比纵向钢筋更难操作，有时会因怕麻烦或赶工期而偷工减料，不按图施工，造成隐患。质量监督者对此必须严格把关。

混凝土的应力应变曲线有许多种假定，如图 9-9 所示曲线。

非约束混凝土和约束混凝土的应力应变曲

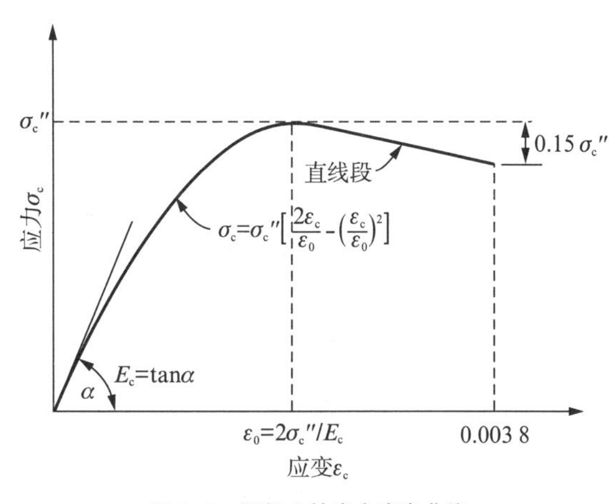

图 9–9　混凝土的应力应变曲线

线差距很大。1971 年，肯特（Kent）和帕克（Park）提出了二者的差距，如图 9-10 所示。在 1988 年的欧洲规范 EC-8 中，更强调了约束的重要性，如图 9-11 所示。

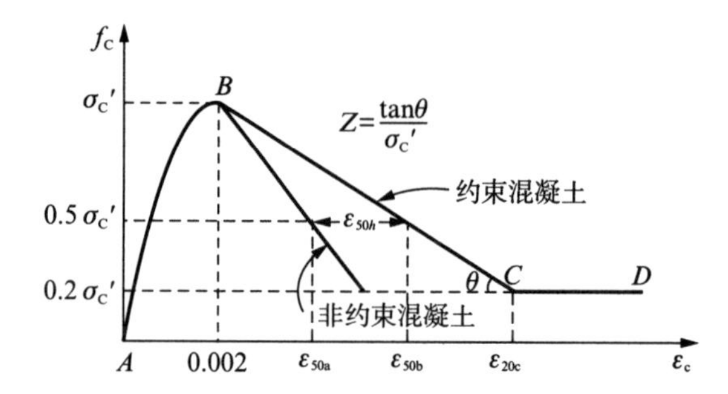

图 9-10　Kent & Park 的约束与非约束混凝土应力-应变曲线

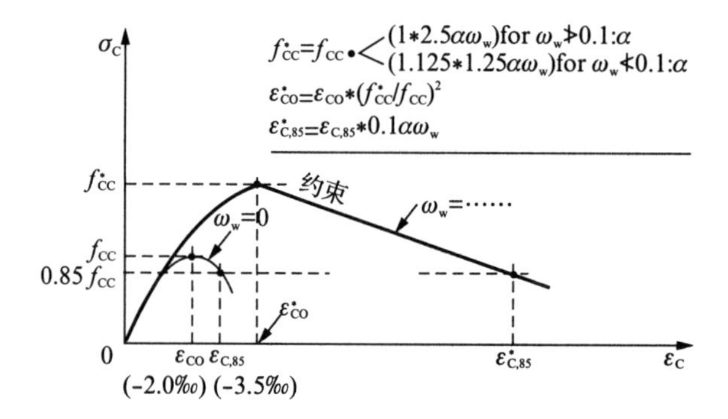

图 9-11　欧洲规范 EC-8 的约束与非约束混凝土应力-应变曲线

钢筋的应力应变曲线有许多不同的假定，如图 9-12 所示。

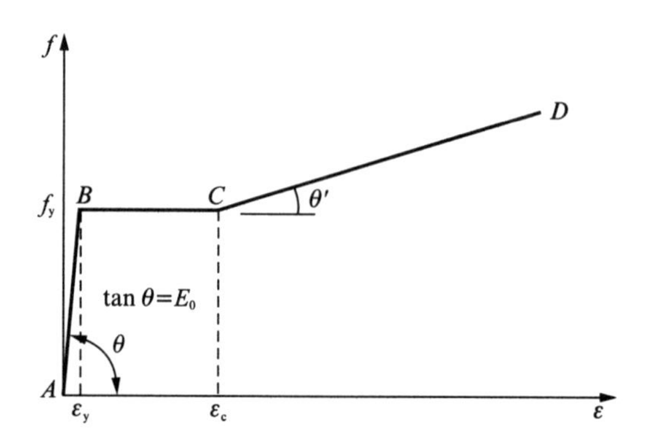

图 9-12　钢筋的应力-应变曲线

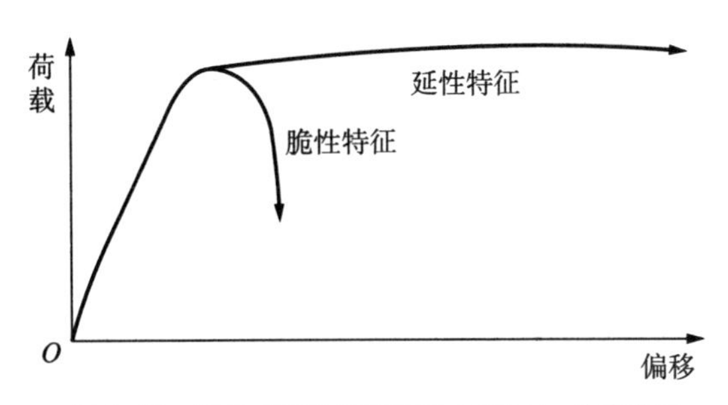

图 9-13 脆性或延性钢筋混凝土的应力-应变曲线

钢筋混凝土组合混凝土和钢筋的特性，根据混凝土约束的程度，呈现脆性或延性特征，如图 9-13 所示。

钢筋混凝土结构延性十分重要，但必须对构件破坏机理有清楚的认识，才能采取正确的对策。例如混凝土开裂后，裂面上的骨料仍然有机械咬合作用，也有很多研究，例如荷兰的瓦尔拉文（J.Walraven）的模型，得到与试验相当一致的分析结果，如图 9-14 所示。

托马斯·庖雷（T. Paulay）对钢筋混凝土结构在地震作用下的延性性能作了深入研究。他虽然

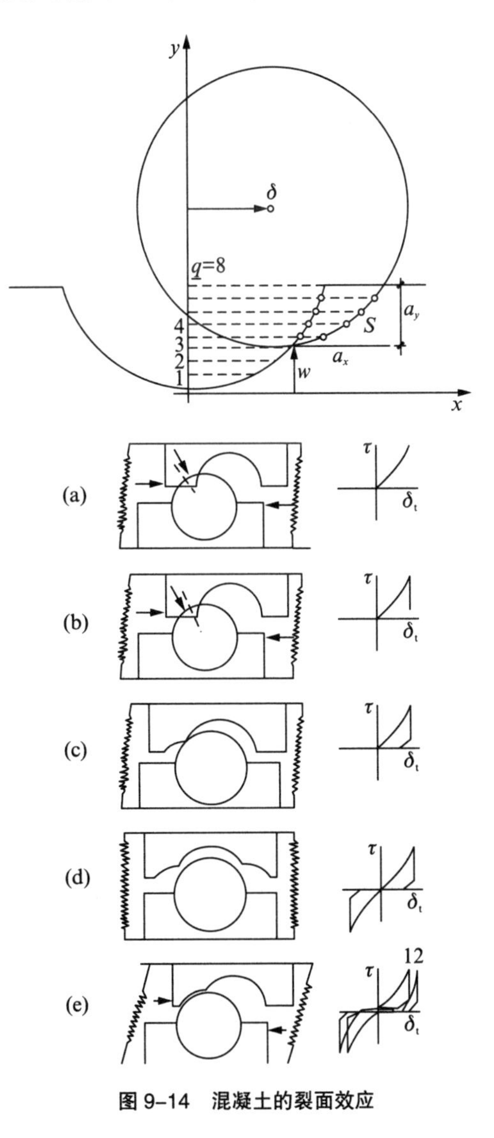

图 9-14 混凝土的裂面效应

偏居一隅，在新西兰进行教学和研究，但他的影响却是世界性的。以悬臂梁为例，在反复荷载作用下，根部**塑性铰区**[①]的受弯裂缝加宽，甚至贯通整个截面，剪力靠纵向钢筋的**销键作用**[②]来传递，因此会出现滑移，并降低耗能能力（图 9-15）。因此需要采取进一步的构造措施，如图 9-16 所示。尽管各国规范对构件的构造要求不完全一致，但根据理论和试验研究，达到保证延性的目的则是相同的。

对于剪力墙，也要采取适当的构造措施，使其延性得到保证。图 9-17 列举了剪力墙的各种破坏机理。其中图 9-17（c）和图 9-17（d）属于脆性破坏，是不容许的。在单调和反复荷载下要保证出现图 9-17（b）或图 9-17（e）的破坏模式，即受弯塑性铰区的钢筋达到流限。这就需要有各种必要的构造措施。

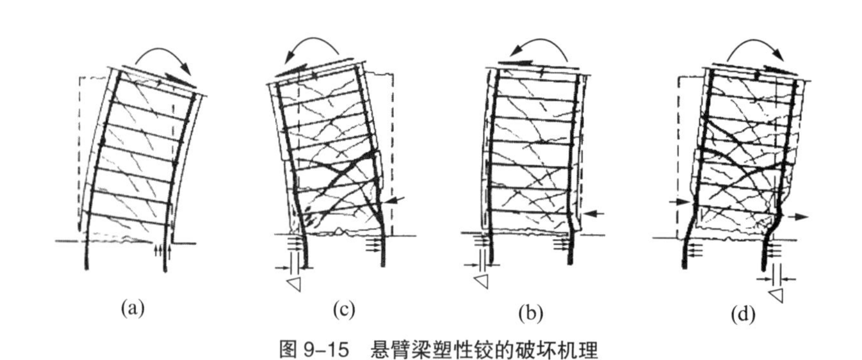

图 9–15　悬臂梁塑性铰的破坏机理

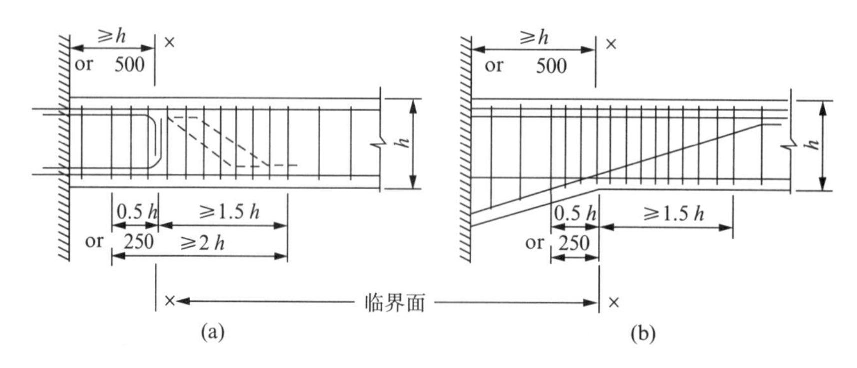

图 9–16　悬臂梁保证延性的构造

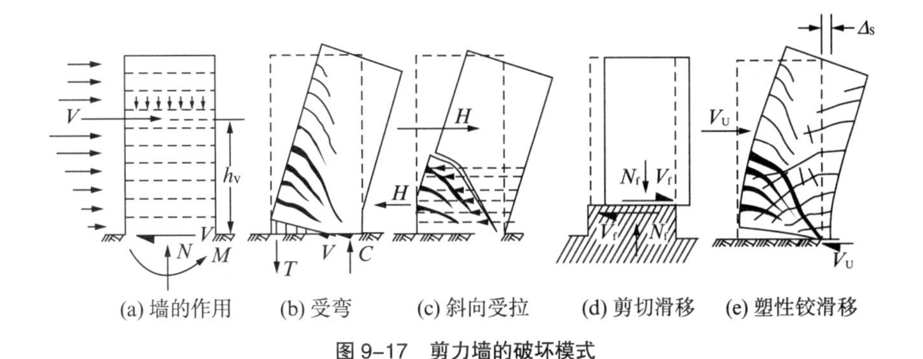

图 9–17 剪力墙的破坏模式

延性与耗能

事实上，保证钢筋混凝土结构的延性，才能保证它的耗能能力。图 9-18 和图 9-19 形成对比。我们知道，**滞回曲线**[③]所包围的面积相当于结构耗散的能量。图形越饱满，说明耗能能力越好，而图形瘦小，包围面积很小，耗能能力就很差。图 9-18 是受剪力控制而导致脆性破坏的剪力墙，不但承载能力低，而且耗能能力很差。相反，图 9-19 中延性很好的剪力墙，

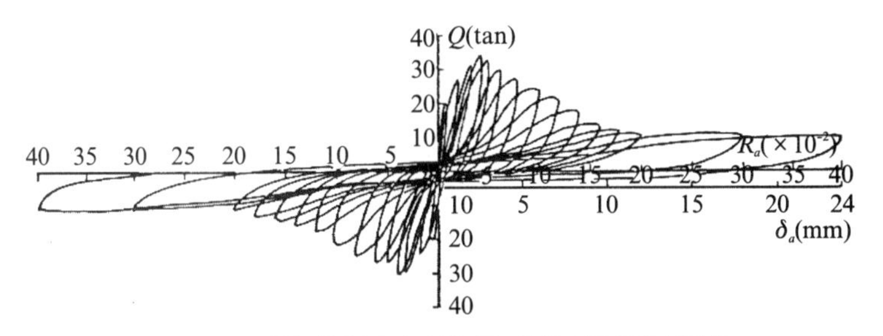

图 9–18 剪切控制导致脆性破坏的剪力墙的滞回曲线

① 塑性铰区：由于塑性变形而形成的“铰链”称为塑性铰，它能够产生转动却又能承受一定的弯距。真正的铰接不能承受弯矩且集中于一点。而塑性铰则是在有一定长度的区域内形成，在此区域内的材料已进入塑性（应变增加时应力基本不变化）但尚未破坏。这个区域，就是塑性铰区。

② 销键作用：钢筋在钢筋混凝土结构中的作用，主要是受拉。但当混凝土裂缝贯通了截面，剪力只能靠钢筋来传递。这时的钢筋，就起着抗剪销键的作用。

③ 滞回曲线（hysteretic curve）：在力循环往复作用下，结构的荷载–变形曲线。反映结构在反复受力过程中的变形特征、刚度退化及能量消耗，又称恢复力曲线（restoring force curve）。

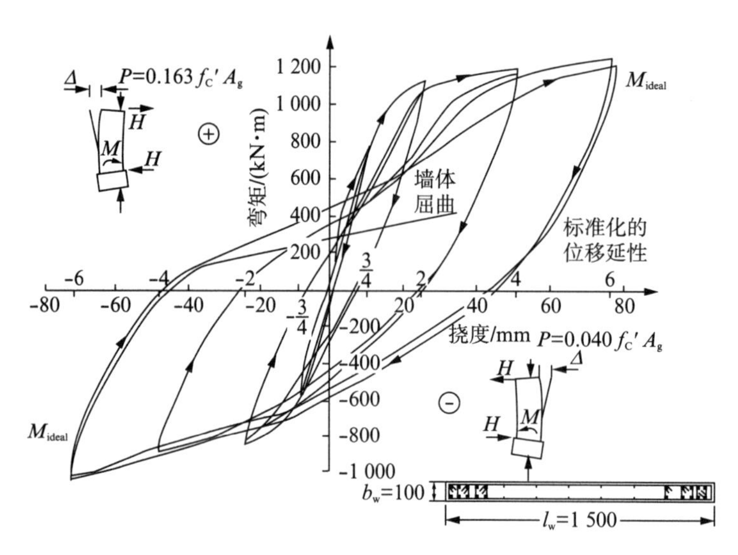

图 9–19　延性剪力墙的滞回曲线

弯曲塑性较充分发挥作用，滞回曲线饱满，耗能能力很强。

延性和耗能能力是结构抗震性能最重要的标志。结构抗震设计，不仅要满足强度的要求，而且必须从计算和构造上全面满足延性的要求。

延性和耗能能力的获得，需要避免混凝土的脆性破坏，这与箍筋的配置密切相关。结构工程师为了保证强度，觉得纵向钢筋似乎越多越好，这是一个误区。其实超筋的危害很大。所谓超筋就是超过纵筋的最大容许含钢率。混凝土的极限压应变和抗压强度都是有限的，混凝土对钢筋的粘结力也是有限的。为了增加强度，又难以增大截面，如果片面地增加钢筋，混凝土消化不了，使构件延性降低。超筋还要从不同构件的对比来看。梁的配筋过度，会造成强梁弱柱；杆件配筋过度，会造成强杆弱节，而节点配筋过度，又会造成施工质量得不到保证，导致节点先坏；纵筋配筋过度，会造成强弯弱剪。都会增加混凝土脆性破坏的危险。在设计中，除了**强柱弱梁**，还要坚持**强节弱杆**，**强剪弱弯**。延性得到保证，滞回曲线就会饱满，耗能能力才会增大，抗震性能也会明显提高。

轴压比—剪压比—剪跨比

钢筋混凝土抗震设计的一些特定概念，其实都和保证延性有关。

轴压比（此处称为 u）是指柱（墙）的轴压力设计值与柱（墙）的全截面面积乘以混凝土轴心抗压强度设计值的比值：

$$u=\frac{Nf_c}{A}$$

式中，u 为轴压比；N 为轴力设计值；A 为截面面积；f_c 为混凝土抗压强度设计值。

限制柱轴压比就是为了控制柱的延性，轴压比越大，柱的延性就越差，在地震作用下会脆性破坏。其实质是压力已使用了太多的混凝土压应变，柱在偏心荷载下（类似于受弯）的受压区，继续承受反复荷载下的压应力，增加压应变的能力很小，易于出现脆性破坏。所以必须限制轴压比。

剪压比（此处称为 v）是指截面上平均剪应力与混凝土轴心抗压强度设计值的比值：

$$v=\frac{Vf_c}{A}$$

梁塑性铰区的截面剪压比对梁的延性、耗能能力有明显的影响。当剪压比大于 0.15 的时候，梁的强度和刚度有明显的退化现象，此时再增加箍筋用量，也不能发挥作用，因此对梁柱的截面尺寸不能太小。实际上，剪力太大，再加钢箍也没用，因为在主压应力和主拉应力的联合作用下，混凝土会出现脆性的劈裂。

剪跨比 λ 是指构件截面弯矩与剪力和有效高度乘积的比值。

$$\lambda=\frac{M}{V\cdot h_0}$$

式中，M 为弯矩；V 为剪力；h_0 为与弯矩方向柱截面有效高度。

λ 可以用来区分长柱、短柱和极短柱。当 $\lambda>2$，为长柱，一般发生弯曲破坏；当 $1.5<\lambda\leqslant 2$，为短柱，多半发生剪切破坏；当 $\lambda\leqslant 1.5$，为极短柱，发生剪切斜拉的脆性破坏。在设计中要避免发生脆性破坏。实际上，剪力太大，混凝土会出现脆性的劈裂。剪跨比越小，延性越差。

总而言之，抗震设计中各种构造规定，大都与保证延性、防止脆性破坏有关。以上几个概念，其核心问题是混凝土受到过大的压力和剪力，会出现脆性破坏，这种劈裂型的破坏，钢筋也帮不上忙。混凝土最怕受拉，为什么反而不限制拉力？因为开裂的混凝土退出工作，干脆不干了，交给延性好的钢筋负全责。设计中围绕加强延性去考虑问题，就容易理解形形色色的计算构造规定了。

性能设计和延性系数

经过无数次地震的惨痛教训，人们对结构抗震的本质认识逐渐深化。从开始的振度法，即以自重 *mg* 的若干分之一作为水平向的静力加于结构发展到动力方法，认识到地震和别的外界作用不一样，甚至不应称作荷载。结构所承受的“地震力”，是结构对地面运动的反应，这种反应，包括与力有关的加速度反应、与阻尼有关的速度反应和与变形有关的位移反应。结构设计中把力的直接作用称作荷载，如重力荷载、风荷载（其实风作为动力时，也要考虑结构的动力特性，也可称为风作用），而动力反应是间接作用，现在就不称为“荷载”，而称为“作用”。

相似的动力反应，是筛汤团（图 9-20），手不直接接触汤团，而摇动簸箕使汤团受到动力作用，而产生反应，这和地震模拟振动台试验时模型的受力以及地震山摇地动时建筑物的反应相类似。

另一点对抗震设计认识的重要进步，是在地震作用下，不仅要作**承载能力**验算，而且要重视它的**变形能力**的控制，其实它的核心问题，就是

图 9–20　间接作用下的动力反应

"延性"（ductility）。如何在设计中体现抗震结构的延性，各国规范有不同的途径。这种概念和方法，统称为"性能（化）设计"（Performance Design 或 Performance-Based Seismic Design）。

我国《建筑抗震设计规范》（GB 50011—2010）开始引进了性能化设计的概念。是对所设计的建筑物或其中一部分（如楼梯间），在每个设计地震动水准下所要求达到的性能水平作为性能目标，针对每个建筑，有相当大的灵活性。我国抗震规范设计地震动水准有三个：多遇地震、设防地震、罕遇地震。性能分为四级（1~4），如表 9-1 所示。

表 9-1　不同地震水准下的性能

地震水准	性能 1	性能 2	性能 3	性能 4
多遇地震	弹性	弹性	弹性	弹性
设防地震	弹性	基本弹性 $S \leqslant R/\gamma_{RE}$ 层间变形可略超弹性限值	可出现塑性变形，但未达到屈服状态	出现明显塑性变形，加固后可恢复使用，变形 $<3[\Delta u_e]$
罕遇地震	基本弹性 $S \leqslant R/\gamma_{RE}$ 层间变形可略超弹性限值	可出现塑性变形，但未达到屈服状态，满足低延性要求	出现明显塑性变形，加固后可恢复使用，满足中等延性要求	出现明显塑性变形，部分水平构件可能失效，大修加固后可恢复使用，满足高延性要求

从抗震规范说明中认识到，实现这些性能目标，需要落实到具体设计指标，即各个地震水准下的承载力、变形和细部构造的指标。但是由于目前强烈地震下结构非线性分析方法的计算模型及参数选用存在不少经验因素，缺少强震记录、对结构性能判断难以准确。目前规范所指的性能设计还是侧重于通过提高承载力，减少塑性变形，并提高刚度以满足变形要求。其实还是以提高承载能力和弹性刚度来解决延性性能和变形能力的问题。其针对性和效果是值得研究的。应该理解，这是在逐步发展性能设计的一种过渡方式。

变形能力应当是和承载能力同等重要的指标。结构从强度角度看，所能承受的强度极限是承载能力。结构从变形角度看，受材料的极限应变的限制，变形也有极限。对钢筋混凝土而言，混凝土受拉区开裂后转由受拉钢筋承担，钢筋极限应变较大，所以混凝土的受压极限应变往往成了起控制作用的因素。对各种结构构件的承载能力有着长期而成熟的研究和实践，但是对变形能力的研究还远远不够。

在我国现行抗震规范中规定弹塑性层间位移可按下列公式计算：

$$\Delta u_p = \eta_p \Delta u_e \leqslant [\theta_p]h$$

或 $$\Delta u_p = \mu \Delta u_y = \frac{\eta_p}{\xi_y} \Delta u_y \leqslant [\theta_p]h$$

即弹塑性层间位移 Δu_p 等于在罕遇地震作用下按弹性分析算得的层间位移 Δu_e 乘以弹塑性层间位移**增大系数**[④] η_p。或等于楼层延性系数 μ 乘以层间屈服位移 Δu_y。这里提出了楼层延性系数 μ，而 μ 是弹塑性层间位移增大系数 η_p 与楼层屈服强度系数 ξ_y 的比值。ξ_y 可以查表取得，在 1.30 ~ 7.20 之间。弹塑性层间位移 Δu_p 应当不大于弹塑性层间位移角限值 $[\theta_p]$。该值按不同结构类型定为 1/120 ~ 1/30，例如钢筋混凝土框架结构为 1/50 而框剪结构定为 1/100。

对于结构抗震的变形控制和性能设计，不会停留在只考虑不等式左端的作用效应有变化，而右端的变形能力视为一个只与层高有关的常数。结构抗震的研究日新月异，相信对变形能力的研究也会逐步用于实际工程中。

笔者在 20 世纪 80 年代参加《建筑抗震设计规范》（GBJ 11—89）规范编制组时，认识到变形能力的重要，开始研究钢筋混凝土框架变形能力。我们认为，Δu_p 的计算是外力作用下的变形（相当于荷载或作用）。而 $[\theta_p]h$ 是变形能力（相当于承载能力），它不应仅仅是层高 h 的函数。$[\theta_p]$ 不应是一个只按结构类型选取的常数，而应是按照结构具体情况定量的一个参数。在进行了理论分析和模型试验并对比其他试验结果后，建议增加一个变形能力修正系数 ψ（为便于阅读，其他符号尽量改成与现行规范一致）。ψ 与梁的纵向配筋率 u_b 和 配箍率 u_k 有关，笔者和合作者们编制了程序，可以计算框架的变形能力修正系数 ψ。与主要参数的关系大致如图 9-21 所示。ψ 在 0.5~1.6 之间变动。

研究表明，极限层间位移不是一个常数，而是随结构变形能力的大小而改变的。理论和试验证明，弱梁型框架的变形能力比弱柱型大，要加强

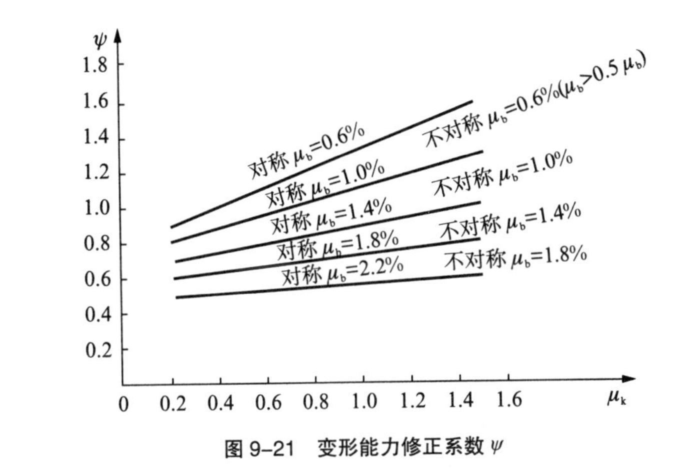

图 9-21　变形能力修正系数 ψ

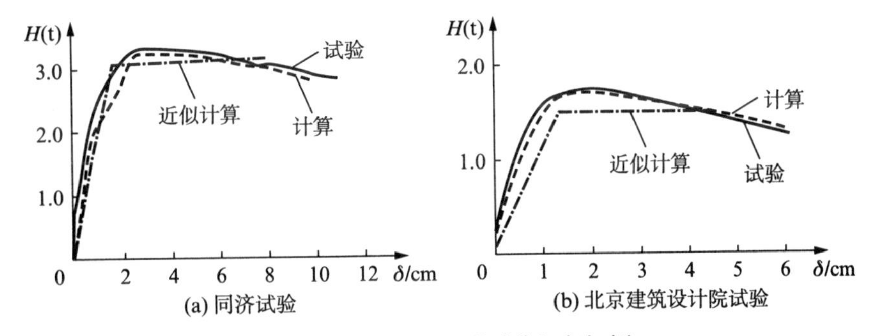

图 9-22　框架变形能力的计算和试验对比

结构的变形能力，可以增加梁的配箍率，减小柱的轴压比，改不对称配筋为对称配筋等（图 9-22）。对比我们的计算和试验，是基本符合的。多年前我们进行的尝试，虽然只是初步的，但笔者认为，对不同结构及其不同配置的变形能力的研究仍然很有意义。

关于延性的另一个重要问题，是结构延性影响系数。

美国规范 FEMA450 和欧洲规范 EC8（Eurocode 8）中对不同材料和不同类型的结构，按其延性的大小选用影响系数。

④ 增大系数：结构分析一般只进行弹性分析。而实际上，结构在罕遇地震作用下会进入塑性阶段。规范根据对一些实例进行弹塑性分析的结果和经验，给出各种增大系数，使设计者可以采用弹性分析的结果，乘以增大系数，得到近似于弹塑性分析的结果，以便更接近实际情况。

欧洲规范 EC8 规定设计反应谱为：

$$0\leqslant T\leqslant T_{\mathrm{B}}:\ S_{\mathrm{d}}(T)=\alpha\cdot S\cdot\left[1+\frac{T}{T_{\mathrm{B}}}\cdot\left(\frac{\beta_0}{q}-1\right)\right]$$

$$T_{\mathrm{B}}\leqslant T\leqslant T_{\mathrm{C}}:\ S_{\mathrm{d}}(T)=\alpha\cdot S\cdot\frac{\beta_0}{q}$$

$$T_{\mathrm{C}}\leqslant T\leqslant T_{\mathrm{D}}:\ S_{\mathrm{d}}(T)=\alpha\cdot S\cdot\frac{\beta_0}{q}\left[\frac{T_{\mathrm{C}}}{T}\right]^{k_{\mathrm{d1}}}\geqslant 0.2\cdot\alpha$$

$$T_{\mathrm{D}}\leqslant T:\ S_{\mathrm{d}}(T)=\alpha\cdot S\cdot\frac{\beta_0}{q}\left[\frac{T_{\mathrm{C}}}{T_{\mathrm{D}}}\right]^{k_{\mathrm{d1}}}\cdot\left[\frac{T_{\mathrm{D}}}{T}\right]^{k_{\mathrm{d2}}}\geqslant 0.2\cdot\alpha$$

式中，$S_{\mathrm{d}}(T)$ 为以 g 为单位的设计谱值；$\alpha=\frac{a_{\mathrm{g}}}{g}$；$S$ 为地基系数，取 1.0 或 0.9；β_0 为 5% 阻尼比时的加速度标准反应谱最大值，取 2.5；T_{C}，T_{B} 分别为设计谱值为常数段的上下限；T_{D} 为位移为常量时设计谱段的起始点，取 3.0 s；k_{d1} 为设计谱形状系数，取 2/3；k_{d2} 为谁谱形状系数，取 5/3；q 为结构性能参数，根据结构延性取值；a_{g} 是设计地面加速度。按 EC8，a_{g} 是按地震重现周期 475 年取用的，和我国规范、美国规范 UBC、加拿大等规范一致。地震系数 $\alpha=\frac{a_{\mathrm{g}}}{g}$ 是按相当于基本烈度的地面加速度取用的。

底部剪力：

$$F=S_{\mathrm{d}}(T)\cdot W=k\cdot W$$

EC8 对考虑延性的系数 q 的取值作了详细的规定，对水平地震力：

$$q=q_0\cdot k_{\mathrm{D}}\cdot k_{\mathrm{R}}\cdot k_{\mathrm{W}}\geqslant 1.5$$

式中，q_0 为系数 q 基本值，见表 9-2；k_{D} 为与延性等级有关系数，DC[*H*] 时取 1.00，DC[*M*] 时取 0.75，DH[*L*] 时取 0.50，DC[*H*]，DC[*M*] 和 DC[*L*] 分别为高级、中级和低级延性；k_{R} 为与结构形状有关的系数，规则结构取 1.00，不规则结构取 0.80；k_{w} 为与结构形状有关的系数，框架体系为 1.00，墙或筒状体系为 $1/(2.5-0.5\alpha_0)\leqslant 1$，墙或筒体均匀布置时为 $\alpha_0=\frac{\Sigma H_{\mathrm{w}i}}{\Sigma L_{\mathrm{w}i}}$，$H_{\mathrm{w}i}$，$L_{\mathrm{w}i}$ 分别为墙的高与宽。

EC8 对延性等级 DC[*H*]，DC[*M*] 和 DC[*L*] 也作了详细的规定，除了规定各种构造要求之外，还规定必须进行局部延性水准（local ductility

表 9-2　不同结构形式下的 q_0

结构形式		q_0
框架体系		5.0
复合体系	等效框架体系	5.0
	等效墙体体系，带联肢墙	5.0
	等效墙体体系，非联肢墙	4.5
结构墙体系	带联肢墙	5.0
	非联肢墙	4.0
筒体体系		3.5
倒摆体系（例如水塔）		2.0

criterion）的验算。具体落到必须满足 CCDF 标准延性系数（conventional ductility factor）的构造和计算要求。对各种新结构，均可规定不同的 CCDF 的计算和构造要求。

上述 q_0 是对钢筋混凝土结构而言，对于钢结构也有详细的规定，例如带交叉支撑和无支撑的框架，延性系数差别很大，而后者大得多。

美国抗震规范 FEMA450 应用基准设防地震，地震作用是根据地震动参数计算并除以强度折减系数（反应修正系数）R 得到的。考虑结构的能量耗散能力、结构的超静定次数、结构自振周期和阻尼的影响，还考虑支撑以及结构的材料等。

$$R = R_{\mu} \cdot R_{\mathrm{d}}$$

式中，R_{μ} 为延性折减系数；R_{d} 为结构超强系数。

不同类型结构体系的反应修正系数 R 是不一致的，如带支撑框架 R=3.0，而钢筋混凝土剪力墙框架体系 R=5.0。总之，与影响结构延性及其动力特性的因素有关。

而《建筑抗震设计规范》（GB 50011—2010）选用小震来进行计算。而它的强度折减系数即结构影响系数是一个定值。在结构强度校核时，地震作用的计算直接采用对应于小震的地震影响系数按完全弹性分析进行。而对应于小震的地震影响系数是利用 45 个城镇的地震危险性分析得出烈度服从极限Ⅲ型分布，而基本烈度对应的超越概率为10%，小震对应众值烈度（其超越概率为63.2%），由此推出基本烈度与小震之间的差值为1.55度，从而得到统一的强度折减系数为2.86，对应的结构影响系数为0.35。这个折减系数为基本烈度与众值烈度之间的折减系数，与结构的类型无关，更与结构的周期、延性、阻尼等性质无关。

今天大家都认识到延性对结构抗震的重要性，而且结构的类型、周期、延性、阻尼等都明显地影响到结构延性。针对不同结构及其各种影响动力特性的因素，灵活地选取反映延性的系数，去折减地震影响系数，显然比采用统一的系数更为合理。

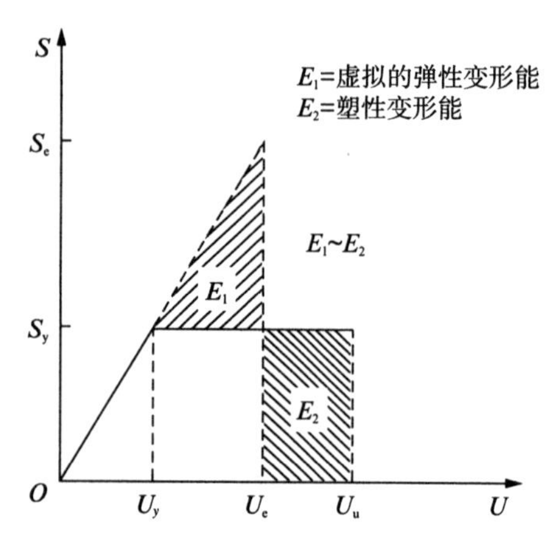

图 9-23　延性系数和等效变形能

图9-23是一幅概念示意图。S是外界作用，U是结构变形。如果结构强度极高，弹性变形可以在很大范围内工作，在外界最大作用S_e下依然维持弹性，就会消耗弹性变性能E_1。但事实上，出于经济适用的原因，结构不可能做得那么强大，当外界作用达到S_y即屈服极限时，结构进入塑性，变形继续增加而抗力维持常数，作用力等于反作用力，因此外界作用也不再增加，保持在S_y。当塑性变形能$E_2= E_1$，结构的变形达到极限U_u，消耗了同样的地震能量，结构同样顶住了地震，只是变形大了很多。结构以空间换取了能量，求得了生存。可以把极限变形和相当于结构屈服点的变形之比U_u /U_y看作结构的变形延性系数。这是理解结构延性概念的入门。

徐植信和笔者合作，对此作过一些讨论：

（1）按相应于设防烈度的地震动进行地震作用的计算，算得弹性反应后乘以折减系数。折减系数视不同的结构类型和构造措施而不同。这样可使设计人员对在设防烈度下的结构反应有直观的概念，避免在风荷载控制时误以为地震作用不及风作用危险，也可避免曾发生过的在模型试验时，以验算用地震动即相当于“小震”地震动输入时的反应判断结构是否安全。更重要的是，这样做可以使不同结构的可靠度趋于一致。

折减系数可以通过理论分析，即进行结构反应弹塑性时程分析直至破坏和必要的试验以确定延性折减系数，再根据设计值的取用以决定总的折减系数，对我国目前建造不多的结构形式，可参考国外的一些规定。

（2）对特别重要的建筑需要保证“大震不倒”的，即用 50 年超越概率 2% 的地震动进行设计。

（3）引入建筑重要性系数，例如可为 1.2，1.5，1.8，这样可以避免一旦提高就达到一度（一倍）、幅度太大的缺点。

延性可以用延性系数来表达。设结构、构件或截面在其弹塑性本构关系曲率、转角、位移曲线上进入屈服相应的点为 ϕ_y，θ_y，u_y，再设结构、构件或截面在其弹塑性本构关系曲率、转角、位移曲线上达到最大承载能力相应的点为 ϕ_m，θ_m，u_m，则三种延性系数分别如下计算：

$$\mu_\phi = \frac{\phi_m}{\phi_y}$$ 曲率延性系数，反映截面延性

$$\mu_\theta = \frac{\theta_m}{\theta_y}$$ 转角延性系数，反映构件延性

$$\mu_u = \frac{u_m}{u_y}$$ 位移延性系数，反映构件和结构延性

曲率延性一般可定义如图 9-24 所示。

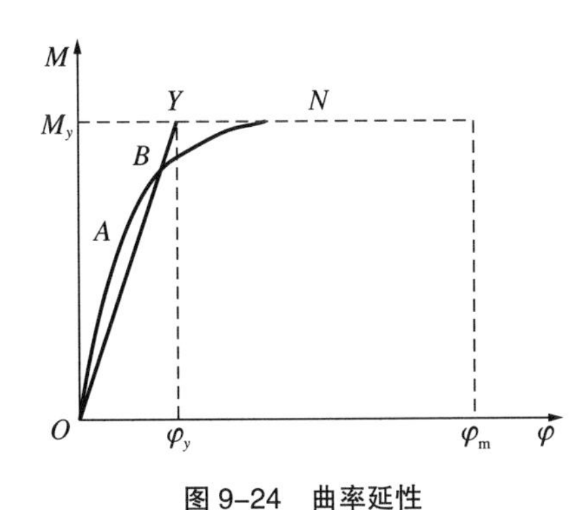

图 9–24　曲率延性

对于抗震规范中延性系数的重要性已经不再有争议，而如何更好地反映不同结构的各种特性，仍然期待着进一步研究和积极的学术讨论。纵观钢筋混凝土结构抗震，主要有以下几种途径：设计时用增大系数保证强节弱杆、强柱弱梁、强剪弱弯； 控制轴压比、剪压比、剪跨比等参数； 规定以限制配筋率、加密箍筋为主要手段的构造措施；在大震时控制变形，并进行弹塑性分析。应当承认，非线性分析由于输入地震波的不确切和各种构件弹塑性本构关系只能大体模拟，弹塑性分析并不像它的复杂性分析那样具有精确性，仍宜作为定性参考。可以起很大作用的延性系数，应当尽早纳入规范体系。

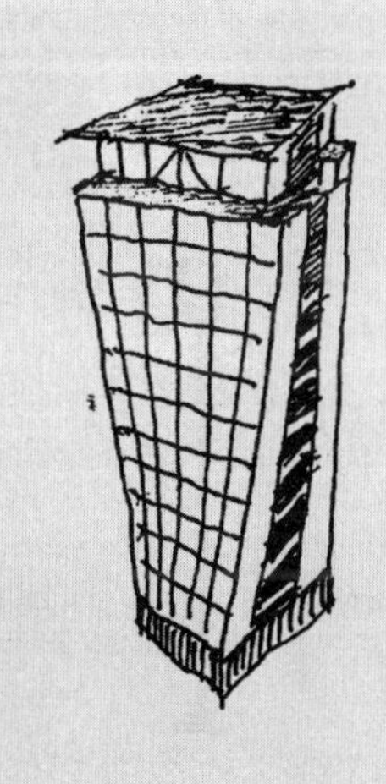

第十讲　结构与模型化

单质点和多质点模型—杆系和三维模型—基础模型

结构的模型化是结构工程师必须面对的课题。模型变得越来越精细逼真，也越来越庞大。然而其反面的结果是工程师越来越对庞大的模型失去概念和控制。“冲出黑箱”是世界各国理智的结构工程师的共同认识，从黑箱中解放出来是结构设计的必修课。

结构的单质点和多质点杆件模型

由于结构分析已经和计算机的应用及有限元程序紧密联系，结构的模型化是结构工程师必须面对的课题。随着计算机硬件和软件的迅速进步，3D 模型已在广泛应用，逐步向所谓仿真的方向发展。模型变得越来越精细逼真，也越来越庞大。然而其反面的结果是工程师对庞大的模型越来越失去概念和控制，难以判断计算结果的真伪，即使有错，也难以发觉，只能全盘接受。"冲出黑箱"是世界各国理智的结构工程师的共同认识，从黑箱中解放是结构设计的必修课。不冲出被计算机思维定式牵着鼻子走的状态，就没有创造性的思维。计算机模型是创造性设计概念的工具，而不是反过来，工程师成了计算机软件的工具。

在有限元普及的初期，结构的单质点（图 10-1）和多质点杆件模型（图 10-2）被普遍应用。那时的计算机容量小，速度慢。复杂的结构被简化成简单的模型以节约运算规模。现在电脑的容量和速度已不是问题，而单质点模型还是有其价值。

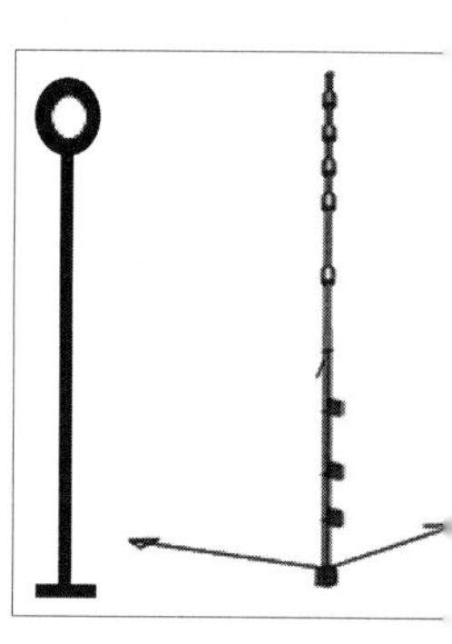
图 10-1　单质点和多质点模型

估计整个结构的自振频率。在 3D 坐标下，单质点具有 6 个自由度，包括 3 个平移自由度和 3 个转动自由度。一个房屋结构的单质点模型，通过手算或反应谱法这类简单的运算，就可以得到最先的 6 个自振频率（或周期）。

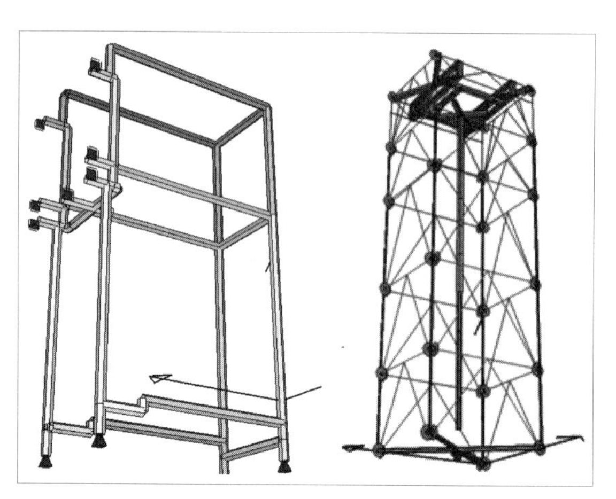
图 10-2　三维多质点杆件模型

这对判断结构的基本性能很有帮助。有助于在设计早期就判断结构太刚还是太柔，从而决定横向抗侧力结构应当减弱还是增强，不必等详细计算后再调整结构布置。这对结构的概念设计和结构工种与建筑等其他工种的配合有重要意义。

构建单个杆件要指出以下几点：

1）杆件的刚度

截面受弯刚度是 EI，若杆件长度是 L，杆件的线刚度 $k = EI/L$，与杆件的长度和约束条件有关。截面的受拉压和受剪刚度是 EA 和 GA。

这里只补充两点：

一是剪切型的框架结构的等效截面，如果要和弯曲型的剪力墙或筒体融合在一起，就要计算它的等效截面（图 10-3）。

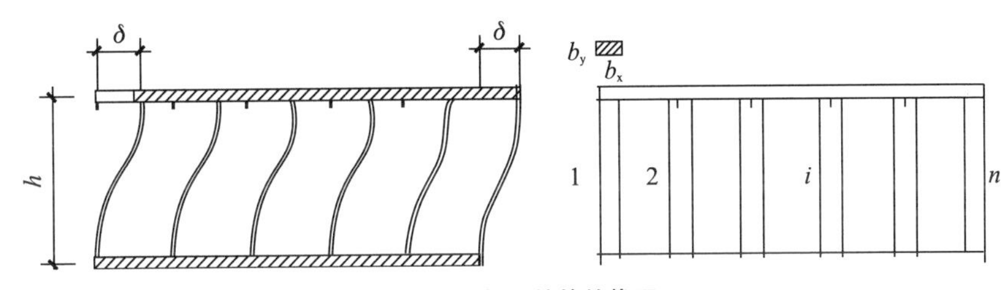

图 10–3　框架的等效截面

设等效抗剪截面为 A_{se} 可以近似地计算如下，其中，抗剪截面为 A_s，柱截面为 b_x 和 b_y。

$$\delta = \frac{h^3}{n12EI} + \frac{h}{nGA_s} = \frac{h}{GA_{se}}$$

$$\frac{h^3}{12n\dfrac{Eb_y b_x{}^3}{12}} + \frac{h}{n\dfrac{Eb_y b_x}{2\times(1+0.2)}\times 0.8} = \frac{h}{\dfrac{E}{2\times(1+0.2)}A_{se}}$$

$$\frac{h^2}{nb_y b_x{}^3} + \frac{3}{nb_y b_x} = \frac{2.4}{A_{se}}$$

$$A_{se} = \frac{2.4nb_y b_x{}^3}{h^2 + 3b_x{}^2}$$

这个框架的等效抗剪截面 A_{se} 可以加入剪切型的剪力墙等结构的抗剪截面，形成总的杆件抗剪刚度。

二是抗扭刚度的估算。图 10-4（a）为开口无盖的墙体；图 10-4（b）为闭口无盖的墙体；图 10-4（c）为开口有盖的墙体，即在受扭时可以传递剪力。它们的抗扭刚度可以分别计算如下：

（1）开口无盖的墙体：$I_t = \frac{1}{3}\sum h_i t_i^{\ 3}$，式中，$h_i$ 是墙肢的深度，t_i 是它的厚度。

（2）闭口无盖的墙体：$I_t = \dfrac{4b_x b_y}{\dfrac{1}{b_x}\left(\dfrac{1}{t_1}+\dfrac{1}{t_2}\right)+\dfrac{1}{b_y}\left(\dfrac{1}{t_3}+\dfrac{1}{t_4}\right)}$

（3）闭口有盖的墙体：$I_t = \sum A_i r_{si}^{\ 2}$，式中，$A_i$ 是各肢墙体的面积，r_{si} 是各肢墙体与这一群墙体重心的距离。

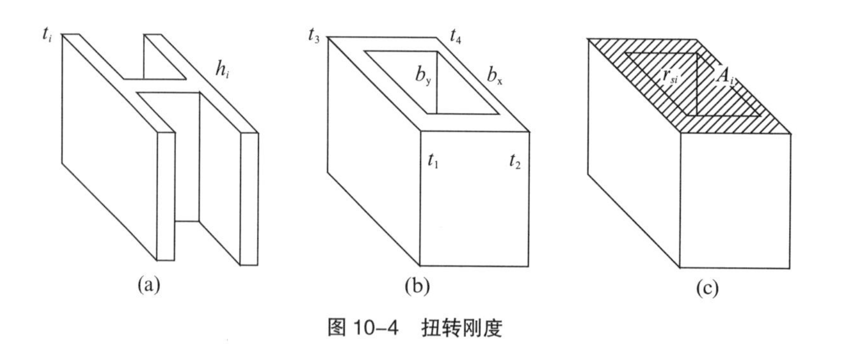

图 10–4　扭转刚度

另外，对于上部结构刚度很大的结构，例如，核反应堆的安全壳或水塔之类的构筑物，简化成单质点或多质点的模型，也是可行的。因为头几个对能量贡献最大的自振周期都是由地基引起的。

2）手算自振频率（或周期）的方法

自振频率 f_i 为（其倒数为周期 T）：

$$f_i = \frac{1}{2\pi}\sqrt{\frac{k_i}{m_i}} = \frac{1}{T_i}$$

式中，和 6 个自由度相应的不同的 m_i，即相应于 3 个平移自由度的质量（一般情况下，三向 m 是相同的）和 3 个转动惯量 $m_i r_i^2$，r_i 是质点和质心的垂直距离，在模型中，绕 xyz 三个轴的 r_i 可能是不同的。

相应于 3 个平移自由度的刚度 $k_i=EA$ 和 3 个转动刚度 $k_i=EI_i$。I_i 对 x 和 y 轴是抗弯惯矩 I_x 和 I_y，对 z 轴是抗扭惯矩 I_t。

单质点模型的第一频率，还可以用简化公式快速计算出来。假设结构模型是一根杆件，也可以看作一个弹簧。它的静力变形为u_{st}，在重力作用下：

$$u_{st}=\frac{mg}{k}$$

$$\omega^2=\frac{k}{m}=\frac{g}{u_{st}}$$

$$f=\frac{1}{T}=\frac{\omega}{2\pi}=\frac{1}{2\pi}\sqrt{\frac{g}{u_{st}}}\approx\frac{5}{\sqrt{u_{st}}}\quad（u_{st}\text{单位为 cm}）$$

这个公式也可以用于梁和板。譬如某结构顶点**等效静力**[①]下的位移是25cm，那么按上面的公式，f=1Hz，T=1s。这种快速估算结构第一频率的方法，往往被轻视，认为现在电脑和软件很发达，何必掌握这种老办法呢？其实不然。简单地估算，会使我们初步掌握结构的基本特性，很快检查复杂计算的结构有无颠覆性错误。这类概念设计的工具对项目负责人、主任工程师或总工程师尤其重要。

3）地基弹簧的设置

很多结构工程师在建立房屋结构模型时，把地基假设为固定端。这种假设对多高层建筑的初步设计问题不是太大，但对刚度很大的结构或上部结构相对于地基刚度更大的结构，地基假定为固定端就不合适了。

在静力作用下，地基基础可以折算成圆形，并假定是半无限弹性地基上的刚性基础。边长为$2b\times 2l$的方形基础，其折算半径是：

$$r=\sqrt{\frac{4bl}{\pi}}$$

基础的静力刚度k_{st}为

水平向（x，y）：$\dfrac{8Gr}{2-v}$

垂直向（z）：$\dfrac{4Gr}{1-v}$

倾覆（绕x，y）：$\dfrac{8Gr^3}{3(1-v)}$

扭转（绕x，y）：$\dfrac{16Gr^3}{3}$

① 等效静力：由于动力计算相当复杂，在简化计算时，往往根据经验（或规范建议）把静力乘上一个动力系数，近似地把动力简化为等效静力。

式中，G 为剪切模量，$G=\dfrac{E}{2(1+v)}$；v 为泊松比。

基础的主要计算参数如表 10-1 所示。

表 10−1　基础的主要计算参数

参数		湿容重 γ /（kN·m^{-3}）	饱和容重 γ' /（kN·m^{-3}）	静弹性模量 E_{st} /（MN·m^{-2}）	动弹性模量 E_{dy} /（MN·m^{-2}）	泊松比 v	动剪切模量 G_{dy} /（MN·m^{-2}）	压缩波速 v_k /（m·s^{-1}）	剪切波速 v_s /（m·s^{-1}）
1	砾石	16~24	9.5~14.5	100~300	300~800	0.30~0.40	110~310	500~2 000	180~550
2	砂	16~22.5	9.5~13	40~200	150~500	0.30~0.40	50~190	150~1 000	100~250
3	淤泥	17~21	8.5~11	3~8	30~100	0.35~0.45	30~100	—	—
4	黏土	16.5~22	7.0~12.0	3~50	30~500	0.35~0.45	10~190	750~1 900	70~340
5	岩石	—	—	—	—	0.15~0.25	—	4 000~6 000	—

由表中可见各类地基的计算参数差别极大。具体的工程应当关注地质资料，但从表 10-1 可以得到概念并用于概念设计中的估算。砾石和砂与淤泥和黏土对比，弹性模量可以差 10 倍。在软土上的房屋，把基础当作固定端，误差更大。

对于动力（例如地震力）分析，地基基础的刚度会比静力作用下的刚度增大。例如对黏土，在短暂的动力作用下，黏土来不及进行固结过程，水分来不及排出，刚度因而较大。引进一个动刚度系数 k_d（表 10-2），可以初步估算地基刚度弹簧系数 k 如下：

水平向（x，y）：$k_h=0.5k_dA$；

垂直向（z）：$k_V=k_dA$；

倾覆（绕 x，y）：$k_k=2k_dI$；

扭转（绕 x，y）：$k_t=0.5k_dI_t$。

表 10−2　土的动刚度系数 k_d

地基类型	k_d/（kN·m^{-3}）
软地基，黏土、亚黏土、粉砂或Ⅱ、Ⅲ类地基	30 以下
中等地基，塑限以内的黏土、砂	30~50
硬地基，坚硬黏土、砾石、粗砂、黄土	50~100
岩石地基	100 以上

4）阻尼的选取

有些结构工程师在建立房屋结构模型时，并不重视阻尼的选取，也不清楚阻尼对动力分析影响之大。考虑阻尼的动力方程是：

$$M\ddot{u}+c\dot{u}+ku=0$$

式中，c 是阻尼系数，令 c_{k} 为临界阻尼系数，$\xi=\frac{c}{c_{\mathrm{k}}}$称为阻尼比，反映了材料的黏滞阻尼，如表 10-3 所示。

表 10-3　阻尼比 ξ

建筑材料	阻尼比 ξ	
	弹性范围	弹塑性范围
钢筋混凝土	1%~2%	7%
预应力混凝土	0.8%	5%
钢结构（螺栓）	1%	7%
钢结构（焊接）	0.4%	4%
木结构	1%~3%	—
砖石结构	1%~2%	7%

由此也得到阻尼系数 c：

$$c=2\xi\sqrt{mk}=2\xi\cdot\frac{k}{\omega}=2\xi m\omega$$

考虑阻尼的结构频率会变小：

$$\omega_{\mathrm{d}}=\omega\sqrt{1-\xi^2}$$

对于多质点体系，方程是：$[M]\ddot{u}+[c]\dot{u}+[k]u=0$。

这就需要分别建立质量矩阵$[M]$、阻尼矩阵$[c]$和刚度矩阵$[k]$。

阻尼是结构振动过程中能量耗散的指标。结构阻尼由材料和体系中连接点的内摩擦引起。它与结构的反应频率无关。而结构在流体中振动时阻尼与速度成正比，称作黏滞阻尼，阻尼系数就是上面说的 c。在给定的频率下结构阻尼和黏滞阻尼等效，如图 10-5 所示。

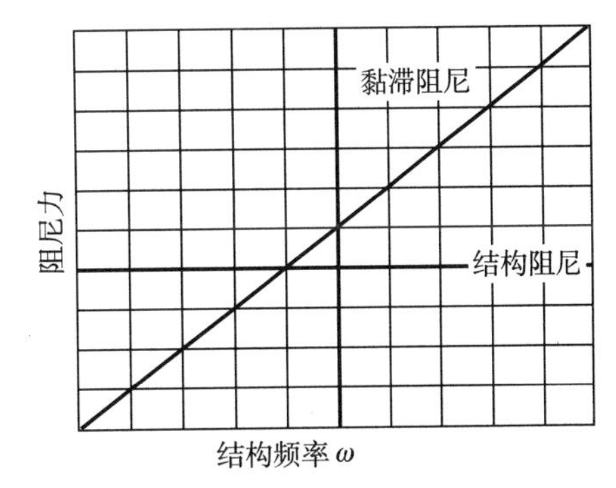

图 10-5　黏滞阻尼和结构阻尼与频率的关系

设结构阻尼系数为 g，在两条曲线相交的频率 ω 下，$gk=c\omega$：

$$\xi = \frac{c}{c_{\mathrm{k}}} = \left(gk\sqrt{\frac{m}{k}}\right)\left(\frac{1}{2\sqrt{km}}\right) = \frac{g}{2}$$

在有限元法计算中，利用模态分析和叠加，把任何振动分解成一系列 n 个振型。结构反应变成一系列特征矢量的线型叠加，求解 n 个不耦合的线型方程。对于比较均匀的结构，常常采用瑞利阻尼（Rayleigh 阻尼），采用两个阻尼常数 α 和 β。

$$[C] = \alpha[M] + \beta[K]$$

设 ω_i 为模态 i 的圆频率，α 和 β 满足以下关系：

$$\xi_i = \frac{\alpha}{2\omega_i} + \frac{\beta\omega_i}{2}$$

式中，α 是与质量或内耗有关的阻尼；β 是与刚度即结构的阻尼。

（1）质量阻尼常数 α

极端的情况是当一个刚体浸在油中，此时：

$$\beta=0$$

由此

$$\xi_i = \frac{\alpha}{2\omega_i}$$

或

$$\alpha = 2\omega_i\xi_i = 4\pi f_i\xi_i$$

给定一个 α 阻尼常数，因此阻尼比 ξ_i 就是相应的频率的倒数。

由此可知，低频时质量阻尼大，而高频时质量阻尼低。可以用能量贡献最大的那个频率来定出系数。

（2）结构阻尼常数 β

这是结构的固有阻尼。在大多数实际问题中，忽略质量阻尼，即：

$$\alpha=0$$

由此

$$\xi_i = \frac{\beta\omega_i}{2}$$

或

$$\beta = \frac{2\xi_i}{\omega_j} = \frac{\xi_i}{\pi f_i}$$

式中，$\omega_i=2\pi f_i$，f_i 为自振频率。

给定一个 β 阻尼常数，因此阻尼比 ξ_i 就是相应与频率成正比。

由此可知，低频时结构阻尼小，而高频时结构阻尼高。

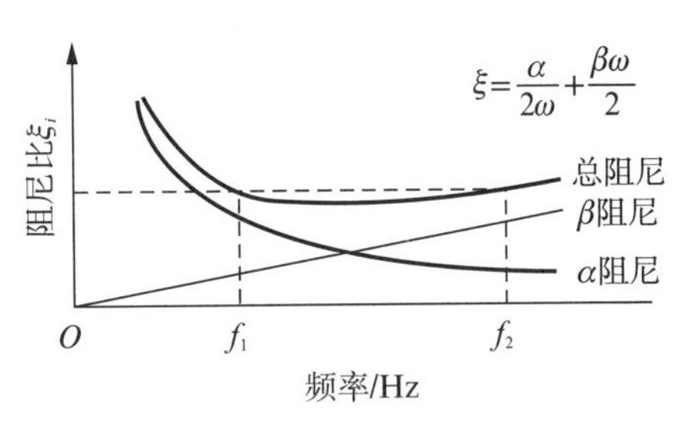

图 10–6　阻尼系数 α，β 和频率的关系

从图 10-6 中可以看出，选定适当的阻尼比 ξ_i，会在曲线上和两个不同频率f_1及f_2相交。

$$\frac{\alpha}{4\pi f_1}+\beta\pi f_1=\xi_i$$

$$\frac{\alpha}{4\pi f_2}+\beta\pi f_2=\xi_i$$

由此求出 α 和 β，然后便可确定各阶振型模态的阻尼比。对于均匀结构（如均匀的高层建筑）往往用对能量耗散贡献大、最前面的两个频率来确定。大跨桥梁、桥塔和桥面的频率相差很大，针对不同的分析对象，就要选用不同部位的频率。对于核电站安全壳这样上部结构刚度极大的系统，基础对能量的耗散十分重要。确定基础在平移、垂直、倾转和扭转时不同的阻尼比，就显得更为重要。图 10-7 是地基各向阻尼和**黏滞阻尼**[②]与频率的关系的示意图。由此我们可以定性地了解，地基的垂直阻尼最高，且随频率的增长提高最快。其次是两个水平位移方向的阻尼，它们随频率增长不那么快。再次是绕两个水平轴的转动阻尼，而扭转阻尼最小。而黏滞阻尼只与速度有关，与频率无关。

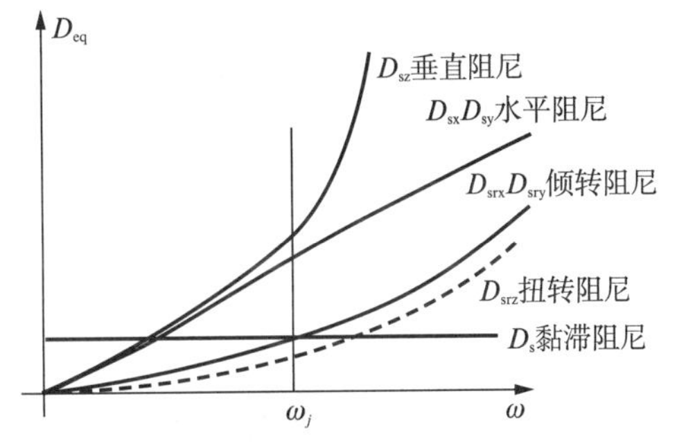

图 10–7　地基各向阻尼和黏滞阻尼与频率的关系

工程师对于如何处理电脑取得的大量数据，要有清醒的认识。应当综合运用力学和结构的知识，理顺思路，才能在设计中抓住重点，不为纷繁

---

② 黏滞阻尼（viscous damping），阻尼是指振动系统，因材料内部内摩擦引起的能量耗散而造成振动幅度逐渐下降的特性。黏性阻尼是指当振动速度不大时，由于介质黏性引起的阻力近似地与速度成正比，即 $F=-cv$，这样的阻尼称为黏性阻尼或线性阻尼。系数 c 称为黏性阻尼系数（简称阻尼系数）。钢筋混凝土、钢或地基土壤这些材料都并不是典型的黏性材料，采用黏滞阻尼，是为了简化而用的近似方法。

的数据所迷惑，也不遗漏大量数据中包含的要素。在深入的学习和应用时，能得其门而入。

结构的杆系和三维模型

随着计算机运算速度和储存能力逐年成指数形式增长，结构的计算模型也越来越逼真。对于土木工程、建筑结构而言，往往节点和杆件数量庞大，难以达到也没有必要达到仿真的地步，但细致描绘结构每个梁、板等构件的三维模型已普遍应用。下面举一些笔者建立或参与的模型作为实例（图 10-8、图 10-9）。

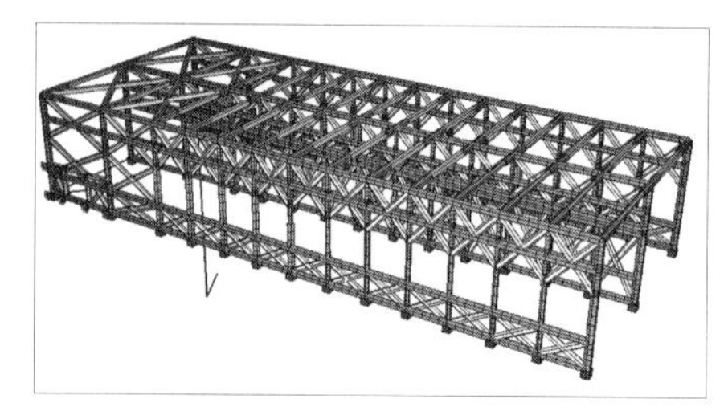

图 10–8　三维杆件模型

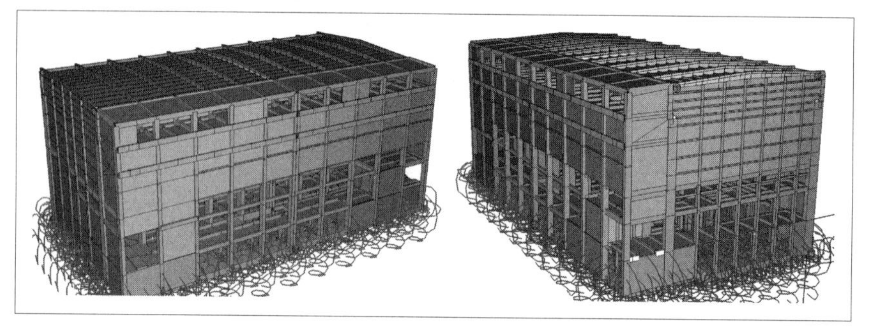

图 10–9　三维梁板模型

对于自由度庞大的结构模型，进行模态分析时必须选取足够振型，否则无法包括许多反映构件局部振动的振型，在用有限元法自动计算内力配筋时，这些构件的受力会被低估。尤其是竖直方向的振动，往往在高振型中才能体现，特别是柱这类竖直构件（图 10-10）。对于高层建筑，应当注意这个问题。

利用结构模型，可以得到各种设计数据，包括内力和变形。对高层建筑（图 10-11）而言，层间位移十分重要，在上述结构模型的计算结果，楼层 i 的层间位移与其上相邻楼层 $i+1$ 的层间位移的比例小于 1.3， 而楼

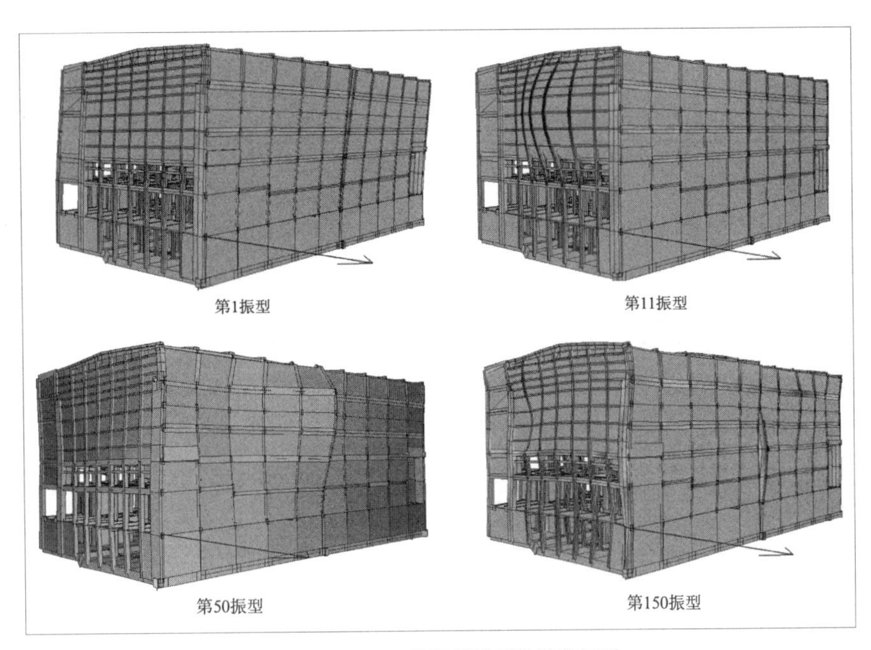

图 10-10　三维梁板模型的某些振型

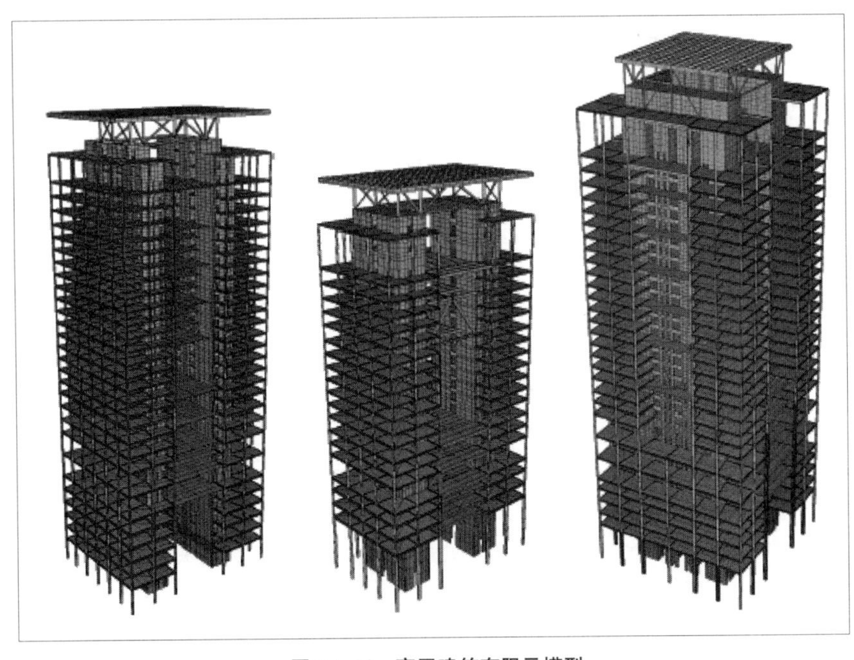

图 10-11　高层建筑有限元模型

层 i 的层间位移与其上相邻三层楼层 $i+3$ 的层间位移平均值的比例小于 1.2（图 10-12）。在概念设计和初步设计阶段，如果计算结果显示层间位移过大，就还需要加强薄弱环节或修改结构布置（图 10-13）。

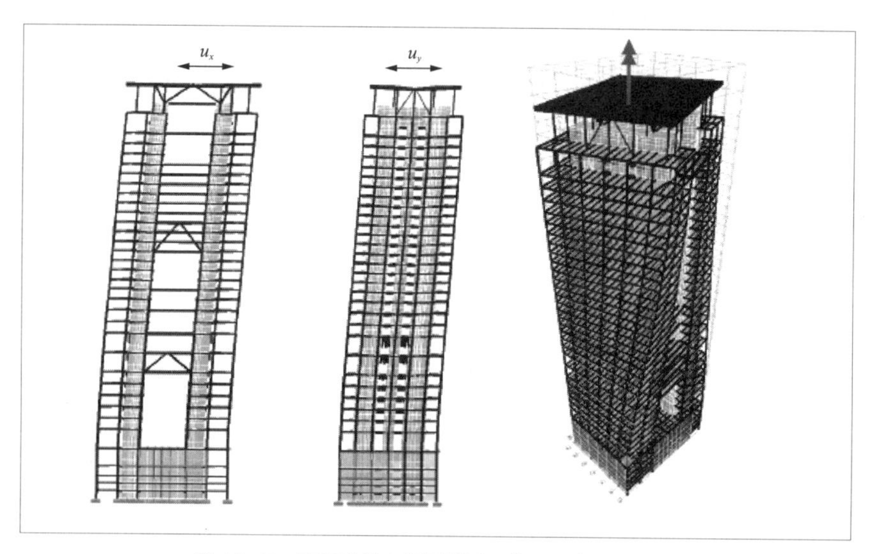

图 10-12　高层建筑有限元模型三个不同方向的变形

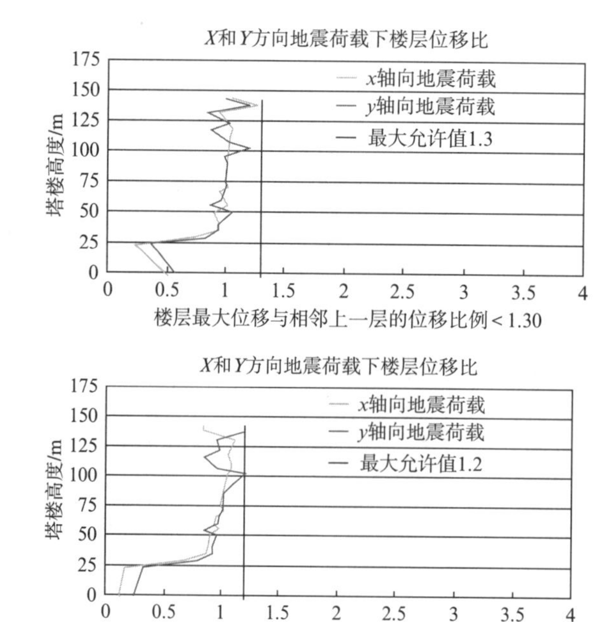

图 10-13　高层建筑有限元模型的层间位移

图 10-14 是平板结构的内力和变形，从色彩看出它的应力分布，其变形当然是放大了许多倍，使之显而易见。图 10-15 是较复杂结构的有限元单元划分。

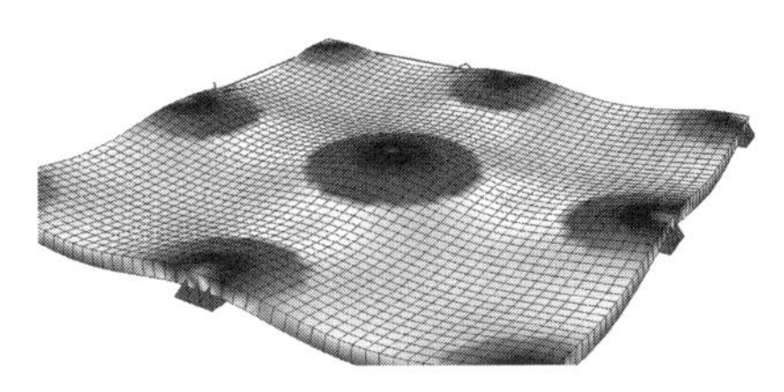

图 10-14　平板结构的内力和变形

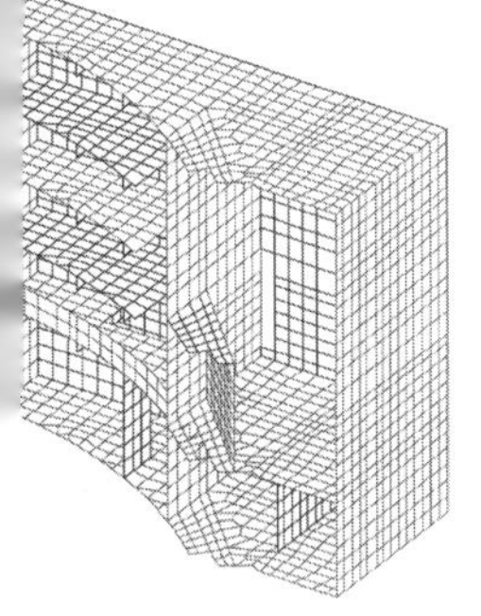

10-15　复杂结构的有限模型

现在建立复杂结构的有限元模型（图 10-15），通常都直接从三维 CAD 建筑模型直接转换而成。但这么做，编码系统很乱，很难控制。如果要局部修改模型，往往只好先修改 CAD 模型，从头做起。而且要寻找某处的参数，如内力、变形，也十分困难。笔者喜欢使用自己的编码系统，把节点编码和三维坐标联系起来。例如设一个 6 位数编码系统（可按模型大小调整每向坐标的位数如 *zyyx* 等等）：*zzyyxx*，*zz* 是按 *Z* 方向的顺序编排，可以到 99 个节点，*yy* 是按 *Y* 方向的顺序编排，可以到 99 个节点，*xx* 是按 *X* 方向的顺序编排，可以到 99 个节点，最多共可容纳近 100 万个节点，而单元编号是依赖节点编号的。这样可以立刻找到百万个节点和单元的每一个。使全部数据变得即时可读，也便于对模型的任何部位进行调整修改，包括开洞。笔者运用这种编码系统，建立过 10 万个以上节点的模型，操作和识别非常方便。

对于特种结构，如图 10-16 所示的核电站安全壳或图 10-17 的隧道结构，它们的边界条件特别重要，包括它们的刚度和阻尼的设置，会很大程度上影响计算结果。

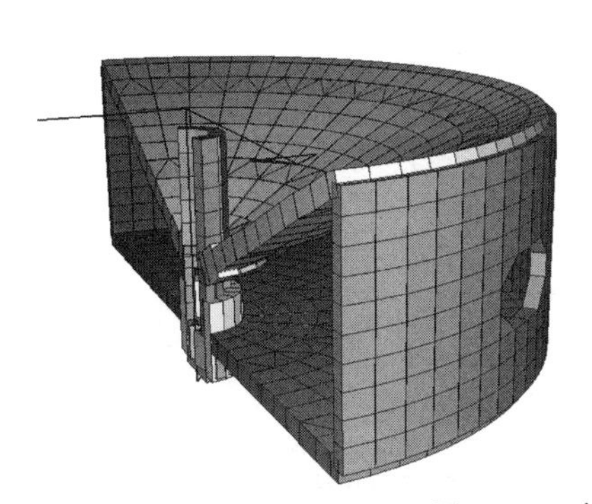

图 10-16　核电站安全壳模型

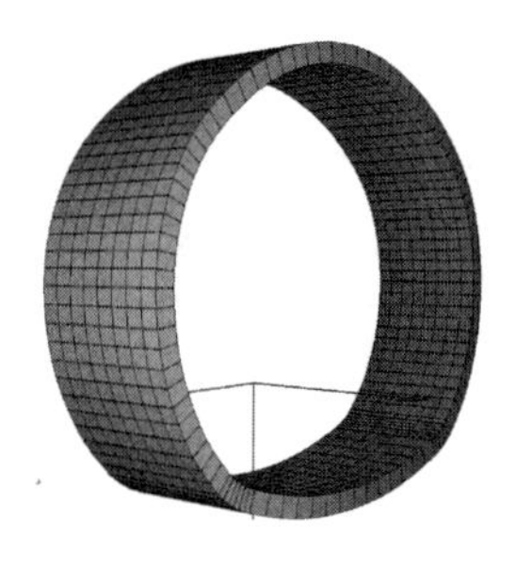

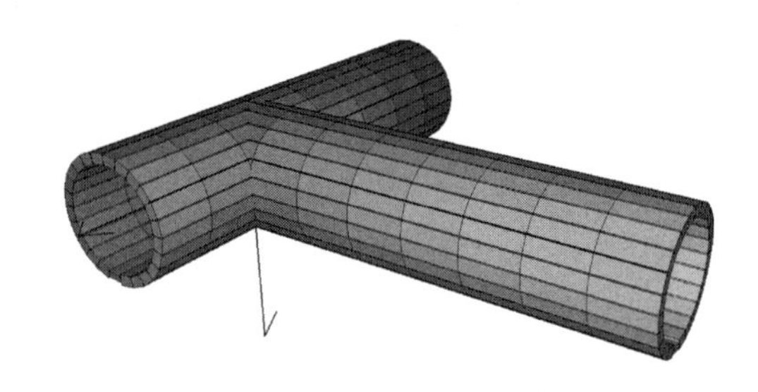

图 10-17　隧道结构模型

单独基础的计算模型

单独柱下基础的应用十分广泛，矩形基础底板的计算简图如图 10-18 所示。但是这种从 20 世纪 50 年代以来沿用的计算简图却是不正确的。问题出在对单独基础破坏模式的假定。简图中四个梯形分割的模式与试验结果不符。那种梯形的破坏线，并不会出现。单独柱下基础的极限破坏线的形式，与平板体系柱子周围的**冲切**[③]线以及平板的双向受弯时的破坏形式很相近。

在其他很多国家的规范中，采用另外的计算简图。图中把基础按荷载所在位置分为 5 个区，如图 10-19 所示。这两种计算结果最大的区别是弯矩和配筋分布不同。特别是对于双向偏心的基础，设计配筋的结果有明显

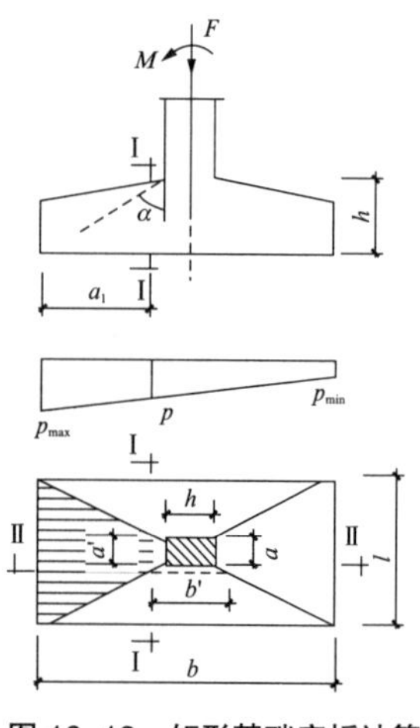

图 10-18　矩形基础底板计算简图

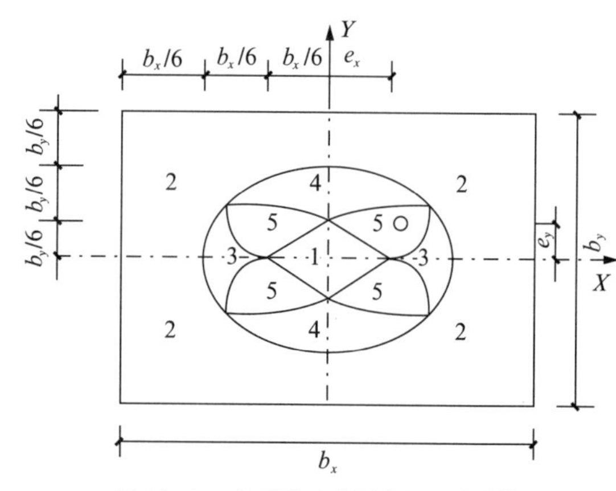

图 10-19　矩形基础底板的另一种计算简图

的变化。

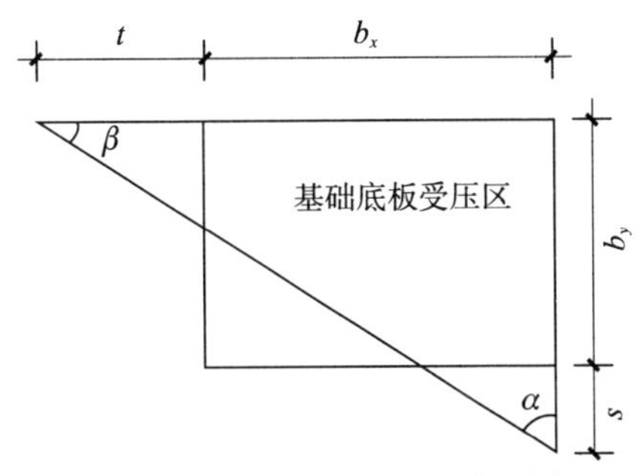

图 10-20　双向受弯的矩形基础底板

笔者针对这种简图作了详细的推导，并且编制了面向对象的计算模块。

柱下单独基础，事实上存在两个核心区。当外荷载位于在第一个核心区，整个基础都处于受压区。第二个核心区是一个椭圆，不超出这个基础底面，基础与地基分离的面积就不至于太大，如图 10-20 所示。作为欧洲规范 DIN EN 1997—1（EC7）在德国的相应规范 DIN1054，规定基础必须符合以下限制条件：

$$\left[\frac{e_x}{b_x}\right]^2+\left[\frac{e_y}{b_y}\right]^2\leqslant\frac{1}{9}$$

图中的参数间有如下的关系：

$$s=\frac{b_y}{12}\left(\frac{b_y}{e_y}+\sqrt{\frac{{b_y}^2}{{e_y}^2}-12}\right)$$

$$\tan\alpha=\frac{3}{2}\,\frac{b_x-2e_x}{s+e_y}$$

$$t=\frac{b_x}{12}\left(\frac{b_x}{e_x}+\sqrt{\frac{{b_x}^2}{{c_x}^2}-12}\right)$$

$$\tan\beta=\frac{3}{2}\,\frac{b_y-2e_y}{t+e_x}$$

下面按五个不同分区，考虑各种工况。

第一区：柱子传来的外力位于第一区，即核心区。小偏心，包括中心受压。

工况 1-1，$e_x=0, e_y=0$；

③ 冲切：冲切和剪切是斜截面破坏的两种形式。剪切大多用在弯剪联合作用的构件。冲切大多用于集中力很大，主要考虑剪切的构件。剪切的破坏面，通常简化为一个平面，而冲切的破坏面往往取出一个立体的锥形面。例如无梁楼盖，在柱和板的交接处，需要验算柱帽的冲切。而对于作为受弯构件的板，不论用计算还是构造措施，都应当保证它不会剪切破坏。

工况 1-2，$e_x=0, e_y \leqslant \frac{b_y}{6}$ 或 $e_y=0, e_x \leqslant \frac{b_x}{6}$；

工况 1-3，$e_x=0, e_y \leqslant \frac{b_y}{6}-\frac{b_y \cdot e_x}{b_x}$ 或 $e_y=0, e_x \leqslant \frac{b_x}{6}-\frac{b_x \cdot e_y}{b_y}$。

第二区：柱子传来的外力位于第二区，即边沿区，在第二个核心区的椭圆范围之外。此时偏心太大，使基础与地基脱离的部分过大。只能加大基础尺寸。工况 2 是不容许的。

$$\left[\frac{e_x}{b_x}\right]^2+\left[\frac{e_y}{b_y}\right]^2>\frac{1}{9}$$

而第三、四、五区都在第二核心区的椭圆范围以内，都满足以下条件，此外各区还有各自的条件。

$$\left[\frac{e_x}{b_x}\right]^2+\left[\frac{e_y}{b_y}\right]^2 \leqslant \frac{1}{9}$$

第三区：

工况 3-1，$\frac{b_x}{6}<e_x \leqslant \frac{b_x}{3}$ 且 $e_y=0$；

工况 3-2，$t \leqslant \frac{b_x}{2}$ 且 $s>\frac{b_y}{2}$。

第四区：

工况 4-1，$\frac{b_y}{6}<e_y \leqslant \frac{b_y}{3}$ 且 $e_x=0$；

工况 4-2，$s \leqslant \frac{b_y}{2}$ 且 $t>\frac{b_x}{2}$。

第五区：

工况 5，$s>\frac{b_y}{2}$ 且 $t>\frac{b_x}{2}$。

双向受弯的矩形基础底板的压力分布如图 10-21 所示，压应力的大小 S 和压应力与其分布面积 A 的积分 V 成为压力，它们都可以求得。然后得到 X 和 Y 方向的中心坐标 X_s 和 Y_s：

$$
\begin{aligned}
& A_{23}=(s_2+s_3)/2b \\
& A_{41}=(s_4+s_1)/2b_1 \\
& A(x)=A_{41}+x(A_{23}-A_{41})/a
\end{aligned}
$$

$$V=\int_0^a A(x)\mathrm{d}x=a(A_{23}+A_{41})=a[(s_2+s_3)b+(s_1+s_4)b_1]$$

$$S=\int_0^a A(x)x\mathrm{d}x=a^2(2A_{23}+A_{41})/6$$

$$\begin{aligned}x_s&=S/V=a(2A_{23}+A_{41})/[3(A_{23}+A_{41})]\\&=A[2(s_2+s_3)b+(s_1+s_4)b_1]/\{3[(s_2+s_3)b+(s_1+s_4)b_1]\}\end{aligned}$$

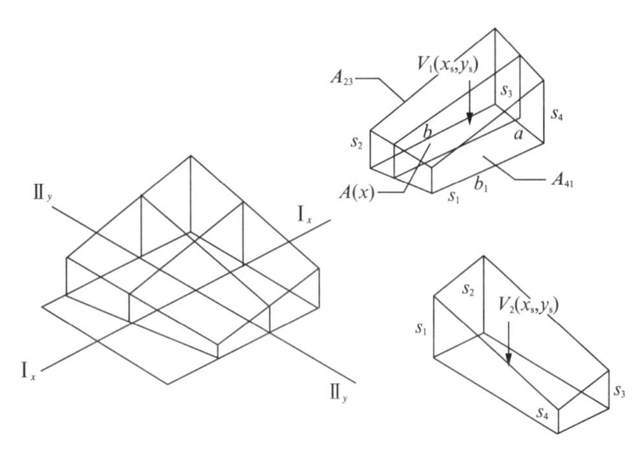

图 10-21　双向受弯矩形基础底板的压力分布

同理可得 Y_s。

最后得到了两个方向的弯矩：

$$M_{xx}=V_1\cdot X_s$$

$$M_{yy}=V_2\cdot Y_s$$

这种计算方法接近实际，但较为复杂。笔者在推导原理的基础上编制了计算模块，得到了一定程度的推广应用。解出大量例题，和 DIN1045 的结果相符。图 10-22 是一个单向偏心基础的内力和配筋，配筋的分配和我们现行规范不同。

这种计算方法在欧洲广泛应用，笔者所编的模块也应用于许多工程，例如柏林附近巨大的 Cagolift 机库（货运航空器即飞船）如图 10-23 所示，也曾使用这种方法。该机库跨度达到近 200m，基础为双向偏心。

本书介绍单独基础的另一种计算方法，是想请读者注意，沿用已久的规范方法并非一定就是唯一的真理。了解其他成熟的理论，会有助于我们

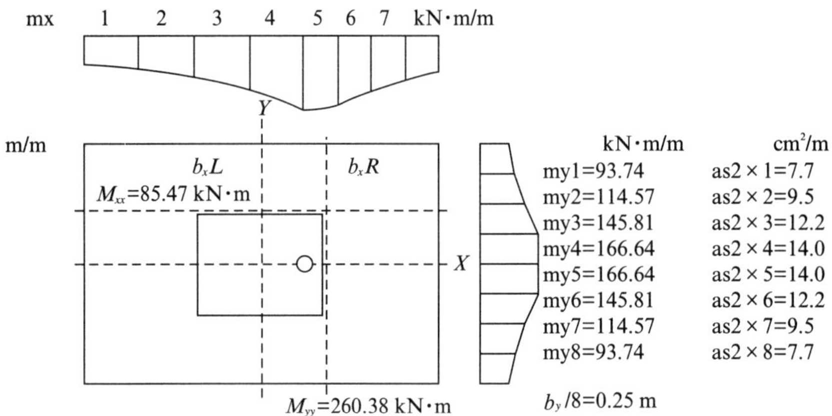

图 10–22 单向受弯矩形基础底板的弯矩和配筋

图 10–23 Cagolift

提高设计水平。运用这种理论，至少从概念上掌握一些原则：如单独基础有两个核心区，在边长 b_x 和 b_y 的 1/6 以内为第一核心区，外荷载在此区域内，整个基础全部受压。第二核心区为一个椭圆，外力的偏心距 e_x 和 e_y 必须满足以下条件：

$$\left[\frac{e_x}{b_x}\right]^2+\left[\frac{e_y}{b_y}\right]^2\leqslant\frac{1}{9}$$

否则必须更改基础尺寸。此外，基底的弯距并非均匀分布，应当是靠近柱子配置更多的钢筋。冲切同样重要，也包含在笔者的模块中。但冲切与大家熟知的方法没有根本区别，这里就不再赘述。

箱形基础与地基的共同工作

桩基和箱形基础的模型化也是需要重视的课题。关键问题之一是如何充分利用地质勘探资料。有时工程师从大量的地质资料中只取用了少量数据，就去制作结构模型。即使不把地基当作嵌固端，也未充分考虑地基参数在其三维空间中的复杂变化。这对刚度和尺度都很大的箱形基础尤为重要。

举一个结构和地基共同工作的例子，某大型钢铁厂的热轧车间，在钢结构厂房下面是长度近 500m 的连续无缝箱形基础。而地基的情况很复杂，

	γ kN/m²	f_k kN/m²	E_s MN/m²	κ_0	μ	ϕ	C kN/m²	N
Qm1	19.0	110.0	4.0	0.53	0.35	16.0	22.0	7.25
	18.0	250.0	16.0	0.30	0.23			
Qal4-3	19.0	110.0	4.0	0.60	0.38	13.0	25.0	3.40
	19.3	165.0	6.5	0.45	0.31	20.0	26.0	6.17
Qal4-2	19.5	180.0	7.0	0.40	0.29	19.0	45.0	8.58
	19.6	300.0	12.0	0.35	0.26	20.0	60.0	11.66
Qal4-1	19.0	120.0	4.0	0.60	0.38	13.0	25.0	6.50
	19.5	200.0	7.0	0.40	0.29	20.0	43.0	
Qa13	19.5	250.0	10.0	0.40	0.29	20.0	54.0	10.55
	19.8	450.0	14.0	0.33	0.25	21.0	70.0	16.86
Qa12	19.8	450.0	15.0	0.33	0.25	20.0	75.0	19.33
Qal	19.4	400.0	13.0	0.33	0.25	20.0	63.0	19.53
S-$D_{\gamma3}$	20.7	500.0	25.0		0.20			
S-$D_{\gamma2}$	23.5	1 200.0	260.0		0.12			

图 10–24　地基一个钻孔的参数

不但在平面各处地质情况差别很大，而且各点不同深度的数据也在变化。为此打了 200 个很深的钻探孔。问题是如何全面反映这些海量的数据，使模型尽量反映地基的真实情况。笔者用以下步骤，建立了有限元模型，把全部 200 个钻孔数据都运用到模型中，建立相应的弹簧。解出的结果，不仅有各种工况的沉降数据，而且也有弯矩、剪力的数据。用各种内力组合的内力的包络图求出配筋，再考虑构造要求，做出结构设计。如果把上部结构的模型连上去，就可以算出全部结构的上下部共同工作的结果，而且不但可以进行静力分析，也可以进行动力分析。图 10-24 表示一个钻孔的参数，图 10-25 是一个地质剖面的参数。

图 10-26 是箱形基础的有限元模型，图 10-27 是在考虑了大量地质资料后地基与基础共同工作的基础沉降图，当然垂直尺度已经放大了很多倍。

这个基础模型某一纵向截面的弯矩、剪力和沉降数据如图 10-28—图 10-30 所示。

然后就可以得到这个截面的配筋，如图 10-31 所示。当然，工程师必须根据经验和构造规定对配筋加以合理的调整，并协调各截面的配筋，要便于施工，才能绘制施工图。

这类巨型箱形基础，以往通常的做法是设若干沉降缝，变成好几段。这样做不但难以限制各段间的相对沉降，而且容易渗水。另一种则是全面

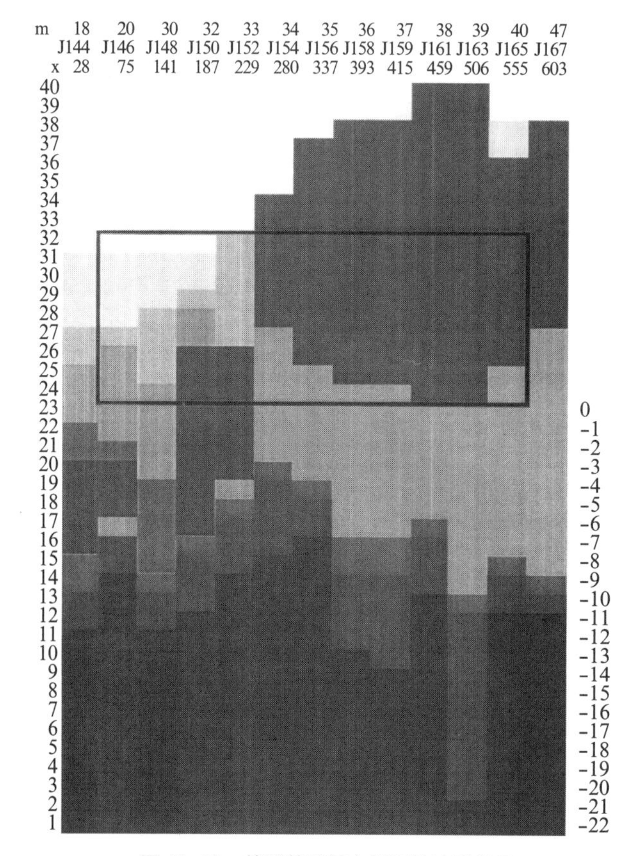

图 10-25　箱形基础某个剖面的地质状况

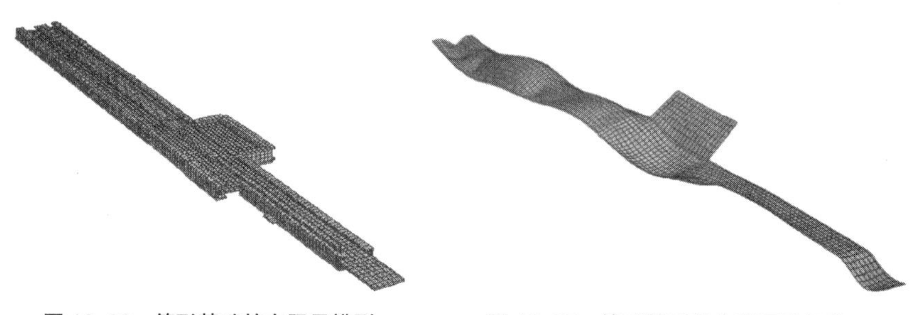

图 10-26　箱形基础的有限元模型

图 10-27　箱形基础某个截面的沉降

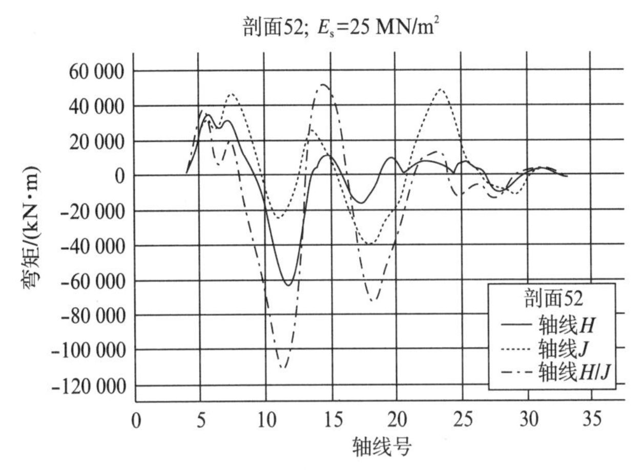

图 10-28　箱形基础某些截面的弯矩

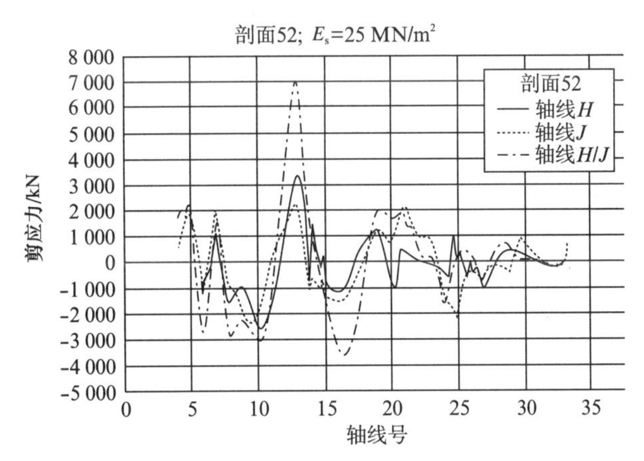

图 10-29　箱形基础某些截面的剪力

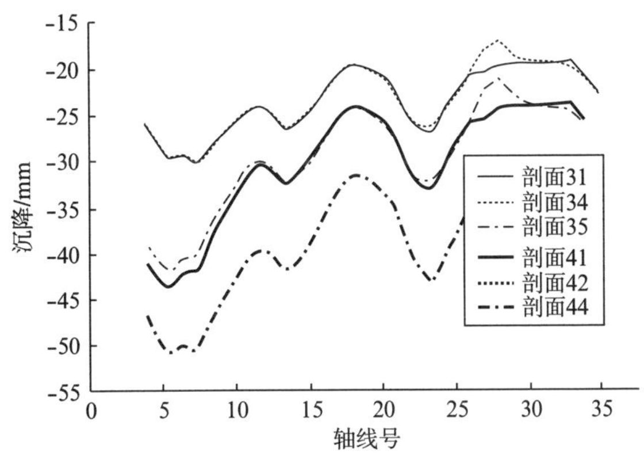

图 10-30　箱形基础某些截面的沉降

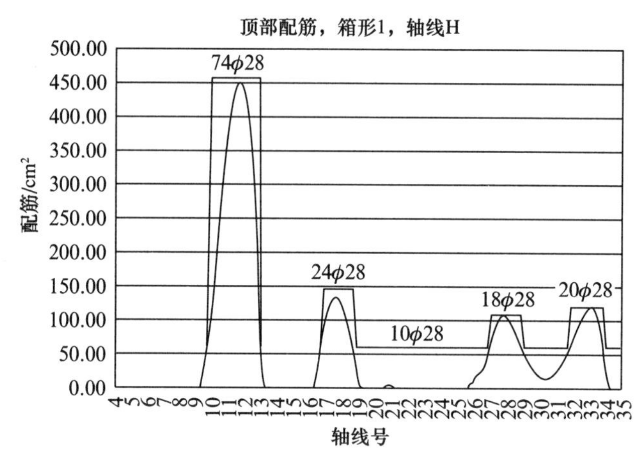

图 10–31　箱形基础某截面的配筋

打桩，这样做可以避免相对沉降，也能够把整个基础做成整体。但在大多数情况下，由于总荷载通过箱形基础传到地基，箱基像一条大船，其实是能够承受的。不打桩，省了造价和更为宝贵的工期。上述工程完工后，性能良好，基础的相对沉降得到有效控制，也是热轧钢材质量的一种保证。

力学和结构的理论可以直接运用到工程中去，而投入具体繁琐的工程实际，不能只跟着规范和老经验走，而与学生时代艰苦学习得来的理论知识渐行渐远。

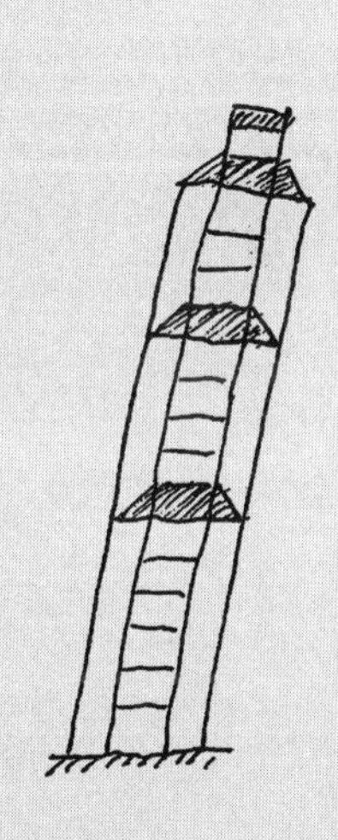

第十一讲　结构与设计

设计理念的回归—条理化—心中有数—切合实际与创新的设计概念

结构的概念设计是在计算机大行其道，设计人员过度依赖设计软件，渐渐变得知其然而不知其然之后，设计理念的回归。设计概念不能仅仅停留在模糊的理念层面，还要将其条理化、定量化，不仅对局部构件的尺寸心中有数，而且要把握全局，对整体选型要心中有数，提得出切合实际而又创新的设计概念。

设计理念的回归

工程结构的概念设计近年来很流行。其背景却与之相反，可称为计算机黑箱作业设计法。概念设计是设计理念的回归。我们的时代是电脑飞速发展的信息时代。英特尔（Intel）创始人之一戈登·摩尔（Gordon Moore）提出的摩尔定律认为，集成电路上可容纳的晶体管数目，约每隔18个月便会增加一倍，性能也将提升一倍，而其价格不变。事实上也果真如此。回忆起20世纪70年代，笔者用黑纸带、穿孔器去使用由占一栋房子的真空三极管装成的计算机，到今天已是天壤之别。因此就有了过分依赖电脑的设计方法。工程师成了电脑软件的操作员。现代房屋结构造价占总造价的比例越来越小，似乎结构工程师的发言权也相应缩小了。结构工程师等待建筑师给出了设计的图纸，照葫芦画瓢，甚至这一步也可以由电脑自动完成。然后结构计算模型就可以自动生成，有限元给出貌似精确的、要多少位小数就有多少位的结果。进入CAD绘图，也有大体自动的程序。然后图纸从打印机上源源不绝地流出来，真是现代化的流水线。结构工程师渐渐甘心成为流水线上的熟练工，大学和研究生阶段的十年寒窗，渐渐远去，成为昨日黄花。而结构设计也成了无法驾驭的野马，不再由工程师控制了。

不论是出于业主的无知或欲望，还是建筑师的灵感或狂想，结构工程师必须在一些勉为其难的方案上签字画押、终身负责。图11-1所举的例子，其形状、大小、高低大不相同，但在违反结构基本原理和让结构工程师承担巨大风险方面则是差不太多的。

概念设计一词，最早是从林同炎处学到的。笔者于1979年受托编写《预应力先生林同炎》一书，开始与林先生有较多的直接接触，他的智慧令人倾倒。书中有一段话，引用在这里：

“为防止地震破坏，在旧金山，一般要求13层以上的建筑物采用钢结构。然而这种认为只有钢结构高层建筑才能抗震的定论不断被事实所否定。其中最突出的例子是18层的美洲银行大厦。1972年2月23日，尼

图 11–1　头重脚轻的结构

加拉瓜的首都马拉瓜大地震，全城许多建筑变成一片废墟，死亡一万余人。然而美洲银行大厦蔚然独存（图 11-2）。这个建筑位于地震震中附近，就在它前面的街道上，地面上下错动了 1/2 英寸，但这个 18 层的大厦的损坏，仅限于电梯井壁联系梁开裂，是很容易修复的。事后加州大学伯克利分校的伯特罗（V. Bertero）教授对这座高层建筑作了详细的动态分析，证明了这座高层建筑具有一种巧妙的带有方向性的抗震性能。美洲银行是一幢

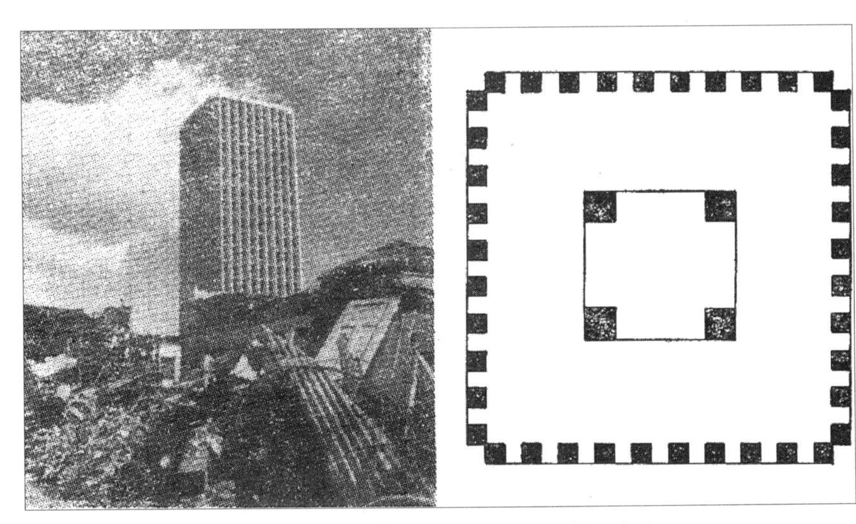

图 11–2　马拉瓜美洲银行在地震中鹤立鸡群

所谓框筒结构的建筑物，即外圈是排列很密的柱，而核心是由四个小的电梯或楼梯竖井连成的一个竖筒。

“地震有一个很奇怪的特性，就是‘服软不服硬’，一幢建筑愈是刚强，它所吸引的地震力就愈大，如果它比较柔软，吸引的地震力就会小得多。强烈地震袭来时，较柔的建筑好像打太极拳一样退让过去，以柔克刚，倒不至于垮掉。那么是不是把建筑物设计得愈软愈好呢？并不是。建筑物较柔，在平时刮大风或小地震时，就会发生过大的变形，尽管不会倒塌，但各种建筑装修和设备都会遭到破坏，所以理想的建筑结构应当‘随机应变’。平时刮风、小地震，刚度很大，巍然不动，而偶尔遇到难以预料的特大地震时，却会变得柔软，来个‘敌进我退’，保存有生力量，‘裂而不倒’。林同炎国际公司所设计的这幢 18 层高的美洲银行恰有这种刚柔并济的奇妙特点。这座大厦核心的竖筒由四个小筒组成，十分刚强。遇到特大地震时，联系梁进入塑性，作用甚微，使四个筒各自为政，房屋整体的总刚度一下子就减低很多，吸收的地震作用也相应减少很多。这就是美洲银行大厦在特大地震下得以保存的奥秘所在。这一设计思想，虽早已为人们所认识，但林同炎的实践，为人们的这一认识化为现实提供了宝贵的经验，赢得了世界的公认。现在这一结构工程抗震的新概念已逐步纳入规范了。”

在 1982 年，笔者因为同济大学引进地震模拟振动台而去美国，在旧金山拜访林先生，他把新著 *Structural Concepts and Systems for Architects and Engineers*（T.Y.Lin，S.D.Stotesbury）的英文初版签字送给笔者。笔者在以后的工作中，特别注意概念设计的重要性。

细想美洲银行的抗震性能优异，实在是概念设计的成功。伯特罗（Bertero）对该结构的动力分析是在震后才进行的。20 世纪 60 年代，计算机远不如今天发达，抗震设计的定量化计算也不像今天这样深入，概念设计更显得重要。林同炎和许多其他结构大师一样，用他们扎实的力学、结构理论基础，对结构本质的深刻认识和丰富的实践经验，在一幢建筑策划之初，就和建筑师一起，寻求建筑和结构的最佳配合，在大量计算之前就定性地预见到结构的主要性能，为以后的设计计算打下牢靠的基础。

林同炎已经去世，以他命名的设计事务所的总工程师邓文中主持设计了美国旧金山海湾大桥（图 11-3），在 2013 年通车。这个悬索桥的主要钢结构都是由上海振华重工（振华港机）制造的。它的钢塔由四个五边形钢筒组成，之间连以钢联系梁。在大地震下，较弱的联系梁进入塑性，钢塔变成四个分别工作的小塔。这一概念，也许与美洲银行一脉相承，但又进入更自觉和更定量的阶段，成为号称可以抵御 1500 年一遇的大震的主要措施之一。在桥梁建设中，结构所需造价依然占主导，桥梁结构工程师的发言权依然是决定性的。结构设计概念的高下，是桥梁设计成败的关键。有了高明的概念，才有先进的方案，才能进入设计计算。

图 11-3　旧金山海湾大桥的钢塔

概念设计的条理化

林同炎是最早大力提倡概念设计的先行者之一。他在关于概念设计的书的序言中首先提到，随着建筑设计和工程技术越来越复杂，建筑师和工程师从受教育开始就不是一条轨道上跑的车了，他们之间也出现了隔阂。他希望通过概念设计，在二者间搭起桥梁。书中分成三个部分：第一部分，结构工程师首先要弄清周边条件，和建筑及其他工种沟通，弄清地基和荷载；第二部分，水平和竖直构件的初步设计；第三部分，整个房屋结构体系的选型。

现在国内建筑结构设计主要分成以下几个阶段：

（1）概念方案阶段：主要作用是确定规划指标和拿地（用地许可证）。

（2）建筑方案阶段：规划报批（规划许可证）。

（3）初步设计阶段：（主要在公建，住宅很多都跳过这个阶段）；有些地区如上海已取消扩初，叫总体设计，但其他地方还有。

（4）施工图设计阶段：（施工许可证）。

对于结构工程师，在第（1）阶段和第（2）阶段都不动用计算机软件去进行结构计算。但必须进入结构概念设计，与建筑师和其他工种以及业主、施工单位互动、协调，融入项目之中。结构工程师千万不要误认自己的职责就是结构计算和出图，使用计算机软件。其实，结构工程师的能力高下先要看其概念设计的功力如何。这种功力的形成，一方面是靠经验的积累，另一方面是对学过的各种理论知识融会贯通、灵活运用。从初出茅庐，做具体的结构计算、绘图开始，若干年后经验渐渐积累，如果到此时，理论素养依然记忆犹新而且与实践结合，就能脱颖而出。反之，如果随岁月增长，经验增加而基本理论日渐忘怀，也许就只能原地踏步了。

设计是一个渐渐由抽象到具体、由模糊到清晰、由总体到细节的过程。建筑设计在各工种的互动中形成，而一旦形成，就要贯穿始终。概念设计也是相对于数值计算而言的，在较为宏观的层面把握工程的主要参数，而到精确计算时，不应出现颠覆性的变化。概念设计是综合了各种外界条件后，先从感性上形成设计概念，再逐步落实到定量的、理性的详细设计，最后物质化而完成工程项目。

我们可以这样概括概念设计的内容和步骤：

1）结构工程师和建筑师及其他工种的协调

（1）在房屋结构设计中，结构工程师必须一开始就参与建筑师的工作进程，理解建筑师的设计理念和意图，透彻了解建筑的功能或工艺要求。并提出相应的结构方案，同时从结构角度向建筑师指出某些构想的困难所在。逐步求得一致意见和建筑结构都合理而优化的方案。

（2）结构工程师同时还要和建筑师一起与其他工种协调，如暖气通风、节约能源、上水下水、强电弱电、智能建筑等，解决有关结构方面的问题，使建筑师综合形成该项目的初步方案。还要与施工工程师协调，设想项目地基基础和上部建筑的施工方案。

2）结构工程师必须掌握工程设计的约束条件

（1）自然条件，工程项目必须首先选定场地，然后必须掌握该地的工程地质情况、地下水位、风力、地震设防烈度等详细资料。对重大或超限工程，要进行针对该场地的地震危险性分析。有的还要做地震模拟振动台试验和建筑模型（包括周边环境）的风洞试验。

（2）规范条件，在不同的国家，有不同的规范。如涉外工程，就要掌握当地使用的规范。即使在中国国内，还有地方规范。例如上海就有多种地方规范。由此，结构工程师要列出该项目的各种荷载，如静荷载、活荷载、雪荷载、风荷载等。

3）结构工程师必须掌握结构的总体安全和稳定

（1）在建筑方案确定过程中，结构工程师要对一系列总体性问题给出判断。例如，天然地基能否承受整个建筑的重量？是否需要打桩？是否需要设置地下室？从结构角度看，地下需要多少层？对抗震的建筑，其平面和立面的不规则性是否超出规范容许范围？

（2）在建筑方案中保证结构的整体安全与稳定。例如，足够且不过多的横向抗侧力结构，建筑的总体形状保证不会整体倾覆，建筑形体不至于产生过大的扭转，建筑的长、宽对温度应力的影响，是否需要设置伸缩缝、沉降缝或抗震缝等。

4）结构工程师要在结构选型阶段兼顾结构与建筑的双赢

（1）在建筑方案的结构选型阶段，建筑师要尊重结构顾问工程师的意见，而不应为了片面追求形式而不顾结构的合理性，而结构工程师也不能只求结构合理而不顾建筑师创意的实现，选型阶段是建筑和结构的相互协调、相互妥协而争取双赢的过程。

（2）结构工程师需要掌握快速判断不同结构类型与特定项目匹配的可能性。例如高层建筑应当采用什么结构体系，如框架、框剪、框筒、筒中筒或巨型结构等，对大跨结构的选型需要更多的个性，如桁架、网架、壳体等都要和建筑师合作，做出建筑和结构都有创意的方案。这些就需要结构工程师能用经验、手算或简单的力学模型快速地比较几种结构形式的主要性能，作出选型的建议，了解几种不同结构形式间的优点和缺点。特别是地基基础的选型，不但关系重大，而且必须最先定案，才能及时开工。

5）结构工程师要能快速估算各种构件的基本尺寸

（1）在概念设计中，结构工程师需要提供各种构件的基本尺寸，例如水平构件：梁、板；竖直构件：柱、墙，还有十分重要的基础形式和基本尺寸。要结合场地勘探资料和建筑形体、总重选定基础形式，必要时提出进行试桩等先行工作。

（2）构件如梁、柱、板、墙厚等一般都根据与跨度的比例定出，也要参考已有工程的经验。但先例并非总是正确。在定构件尺寸时，必须勿忘基本原理，例如强柱弱梁，记住梁柱的强弱是强度问题，而力是按刚度分配的，梁柱尺寸决定了构件的刚度大小。此外，尽量避免短梁、短柱等。

设计的大局观——心中有数

概念设计也不能只停留在模糊的感性认识阶段，**不但要把该项目的外界各种限制条件加以条理化**，最好要把它们表格化。结构工程师要做到“**心中有数**”，就是量化的概念。例如某高层建筑把基本设计参数列表（表11-1）。

表 11-1　基本设计参数

序号（Number）	项目（Issues）	数据内容（Values）
1	设计基准期（Design reference period）	50 年
2	结构设计使用年限（Service Life）	100 年
3	耐久性（Durability）	50 年
4	建筑结构的安全等级（Safety grade of structure）	框架一级，剪力墙特一级（Frames：1/Shear Walls 1+）
5	基础安全等级（Safety grade of foundation）	一级（Ⅰ）

续 表

序号（Number）	项目（Issues）	数据内容（Values）
6	抗震设防类别（Seismic fortification category）	乙类（B）
7	地基基础设计等级（Design grade of foundation）	甲级（A）
8	抗震设防烈度（Seismic fortification class）	7度
9	设计基本地震加速度值（Design basic ground acceleration）	0.10 g
10	设计地震分组（Design seismic group）	一级（Ⅰ）
11	场地类别（Site category）	四类（Class Ⅳ）
12	特征周期（Characteristic period）	0.90
13	结构阻尼比（Structural damping）	0.04
14	地下室防水等级（Water resistance grade basement）	一级
15	建筑防火分类等级和耐火等级（Fire prevention and fire resistance grade）	一类一级（Class A, grade A）
16	防空地下室类别（Civil defense category basement）	甲级（Group A）
17	平战结合人防抗力等级（Civil defense load resistance grade）	核6级、常6级（Nuclear: 6，regular：6）

其余的条件，也要系统整理，列成表格，如基本荷载（各种材料的静荷载，各种房间的活荷载、风荷载、雪荷载、地下水上浮力，荷载组合），所依据的规范，结构抗震参数（等级、基本地震加速度、特征周期、场地类别、多遇地震和罕遇地震的地震影响系数曲线、时程分析法选用的加速度曲线），材料设计强度（钢筋、型钢、混凝土），场地地质条件（天然

地基或桩基的**持力层**①、桩型选择、基础与桩的布局及地下室的地基设计概念)。

其次，要把主要的设计概念条理化，最好也列出表格。

例如对于超限建筑，要根据规范把超限判断列出，如某高层建筑列表(表 11-2)。

表 11-2　超限建筑的不规则性

结构类型(Type of structure)		属于特殊结构类型(介于框架剪力墙和巨型结构之间)[Special type (between core-frame structure and mega-truss structure)]
高度(屋顶层面)[Height (Roof level)]		175 m < 180 m→okay
地下室深度(Depth of Basement)		26 m > H/20=8.75 m→okay
竖向尺寸比例(Vertical dimension ratio)		高宽比 175 m/54 m=3.2 < 7→okay(Height/Width)
平面尺寸比例(Horizontal dimension ratios)		长宽比 72m/54m=1.3 < 6→okay(Length/Width)
平面规则性(Plan Irregularity)	扭转规则性(Torsional irregularity)	< 1.2→Regular 规则
	凹凸规则性(Uneven irregularity)	<楼板总尺寸 30% 规则(< 30% of total floor size→Regular)
	楼板缺失(Partial discontinuity of floor slab)	<楼板总尺寸 30% 规则(< 30% of total floor size→Regular)
竖向规则性(Vertical Irregularity)	水平刚度规则性(Irregularity of lateral rigidity)	无软弱层规则(No weak story→Regular)
	水平承载构件不连续性(Discontinuity of lateral force-resisting component)	荷载传递连续(Continuous load transfer)
	楼层承载力不连续性(Discontinuity of story bearing capacity)	无软弱层规则(No weak story→Regular)

需要进行抗震性能设计的，也要把性能目标分析后列出，如表 11-3 所示。

表 11-3　抗震性能目标

地震烈度(Seismic Intensity)	常遇地震(Frequent Earthquake)	中度地震(Medium Earthquake)	罕遇地震(Rare Earthquake)
描述(Qualitative Description)	功能完善，无损伤(Completely functional, no damage)	基本功能，中度损伤可修复(Basically functional, medium damage, repairable)	保障生命，严重损伤(Safe for life, strong damage)
最大层间位移(Max. Inter-story drift)	h/800 (H < 150m) h/500 (H > 250m) 根据高度取线性涵值(To be interpolated 300, building height)	*h*/400 (*H* < 150m) *h*/250 (*H* > 250m) 根据高度取线性涵值(To be imterpolated 300, brilding height)	*h*/100

续 表

地震烈度 (Seismic Intensity)		常遇地震 (Frequent Earthquake)	中度地震 (Medium Earthquake)	罕遇地震 (Rare Earthquake)
结构工作特性 (Functional Capability)		无损伤，处于弹性 (No damage, elastic)	可修复，处于弹性 / 不屈服 (Repairable, elastic/no yielding)	严重损伤，不倒 (Strong damage, but no collapse)
构件性能 (Performance of components)	核心筒墙 (Core walls)	弹性设计 (Elastic design)	10 层以下的塔楼部分以及支撑结构层级上下各一层不考虑调整值的弹性设计 性能标准 2 (Towers below level L10 and in bracing levels (+/-1 level) Elastic design without modification factors. Performance 2) 其他所有核心筒墙 (All other core walls)	附加满足剪力要求 性能标准 4 (Performance 4 Additionally to meet shear requirements)
	连梁 (Link beams)	弹性设计 (Elastic design)	—	性能标准 4 (Performance 4)
	支撑结构 (Bracings)	弹性设计 (Elastic design)	不考虑调整值的弹性设计性能标准 2 (Elastic design without modification factors. Performance 2)	允许部分屈服，不屈曲 性能标准 4 (Yielding partly allowed.No buckling. Performance 4)
	柱 (Columns)	弹性设计 (Elastic design)	不考虑调整值的弹性设计性能标准 2 (Elastic design without modification factors. Performance 2)	塔楼和地下室不屈服， 性能标准 3 (Towers and Base-ment No yielding.Performance 3) 廊桥下的柱允许部分屈服，性能标准 4 (Columns below the bridge Yielding partly allowed.Performance 4)
	框架梁 (Frame Beams)	弹性设计 (Elastic design)	主梁：不屈服，性能标准 3 (Main beams: No yielding Performance 3)	允许部分屈服，性能标准 4 (Yielding partly allowed. Performance 4)
	节点 (Connections)	弹性设计 (Elastic design)	不考虑调整值的弹性设计性能标准 2 (Elastic design without modification factors. Performance 2)	不屈服 性能标准 3 (No yielding. Performance 3)

① 持力层：直接承受基础荷载的土层称为持力层。离开荷载越远，持力层受到的压力就越小，到某个深度后压力就可以忽略不计。承受压力的这一部分叫做持力层，持力层以下的部分叫做下卧层。

其三，对总体结构和各种构件的选型进行描述。这里就不详述了。

概念设计要有切合实际而又创新的设计概念

概念设计是最富有创造性的阶段。结构工程师面对一个新的项目，要从无到有地去掌握外部条件、与建筑师及其他各种合作，形成针对这个项目的独特设计概念。有些可以借鉴已有经验，而更重要的是要有针对性的创新亮点。

有些业主和建筑师以为概念设计只是他们的事，只要到方案定下之后，把建筑方案交给结构工程师量体裁衣就行了。而结构工程师也只能根据方案，照单全收，上机计算、出图而已。在这种设计体制下即便有海量的工程，也很难看到技术的进步。无非是标准化的骨架上，穿上布景式的服装而已。历史上杰出建筑的设计，离不开结构工程师的早期参与。现在有各种审查，聘请很多专家，但如果在设计一开始就让顾问工程师参与，效果会更好。

这里想结合笔者的一点亲身体会，谈谈概念设计中如何引入新的思维。1987 年笔者在德国作访问学者，参与了法兰克福当时最高建筑—Messeturm（博览会大厦）（图 11-4）的方案设计。众所周知，欧洲高层建筑很少，和今天的超高层林立的中国相比，更像乡村。欧洲和德国高层较少、较低，除了和那里的人们并不喜欢也不追求建筑高度有关，同时也受到法规的限制。德国规定办公室必须有天然采光，这就限制了房间的进深，也就限制了建筑的宽度，从而间接地限制了建筑的高度。

1986 年，德国法兰克福博览会大厦正在筹建，德裔美国建筑师赫尔穆特·扬（Helmut Jahn ）的方案中标。同样遇到侧向刚度不足的问题。初步方案提出用增设水平加强层的办法来增加侧向刚度。Jahn 设计的美国费城 One Liberty Place 大厦（图 11-5）（288m）正好已于 1987 年建成。它在第 24 层、41 层和 55 层设置了水平加强层。对类型相同的法兰克福的 Messeturm（257m），建筑师也建议设置两层水平加强层。水平加强层是把相邻两层的楼盖结构用可以传递剪力的结构（墙或支撑）相连，形成

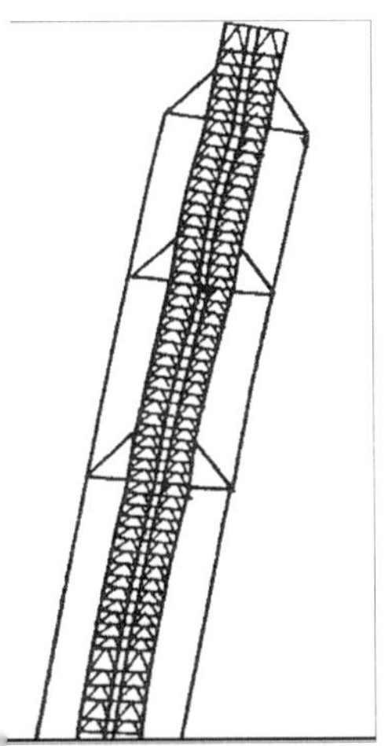

图 11-4　德国法兰克福博览大厦（Messeturm）

11-5　美国费城 One
berty Place

一个箱型结构，从而将内筒和外柱（外筒）相连，外柱形成一组力偶，与内筒共同工作，减少悬臂的内筒的侧向变形。

侧向刚度不够，通常都是加强竖直抗侧力结构如剪力墙、筒体，而用加强水平向结构去解决侧向刚度不足，在当时还是比较新的课题。因此引起笔者的兴趣：这种水平加强层究竟有多大的效果？而这些水平加强层放置在什么位置效果最大呢？笔者对此作了研究，文章发表在德国工程杂志《建筑工程师》（*Bauingenieur* 64）（1987 年）上。

一层或两层水平加强层的计算简图如图 11-6 所示。

假定：

$m = a/h$　　水平加强层的相对高度

$i = E_c I_c b/E_b I_b h$　　核心筒与水平加强层的线刚度比

$p = E_c I_c/EAb^2$　　核心筒与外柱的刚度比

则得到：

$$k_w = m(m^2 - 3m + 3)/(2i + 12m + 6pm)$$
$$D_w = 0.125 - m(2 - m)k_w$$
$$\Delta_w = D_w q_w h^4/EI_c$$

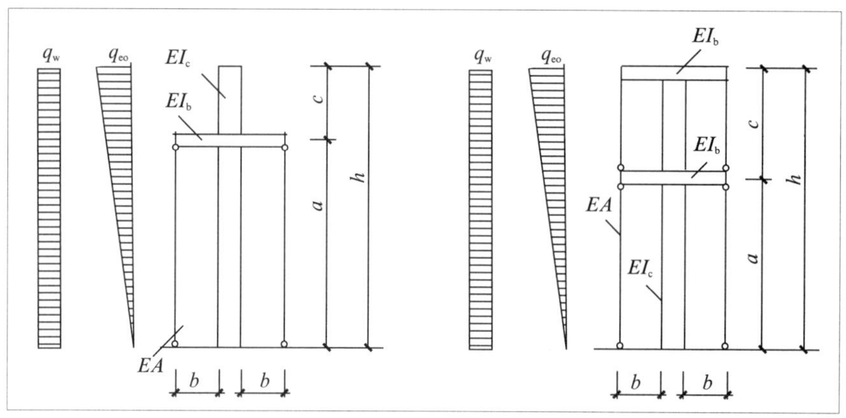

图 11-6 水平加强层的计算简图

$$k_e = 3m(m^2 - 3m + 3)/4(2i + 12m + 6pm)$$
$$D_e = 11/120 - m(2 - m)k_e$$
$$\Delta_e = D_e q_{eo} h^4 / EI_c$$

式中，D_w 为风荷载下顶点位移参数；D_e 为地震作用下顶点位移参数。

绘出各种 i 值（核心筒与水平加强层的线刚度比）和 p 值（核心筒与外柱的刚度比）下的 m-D_w 和 m-D_e（水平加强层的相对高度与顶点位移参数的关系图），就可以找到水平加强层的最有效位置。

图中 $m = a/h$ 水平加强层的相对高度，D_w 为风荷载下顶点位移参数，D_e 为地震作用下顶点位移参数。

一个水平加强层的情况如图 11-7（a）和图 11-7（b）所示。D 值愈小，水平加强层的效果愈显著。i 值愈小，即内筒刚度小，水平加强层影响大。而且 i 值愈小时，水平加强层最佳位置愈接近中间，反之，i 值愈大时，最佳位置愈靠上方。

图中 $m = a/h$ 水平加强层的相对高度，D_w 为风荷载下顶点位移参数，D_e 为地震作用下顶点位移参数。

两个水平加强层（其中一个位于顶层）的情况如图 11-8（a）和图 11-8（b）所示。若 i 很小时，增加一个水平加强层的意义不大。对不太高的建筑，在最佳位置设立一个水平加强层就够了。设两个加强层时，当中一层的最佳位置低于只有一个加强层时的最佳位置。

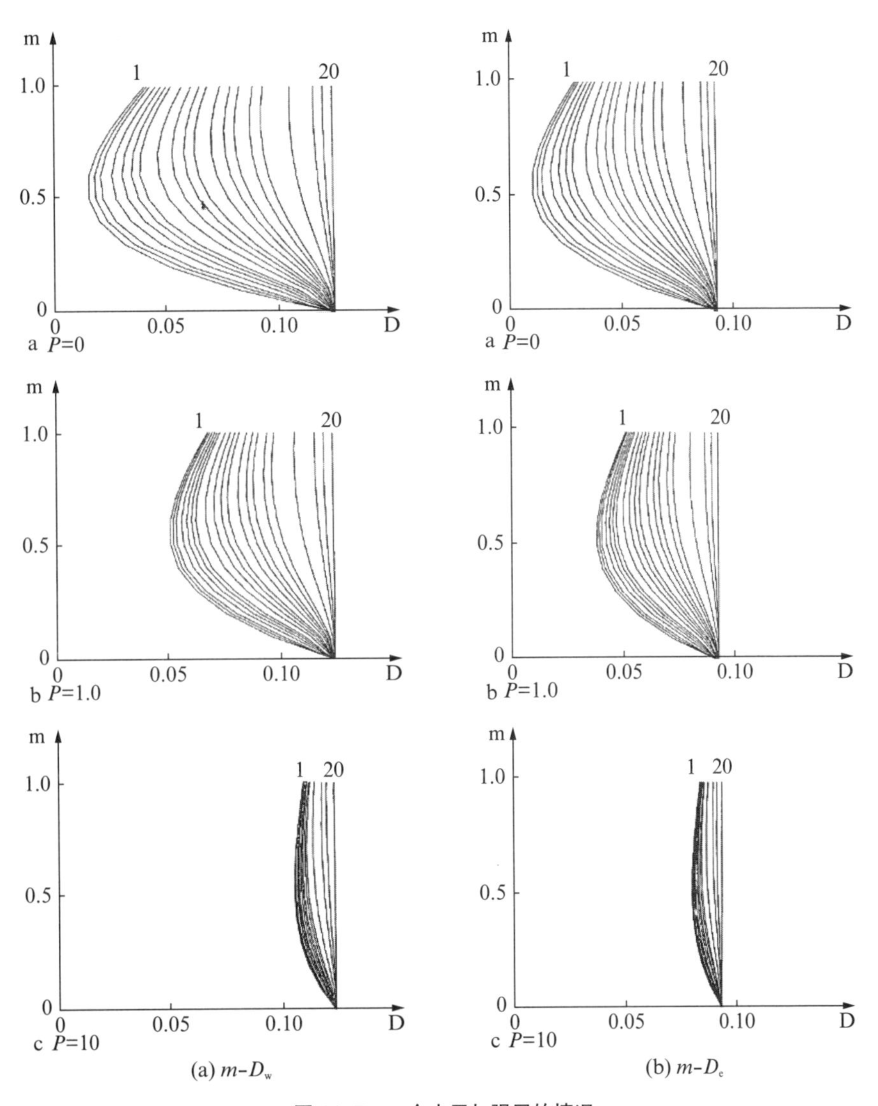

图 11–7 一个水平加强层的情况

这里谈到的是一个概念设计的特例。笔者认为，除了在设计各个阶段进行相应的“常规”概念设计，结构工程师也要根据项目的具体情况，提出有创意的设计概念。结构工程师要做到“心中有数”，就是量化的概念。不仅对梁高与跨度的关系等尺度有“数”，还要对整体方案、结构选型也要有“数”，如此例的加强层数量和位置。

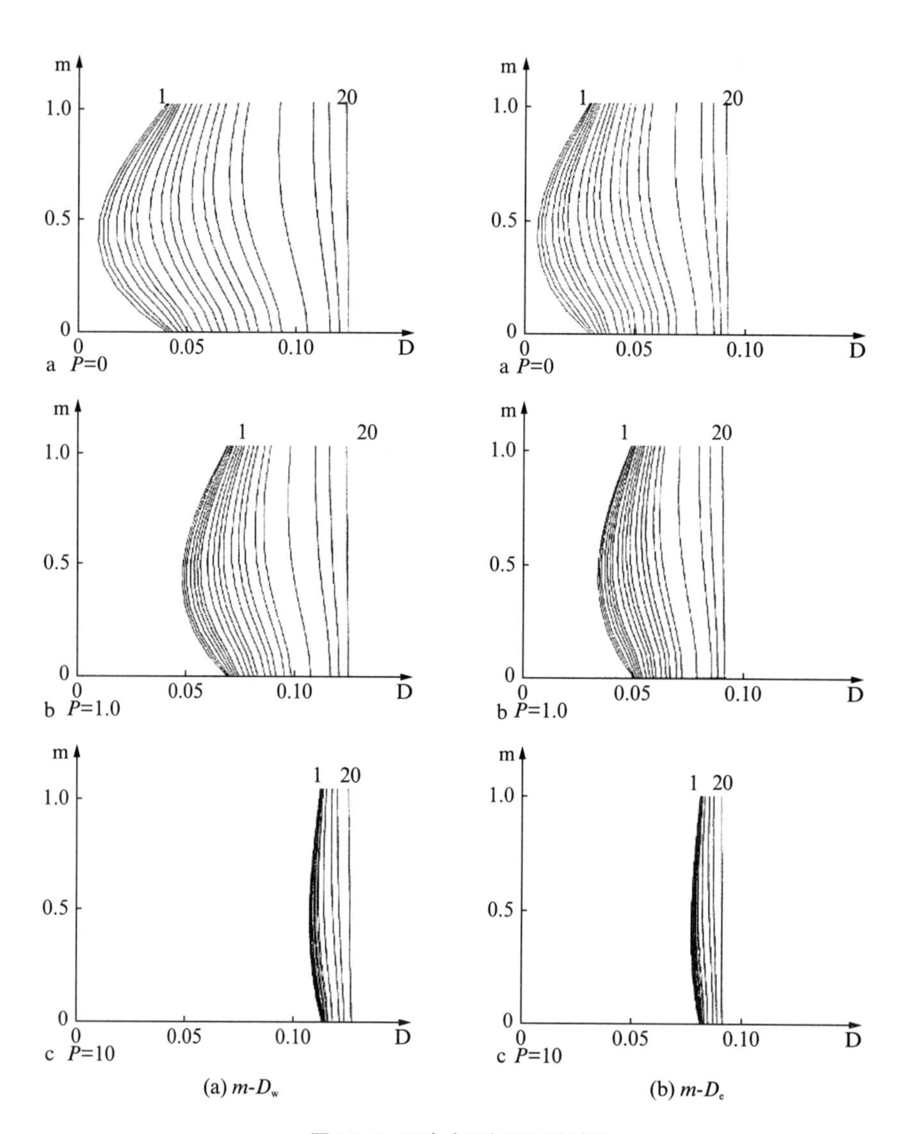

图 11–8　两个水平加强层的情况

等代结构计算法

作为负责一项工程的结构工程师，最好能掌握各种“等代结构计算法”。这些方法概念明确，计算简单，并经过很多实践考验，尤其适合在概念设计阶段运用。工程师利用这些方法，可以了解结构的性能，检验计算机结果。

1. 平板计算的等代梁和等代框架法

工程结构中梁是按一维结构来定义的。单向板可以看作宽度很大的梁，抽取一个单位宽度作为梁来分析。但平板是二维结构。它们的变形对比如图 11-9 所示。

因此，它们的弯矩分配也是不同的。单向板弯矩是直线分布而平板是曲线分布的（图 11-10）。

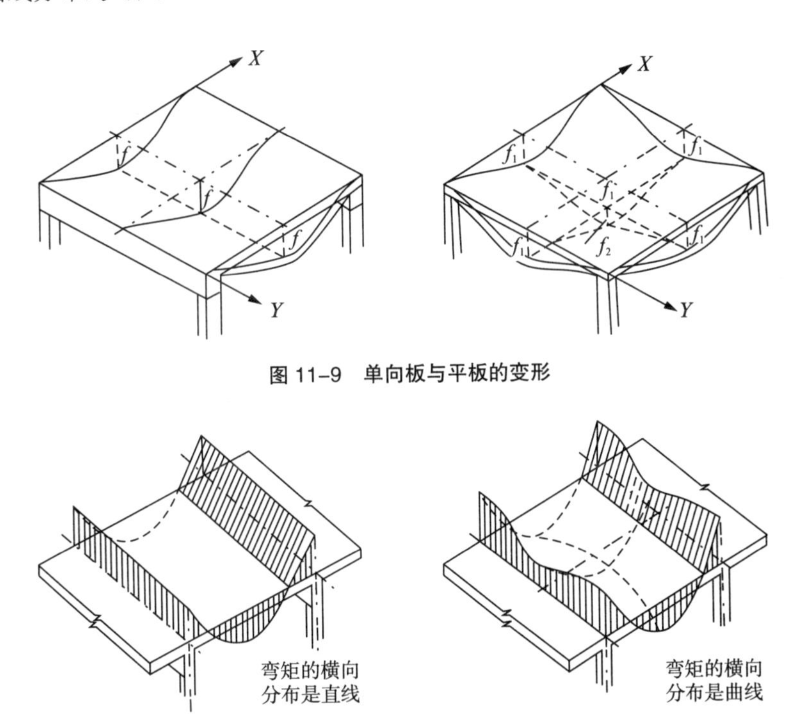

图 11–9　单向板与平板的变形

图 11–10　单向板与平板的弯矩分布

平板的一种常用的近似分析方法，是等代梁法。可以把多跨平板看成双向的连续梁、分别求出 x 和 y 两个方向的弯矩，这是整个板宽的弯矩总和。然后根据经验系数，分配给柱上板带和跨中板带（图 11-11）。

平板结构中有一种“升板结构”，平板在地面浇筑后整体提升。在提升阶段支座处是简支的，可以看成等代连续梁。而在使用阶段，板与柱刚性连接，就应当把整个体系看成等代框架。以此模型不但能算出内力，而且可以算出变形，如图 11-12 所示。

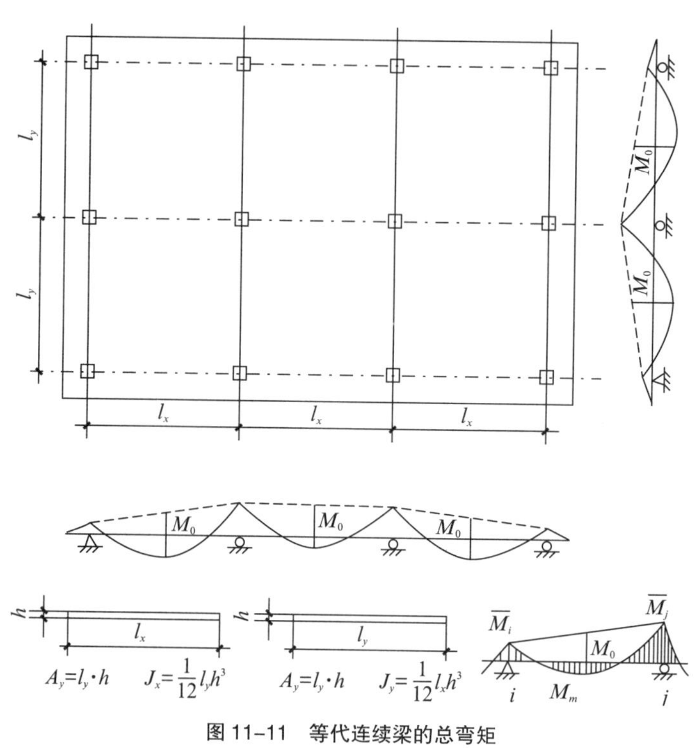

图 11-11　等代连续梁的总弯矩

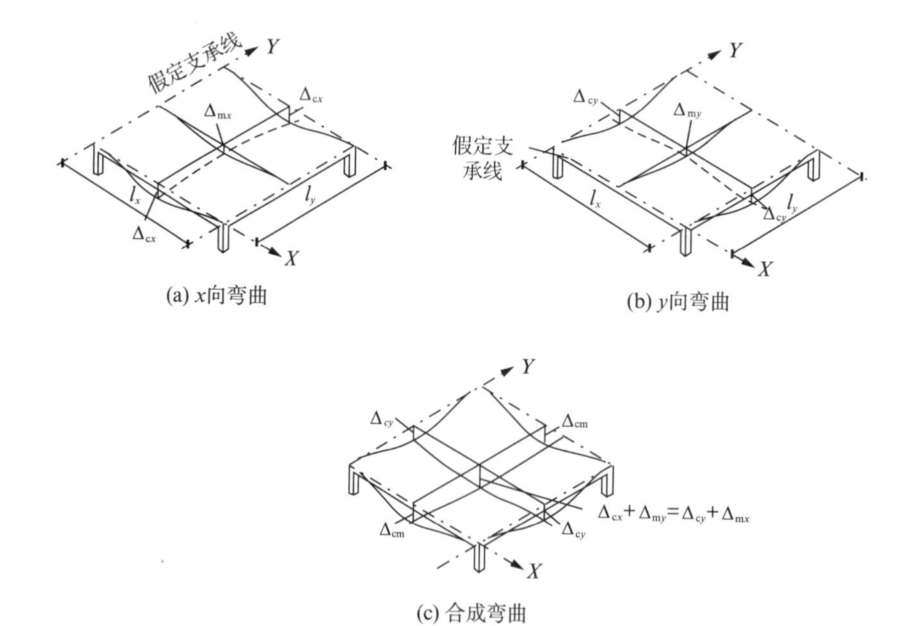

(c) 合成弯曲

图 11-12　等代框架法求平板挠度

2. 预应力结构的等代梁法

林同炎在他的《预应力混凝土结构设计》一书中，提倡用荷载平衡法来设计预应力混凝土结构。也是一种等代梁法。把预应力看成梁上的反荷载。如果知道荷载的形式和分布，对症下药地布置预应力钢筋，让“正荷载”和反荷载相互抵消。林同炎的贡献之一是用荷载平衡法把复杂的预应力结构变得十分形象和简单。笔者在 1979 年编写《升板结构设计原理》时演绎荷载平衡法，用于多跨预应力平板结构。并在实践中用于有黏结和无黏结预应力升板结构的设计。

图 11-13 显示了抛物线布置的预应力筋，相应于均布反荷载。

不同的预应力钢筋布置，可以形成各种不同的反荷载，如图 11-14 所示。

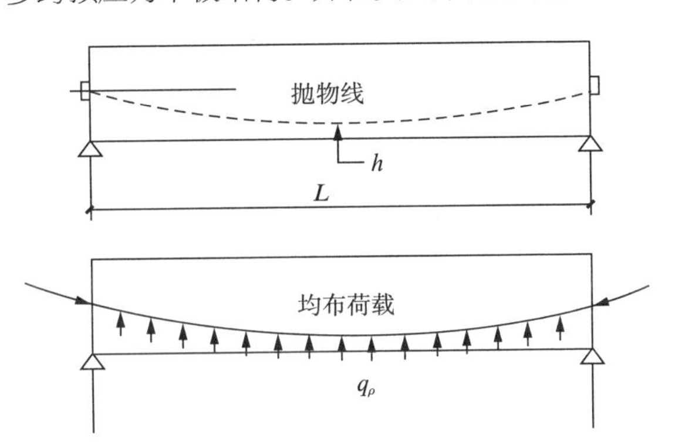

图 11-13　抛物线预应力筋相应于均布反荷载

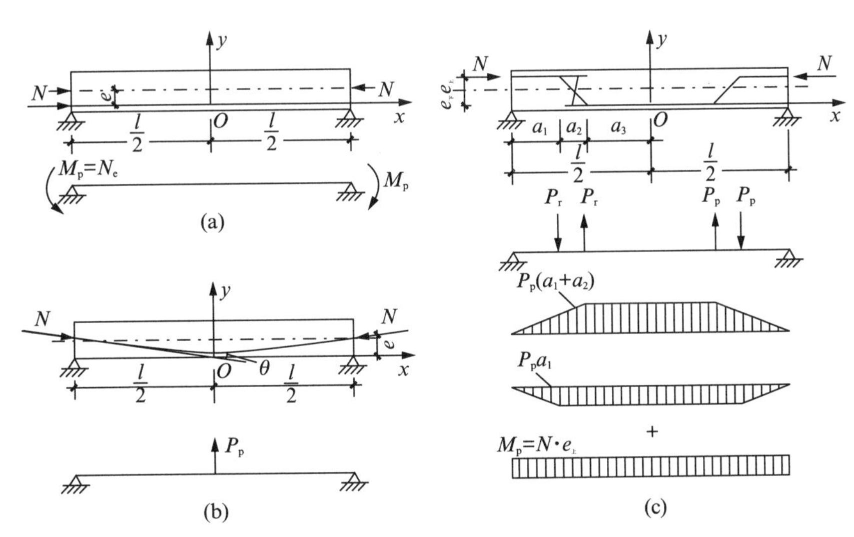

图 11-14　各种反荷载

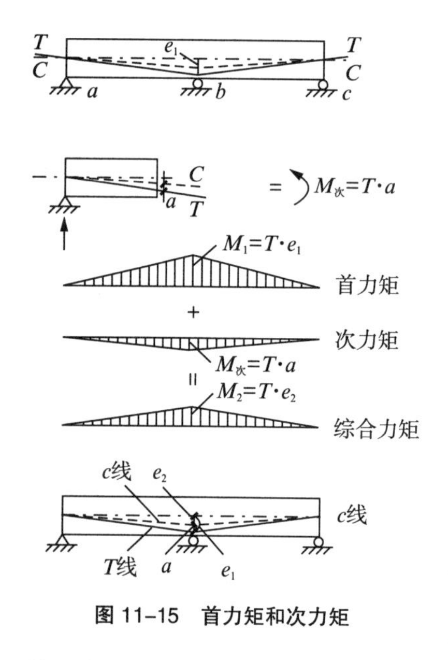

图 11–15　首力矩和次力矩

在超静定结构中，还要考虑次力矩。比如图 11-15 的两跨连续梁，如果当中没有支座，在预应力作用下全梁会向上挠曲，而支座把梁往下拉，形成了次力矩。由荷载造成的**首力矩与次力矩**②叠加得到综合力矩。按综合力矩配置预应力筋，使预应力反荷载造成的反力矩相平衡。当然不能忘记预应力损失、不同荷载组合以及不同施工阶段荷载不同这些因素。但荷载平衡法可以在总体上把握预应力筋的布置和荷载的关系，用于概念设计是适当的。

理论上，对应一组分布复杂的荷载，都可以找到一种预应力筋的配置方法（图 11-16）。但实际上荷载组合很多，预应力筋位置只能有一种。如果确定一种主要荷载分布，去找到相应的预应力筋位置，在概念设计中是有用的，然后再上机计算各种工况。

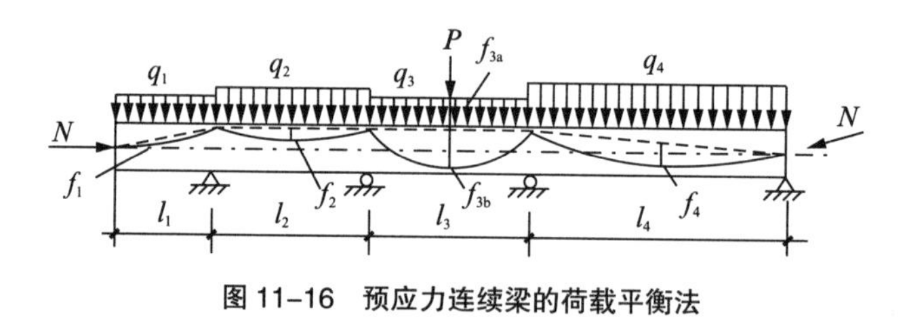

图 11–16　预应力连续梁的荷载平衡法

3. 等代桁架法

现在结构工程师已经习惯于依赖有限元法。但有的结构如深梁、牛腿、桩基承台等特殊的结构，计算结果有时并不理想。在有些国家，等代桁架法仍在广泛应用（图 11-17）。这里简单介绍新西兰规范中有关的规定。顺便说一句，新西兰国家虽小，但它在工程结构方面的成就却很大。也许因为它是多地震国家，不得不重视结构的研究，也因为它吸引了许多人才。

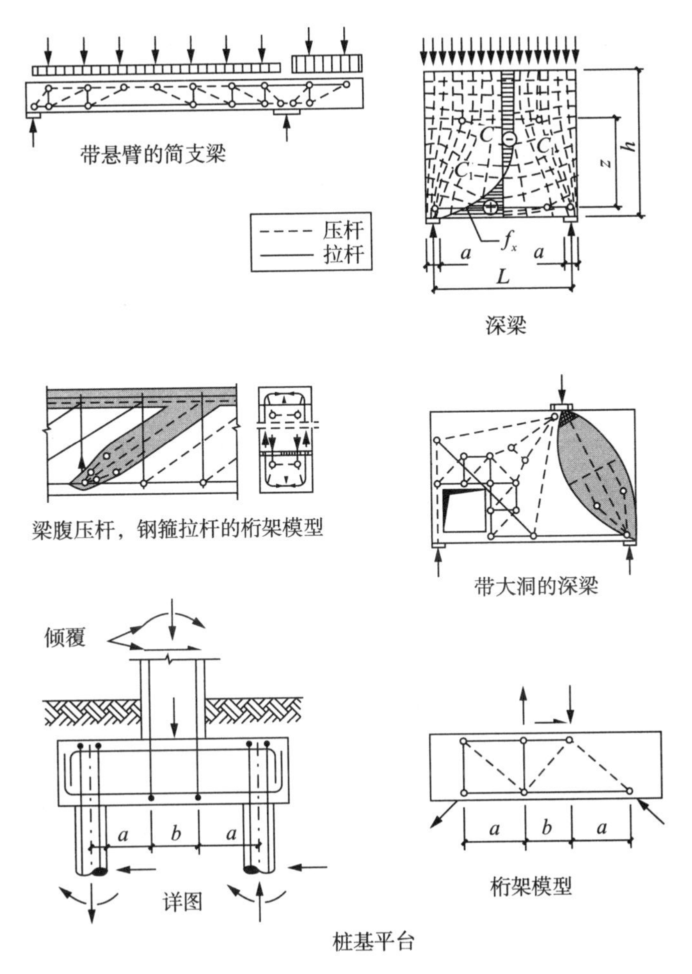

图 11–17　等代桁架法

20 世纪 80 年代前后，结构界都知道新西兰有 3P 云集，即 R.Park、T.Paulay 和 M.J.N. Priestley。国不在大小，只要重用人才，直面问题，投入研究，就会有超出国界的软实力，反之亦然。等代桁架法，在欧洲也有应用，是结构工程师熟知的方法。

② 首力矩与次力矩：在这里，首力矩是指由于外力和预应力引起的力矩，而由于支座反力引起的力矩，成为次力矩。在桁架分析中，把由轴力引起的应力称为主应力，而由于荷载不直接位于节点而引起弯矩、剪力导致的应力称作次应力。超静定结构由于支座沉降引起的应力，也称为次应力。可见，在结构计算中，主要的内力或应力就称为“首”或“主”，次要的、较小的被称为“次”或“二阶”。有时“次”内力或应力也是不能忽略的。

观察等代桁架法的计算简图，我们可以发现，所谓等代桁架，就是根据结构构件的“力流”，假想为一个杆系，由铰接联系成桁架。重要的是等代桁架是静定的，因此杆件的刚度不必预先设定。通过桁架的分析，判定拉杆和压杆。对拉杆代表的区域，根据分析得到的拉力进行配筋，对压杆代表的区域，验算混凝土的抗压强度，并配置必要的构造钢筋。在概念设计阶段，等代桁架法不失为一种简单而明确的分析方法。它还可以用于检验电脑计算结果的合理性。

林同炎说建筑项目相互关联的性质，使综合方法成为必要。工程师教育的专门化模式导致他们常常由细节开始,而对总体方案缺乏足够的关心。其结果是，工程师等待建筑师提出一个无结构的空间形式方案，然后设法去具体化。这不仅不能充分利用他们的知识，还会产生矛盾。因此，他强调结构的总体构思。日本著名的结构工程师渡边邦夫说，所谓结构设计，就是把各种技术工学（我们说工程技术）的成果汇集并统一在一个建筑物上。

综合各种结构知识形成设计概念，与各工种协调后具体化，这就是结构概念设计。

结构的学习与创新

第十二讲　结构的感悟

感悟—学习—创新—真谛

学到老学不了，学而时习之，不亦乐乎。向老师学，向学长学，向同行学，向书本学，向实践学。结构工程师和建筑师的互动与交融。什么是建筑结构的真谛？真善美和天地人。

路漫漫其修远兮

笔者希望本书能写成“**一本有温度的书**”，是要把自己的体温放进字里行间，而非冷冰冰的说教。所以请读者了解作者和结构的渊源。路漫漫其修远兮，这是一条摸索了六十几年的路途，也许对同道，尤其是初入门的同行有所参考。

自从1955年踏进同济大学校门，进入建工系的工业与民用建筑专业学习，至今已将近一个甲子了。而且一直在从事建筑结构、工程结构、抗震工程方面的工作。要说没有感悟是不可能的。古人说：“书山有路勤为径，学海无涯苦作舟”，这是违反了孔子“学而时习之，不亦乐乎！”教诲的，我的体会是“学海无涯乐作舟”。没有兴趣，我对结构的热爱不可能维持六十年。其实读结构专业，对我完全是个偶然。父亲余上沅是我国现代戏剧的奠基人之一，在武汉文华书院参加五四运动，毕业于北京大学，1923年留美学习戏剧，提倡国剧运动，创办我国第一所戏剧的高等学校国立剧专，又曾任北京大学、复旦大学等校中文系和外文系教授。我母亲是北京女师大国文系的毕业生，师从近代文学大师，长期担任中学语文老师。从小读遍父母的藏书，受到熏陶，我内心是想学人文科学的。但父母以亲身经历，感到在那个时代，学文科风险太大。不允许我们四兄弟学文，其余任选。图12-1为家人合影。

我出于对绘画的喜爱，从工科里挑出最接近文科的建筑学，所以报考了同济的建筑系。高考之后，系里找我谈话，说你高考数理化都是高分，

图12–1　1948年父母亲和我，弟弟同希及哥哥（左图为汝南，右图为棣北）

应该转到工民建。大约我高中读的是上海的上海中学，数理化想差都难。于是阴差阳错，进了工程结构的领域。我相信电影“李双双”里一句话，有时是对的：“先结婚、后恋爱。”在一切服从分配的时代，个人是那么渺小和无奈。我在理想失落之后，找到两个弥补的办法：一是找了个学建筑的太太，后来一对子女都学了建筑；二是努力爱上分配给我的专业。我是凭兴趣读书和工作的人。但兴趣是可以培养的。果然，我渐渐热爱了我的专业，“路漫漫其修远兮，吾将上下而求索”，“亦余心之所善兮，虽九死其犹未悔”（图 12-2）。

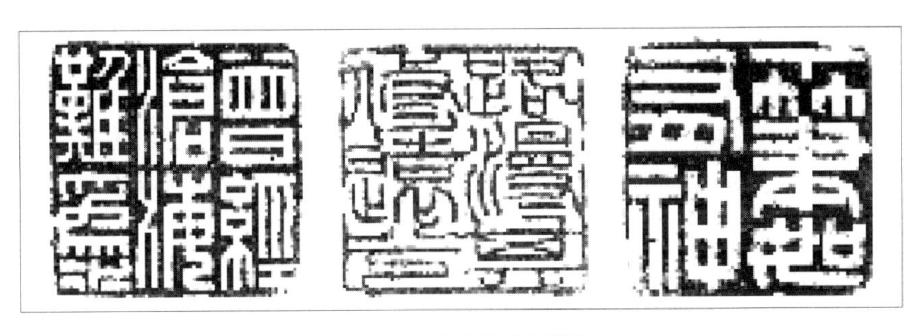

图 12-2　笔者的几个闲章

从事一种职业，如果只是为了挣钱，有时会成为负担和痛苦。只有变成了自己的兴趣，才会去钻研，唯其钻研，才会有心得，唯其有心得，才会有创见。“如鱼饮水，冷暖自知”。有时我见到干一行，怨一行的人，会不禁想起在德国铁路上查票的老员工，他们穿着笔挺的制服，昂然巡游于他的领地，像一个礼贤下士的国王。我们有句俗话叫“女怕嫁错郎，男怕选错行”。其实，选错行不可怕，可怕的是那种永远以为自己怀才不遇，此山望着他山高的心态。有了这种心态，其结果是哪一行也不适合你。

师者，所以传道受业解惑也

在 20 世纪 50 年代初全国高校院系调整中，同济从一个以医科和工科为重点的综合性大学，被调整为以建筑土木为中心的工科大学。同济在一百多年前以宝隆医学院起家，而同济医学院那时被迁去武汉。上海与周围的土木工程教授被集中到了同济。学校一度都改由建工部领导。1955

年我考入同济，是工民建改为五年制的第一届，也是教学计划全面向苏联学习的时候。那时同济的土木工程教授济济一堂，人才过剩，英雄无用武之地。且不论引人注目的建筑系，单以结构和力学，除老同济之外还集中了交大、复旦、大同、光华、大夏、圣约翰和之江等大学的老师们。那时正提倡教授上本科生的课，而且那时的中国大学又根本不设硕士、博士学位，教授们全副精力放在了我们这些本科生身上。真是很幸运。

那时建工系的主任是王达时，他教钢结构。我可惜没有上过他的课。据说他在交大，出的考题太难，学生分数太低。王先生对分数采用开方乘十的办法重新打分，使 36 分就能及格，而 100 分还是 100 分。1960 年我毕业留校当助教，到 1965 年参加教改。我们那些年轻教师，在激进潮流的影响下，对培养目标提出不切实际的高标准。王先生听取汇报，一针见血地指出："没有过程，哪来结果？"任何人才培养的期望，来自一个个扎实的教学环节，而不是好大喜功的狂想。经过大跃进和一系列左倾思潮的熏染，幸而有王先生这些长者提醒，才让我被冲昏的头脑略微清醒。加上自身的原因，没有卷入以后"五七公社"更左的所谓教改之中。李寿康是当时圬工教研室的主任。他和王先生一样是留美的，又通俄文，他在任上，始终关注提高学科的学术水平。他经常去图书馆，跟踪世界学科发展的新动向。"文革"时，红卫兵说你是圬工专家，你砌一堵砖墙给我们看看。今天看来是笑话的事，当年却是事实。"文革"后，有限元法刚刚兴起，李先生已在研究如何把有限元法用于各向异性的钢筋混凝土之中了。我在圬工教研室工作过，他要我们青年教师每人制定研究的方向和课题，给我们以鞭策和鼓励。

我们幸运地遇到许多好老师。本书的主题是力学和结构，我也主要回忆与此有关的老师。教数学的是王福楹，他是一个严谨的教师，一丝不苟。对于极限的概念，花了很多时间去讲解其严格的定义。引导我们理解高等数学不仅是工具，而且是一种思维方法。那时考试要笔试加口试，三个考官像法官端坐，我们学生忐忑地抽签拿题，过堂受审。我的主考是樊映川，他虽然不教我们，但教科书是他主编，他的名字，早已如雷贯耳。只见他伏在案头，似乎一边提问，一边在啃袖子。我好容易镇定下来，居然得了满分。理论力学的毛克仁老师不修边幅，上课来时匆匆，嘴里还吃着油条，然后用袖子擦一下讲台上的粉笔灰，把剩下的大饼油条放下，就开讲，内容却引人入胜。材料力学的老师徐次达却正好相反，他上课穿着笔挺的西装领带，风度优雅。说话慢条斯理，让人无法忘怀。我的一些同学把他当作偶像。教物理上册的是魏墨庵，是个彬彬君子，在课堂上调我提问，又加鼓励，令我对物理兴趣大增。下册是赵松林，带着浓重的绍兴口音，把我们本科生当研究生来教。他早年在校刊上与人论战，从力学到哲学，很有百家争鸣的精神。后来我去安徽歙县五七干校，与赵先生同期。在那里除了指定范围的书外，什么都不能读。于是我们钻研起恩格斯的“自然辩证法”，赵先生是行家里手。他们两位，后来都成了声学专家，不再教工科低年级的普通物理了。结构力学教研室当时极为强大，名师云集。我们的上册是吴之瀚教的。他是著名画家吴作人的弟弟，当时任同济副校长。他讲课认真，中规中矩。下册老师是朱宝华，是有名的结构力学教授。朱先生习惯昂然而立，专心授课。而被有些人认为目中无人。我后来与他私下接触，其实也平易近人。

教钢筋混凝土结构的是曹敬康和蒋大骅。曹是位老先生，谦虚谨慎。我在毕业前一年，就被指定当实习助教，指导同班同学的毕业设计，指导教师是曹先生，我做他的助手。曹先生每每让我到他家中，耐心耐烦地和我讨论问题。蒋大骅则是同济钢筋混凝土结构的骄傲。蒋先生风度翩翩，连板书都和他的治学为人那样条理不紊。说实话，他是我们许多学生崇拜的偶像。“文革”后期，他尝试编写钢筋混凝土材料力学，把力学和结构打通。可惜未能完成。80年代，他做的如桩基承台等研究，不但严谨有新意，也培养了学生。蒋先生在逝世前几个月，到德国开会，我和他的高足沈景华陪他观光莱茵河等地，蒋先生兴致很高，开怀畅谈。但已常有不祥的咳嗽，我们还以为只是感冒而已。等我回到上海，他已住进龙华医院，做过了化疗。我去看望，他很高兴，还自嘲说：“我变成蒋光头了。”令我怅然。他去世后，我写了一首长诗悼念。张问清后来专攻地基基础，但他那时教我们砖石结构。张先生在当时如履薄冰，有次迟到了几分钟，因为出门忘了讲稿，又回到同济新村去拿。他大汗淋漓地走上讲台，检讨说：在大跃进的今天，我居然迟到，很对不起各位同学。张先生出生世家，祖上是一个苏州园林的主人。我后来才真切理解到他受到的心理压力。他参与的同济砖拱结构厂房，至今犹存（图 12-3）。张先生活到一百多岁，创了同济教授的长寿纪录。钢结构老师是潘梅祥。他平时沉默寡言，但上课生龙活虎。他的讲课技巧，以我之见，在所有老师中名列前茅。他是设计事务所出身，用鸭嘴笔画钢结构施工图，堪称一绝。“文革”期间，我们去南京梅山钢铁厂做现场设计，潘先生与我同一组。我们好多人住在一个竹子搭成的工棚里，我半夜醒来，见到潘先生盘坐在帐子里，一点红火星一闪一闪。原来他烟瘾大，据说一天只要一根火柴就够了。教木结构的欧阳可庆先生，说话广东口音较重，为人温柔敦厚，业务精通。他后来定居国外，前几年回国，我有幸在他家中看望了他。

图 12–3 同济尚存的双曲拱厂房

同济老一辈的老师，都身怀绝技，严谨勤奋。教学风格虽各有千秋，但其认真态度和对学生的爱护是一样的，让我们终生受益。但想起他们，会忽然想起“水浒”中“林教头棒打洪教头”的故事。林冲落难，途经柴进庄园，柴员外要他与柴家趾高气扬的洪教头比试高低。只过了两招，林冲丢了棍棒说，小人认输。柴进问为何？林冲答道，因为我颈上多了这一具枷。那些教授们是带着无形枷锁在悉心培养我们，让我不能忘怀。

在他指导我毕业设计之前，我并没有听过朱伯龙的课。他那时风头正健。早年他以研究薄壳和预应力而知名。毕业前，我参加他领导的上海歌剧院的设计组。后来是他要我留在同济设计院工作。“文革”后期我们都在工程结构研究所。“文革”后，朱先生迎来了他的极盛时期，颇有“空前绝后”的气概。我在他的领导下负责做结构研究所动力试验室的房屋设计，也具体操作模拟地震振动台的引进和基础设计（图 12-4）。试验室厂房落成后，在谈判桌上，我们从美国 MTS 赢得了比预计更大更强设备，好像一个小庙引来一尊大菩萨。怎么办？原来的振动台基础太小太轻，难道拆了厂房重来吗？我冥思苦想，提出了不向深度而向水平方向发展的方

案。把静力试验台的自重利用起来，与原来预留的太小的振动台基础连在一起。这么一来，基础又偏心了。于是提出打通山

图 12–4 同济工程结构试验室的内部

墙，在室外建造一块作为平衡重的混凝土块。这种丁字尺形的振动台基础，MTS 闻所未闻。感谢朱先生支持了我的方案，最后也得到美方的认可。幸而 30 多年来，振动台工作良好。为了建设动力试验室，共同努力还有吴明舜、喻永言、吴虎南、王天龙、方重、宋秋杰、张昆联、金国芳、程才渊诸位同事。暂且不论朱先生的作风，我们都很钦佩他的机智敏感，执着敬业。他总是走在风气之先。从圆柱壳、横向张拉预应力到后来的非线性分析、砖石结构抗震、结构抗火抗腐蚀和结构加固等，他不断紧跟时代的发展，不断关注市场的需求，不断提出新点子。也培养了很多优秀的学生，例如吕西林、李杰等。对国际交流，也作出了贡献。我参加他主编的《钢筋混凝土结构设计原理》教材，参加编写的还有颜德姮、张誉、董振祥、屠成松。我最后见到朱先生，是在上海第一人民医院，他拉着我的手，流下了眼泪，他的孤单无助让人觉得凄凉。俞载道也是一位对我影响很深的老师。他的数学力学功底极深，是李庄时期的老同济。他对大跨结构、动力机器基础有很深的研究。长期在同济设计院指导工程设计。后来转到结构理论研究所，专攻力学，又培养了许多杰出的研究生。在设计院时期，俞先生给我们少数几个当时年轻的教师开了“结构动力学”。大家围桌而坐，听他娓娓道来。岂知多年后，我在德国 Hochtief 公司的设计研究部 IKS 从事核电站防灾设计，动力分析是主要的工作。幸亏当年俞先生深入浅出的讲座，让我开窍，才度过了后来业务上不得不跨过的一道坎。我与

俞先生熟悉，是 1982 年同去美国和日本，引进地震模拟振动台。他那时年已花甲，临时代替突发心脏病的朱伯龙，带领我们出国。他的学识和英语以及忠厚亲切的作风，对我们圆满完成任务起了很大作用。后来我主持同济出版社，俞先生是学报主编，也有较多接触，领略了他治学的严谨。我长居德国后，每次回国，总要去他家看望。他去世时，我不在国内，深以为憾。

同济土木工程的有些老师并未直接教过我，但对我影响较大。其中如朱振德。他从初中到大学都在同济读书。后来去北方搞设计和科研，在中国建筑科学研究院工作多年，1980 年回到同济。他是典型的温柔敦厚的老先生，爱护和提携年轻人。他要我帮他辅导刚刚热起来，由他首开的“结构可靠性”课程，然后就把这门课交给我上。所谓扶上马，走一程。我和统计学教师叶润修合作，写了这门课较早的大学教材《建筑结构的安全性和可靠性》，1986 年正式出版，内心很感谢朱老师的引导。1986 年我去德国做访问学者，朱先生为我用德语写信，落实安排，还耳提面命，给我许多忠告。他大我 25 岁，作为一个老专家，系领导，对年轻后进有许多的细致关怀，我只是受益者其中之一。同济教地基基础的老师，有许多名家。我接触较多的有俞调梅和郑大同。俞先生才华横溢，讲课生动。我听过他的讲座，很为之倾倒。他说工程师和学者的区别你们知道吗？他在黑板上画出四根火柴，成一个十字形，然后提问说，谁能移动其中一根，变成一个四边形吗？下面一二百听众个个傻眼。俞先生说，移动其中一根，只要一点点，火柴的四个端头不就形成了一个小四边形吗？这就是工程师与学者的区别。学者心中，火柴只是一维的直线，而工程师则知道火柴是有宽度和厚度的三维立体构件。让我如梦初醒。后来，我在讲课中多次引用这个例子。郑大同先生和我绕几个弯，还有一点瓜葛亲（与他类似的还有铁道专家李秉承，我也受教很多）。早在我做上海歌剧院项目时，提出过一个基础方案，以为有所创新，但被郑先生一语道破问题所在，使我折服。后来除了私交，有地基基础的问题都愿意向他请教。

江景波和徐植信担任正副校长期间，委任我筹办同济大学出版社，因此和他们工作接触较多。这里只说他们作为老师的一面。江先生以管理教授闻名，其实他是教木结构出身的。“文革”之后，负责教材编选。在许多油印教材中选出我写的《升板结构设计原理》一书，推荐给上海科技出版社，于 1981 年出版。徐植信先生办事严厉直率，后来和他一起出差，发现他风趣天真的一面，渐渐成了朋友。我每次回国都要去看望他。他是地震地面运动及重大工程抗震问题的研究专家，后来我感到中国抗震规范回避延性系数，是个大问题，找他请教，并合写了文章。黄鼎业既是学长，也是老师，他担任过我们的班主任。他研究结构新材料和预应力，又担任同济设计院院长多年，还曾经希望我去当他的助手，对我一直关爱。最近他和陈铁迪还请我们夫妇去聚会，是一个亲和力很强的学长。后来同济的校长，高廷耀是教给排水的，吴启迪是做自动化的，万钢是搞汽车的，裴刚是研究生命科学的。后来钟志华继任校长，他就任后第一次出国，就是应德国同济校友会的邀请，来德国参加我们的校友会成立 20 周年的盛会。我在会上做了 20 年来回顾的报告，钟校长很投入。后来回校，与他会面恳谈，感到他是一个实干的学者。现在的新校长陈杰刚来不久，还无缘相见。他们虽然和我并非同一专业，而因为他们和德国的渊源，都有较多的交往，在本书就是题外话了。但我与同济的工程结构联系能不间断，实在要感谢他们的理解和支持。

也许因为父母都是教师，我又大半辈子当教师，所以我很敬重教师的职业。父亲在战乱中带领师生逃难万里，到四川偏远的山城江安的文庙中落脚，那里还有个纪念馆，矗立着他的铜像。他的学生，至今见到我都如见亲人。母亲在上海的复兴、市西中学任教多年，教语文和任班主任，把学生当作子女。她的学生见到我，都如见兄弟。我也有不少学生，和他们中的一些人建立了终身的友谊。幸运的是，即便在“文革”最狂热的时期，我也总还能遇到一些善意待人的学生。我坚信“一日为师，终身为师”的道理，总觉得师恩难忘。这里凭记忆写了一些老师们的滴水之恩，而我则愧无涌泉可以相报。在这本书里，想以亲身经历的点点滴滴，向年轻的同行传达一个理念：要感恩，不忘本。老师不是一个知识播放器，也不是用学费换来给你打高分、戴方帽子的工具。怀着尊敬师长的心情去学习，你会发现一个前所未见的好老师和发现自己是个前所未见的好学生。

三人行，则必有我师

这一节，笔者要记述一些令我敬佩的同济学长们以及其他的国内外同行们。从他们那里我获益良多。

不论社会上对院士制度有何评论，但我所认识的土木工程院士，以我亲身的体会，都是有真才实学的。除了李国豪和孙钧是前辈外，同济的学长中，项海帆、范立础和沈祖炎三位土木工程的院士都是我尊敬的学长和朋友。

项海帆（图 12-5）只比我大两岁，但却早五年大学毕业，并成为李国豪第一个研究生。我进同济第一件印象最深的是桥梁毕业设计展览，他和其他优秀学长的成果，成为我们仿效的榜样。近年来项海帆主要侧重于大跨度桥梁抗风、高耸结构与高层建筑抗风等方面的研究。在桥梁颤振与抖振分析、桥梁结构动力特性、桥梁风致振动与控制及大跨桥梁抗风设计等方面取得了许多研究成果。获得国家科技进步一等奖等许多奖项。他著有十余种著作和大量论文。第 18 届国际桥梁与结构工程协会（International Association for Bridge and Structure Engineering，简称 IABSE）将 2012 年国际结构工程终身成就奖（International Award of Merit in Structural Engineering）授予前 IABSE 副主席项海帆院士。他多才多艺，手风琴拉得很好，

项海帆

德国桥梁工地

上海振华重工

图 12-5　与项海帆的合影

为同济教师合唱团的伴奏。他的夫人宁蓓蕾是工民建的学生，建筑结构的设计师。当年是同济管弦乐队的第一小提琴，而当时我也拉小提琴，站在最后一排滥竽充数。项海帆得到洪堡奖学金，来德国进修，又多次访德。我们在德国和上海都见面畅谈，项海帆对我一贯给以老朋友的亲切关怀，听到他的真知灼见和看到他不断取得的成就，如沐春风。

范立础（图 12-6）比项海帆又大两岁，他们两人都是李国豪的得意门生，也一起在 1955 年毕业于同济桥梁专业。范立础在桥梁结构设计理论和桥梁抗震领域内获得了多项重大研究成果，主编教材与科研专著十余本，发表论文近 150 篇。他负责在土木工程防灾国家重点实验室创建了桥梁抗震研究室，领导建成世界最大的地震模拟振动台。提出三水准设防三阶段设计的桥梁抗震设计理论，率先系统研究大跨度桥梁抗震设计理论。他领衔的大跨高墩桥梁抗震设计关键技术荣获国家科技进步一等奖。范立础担任土木学院院长时，很希望我回去做他的助手，我没有从命，他却能理解，并一如既往地关心我。顺便提一下，朱照宏先生任同济研究生院院长时也曾希望我去接班，而这些善意我都辜负了，但已心领不忘。范立础和我曾试图合作把德国的 Unicad 中国化。有次他访德，和我促膝长谈，我才了解他的身世。他为人豪爽，疾恶如仇，而且童心未泯。可惜他已去世，2016 年最后一次见到他是在医院里，海帆陪我去看他，已不能侃侃而谈，令人唏嘘。同济又少了一根顶梁大柱。

范立础

范立础、项海帆和笔者在同济嘉定校区新建大型地震模拟振动台

图 12–6　与范立础、项海帆合影

沈祖炎

沈祖炎和笔者

图 12–7　与沈祖炎合影

沈祖炎（图 12-7）和项海帆同年，而且也是 1955 年从工业与民用建筑结构专业毕业。他是钢结构的专家，有多种著作和 300 篇论文，在冷弯薄壁型钢、钢结构弹性和弹塑性计算理论、钢结构考虑损伤积累及裂缝的抗震分析等方面都有深入的研究。并主编或参与了多本钢结构的规程规范编制，培养了许多优秀学生。在研究升板结构时，我就向他请教过稳定问题。沈祖炎主持同济教学科研多年。在他任副校长时，有次主持建筑和结构类专业的发展规划，参加者有许多国内第一流专家。他叫我当秘书，让我体会到他的大将风度和细致的工作作风。我从 2004 年起，兼任首钢钢结构产业发展的首席顾问，前后有三年。从工程抗震和钢筋混凝土转到钢结构领域，推动住宅钢结构的发展和进行过一些钢结构的研究。原来吴启迪和范立础聘我任同济兼职教授，2007 年万钢改聘我为顾问教授。沈老师就让我加入他的团队，参与一些课题。他以严密的逻辑和清晰的思路，对钢结构乃至整个建筑结构领域的问题了然于胸。在我作为德国公司设计团队成员，而他作为评审专家的会议上，我又一次领略到沈老师言简意赅，一针见血的风采。这些年我长居德国，而作为同济大学顾问教授，每年都回校做一些讲座和参与一点研究工作，所以每次都会和沈老师畅谈几次。我请他为本书写序，并审阅。没想到，沈先生在百忙之中，逐字逐句地细读。不但提出许多中肯的意见，连一些打印错误也一一指出。他的这种认真细致的工作作风，蕴含着对我的关心和情谊，令我折服和感动。我也有幸参加了学生们为他执教 60 年举办的盛会。2017 年春节前，我在回德国前去见他，沈老师还神清气爽，谈兴甚浓。谁知就在春节后不久突然发病。2017 年我回到上海，赶去看他，已经只能在重症监护室见到了。斯人已逝，风范长存。

都说年轻时的朋友往往会成为长期的朋友。我很幸运在年轻时有一些谈得来的同行。那时我是个小助教，对方是个小技术员。因为对事业的执着，互相有了共同语言。几十年后，忽然发现我虽故我依然，他们中却有的成了院士，有的成了大师。比如江欢成，他在华东院时和我切磋过技术问题，例如讨论桁架下弦在安装过程中受压的问题。后来我在德国公司上班时，接到他从东方明珠打来的电话，要我尽快发邀请信，他们要来德国参观。我赶紧请我们公司和莱昂哈特的公司发出邀请函。后来我回上海，参观东方明珠工地，他陪我爬到最高处。那时和他一起来德国的还有叶可明。我是在处理上海器皿四厂升板事故时认识他的，那时他在五公司当技术员。后来在我参加升板、滑模、大模板施工技术革新的过程中又多有接触。这些老友多年不见，情况已不太了解，但见面还是会一见如故的。广州的容柏生是我参加历次高层建筑会议时结识的，是高层建筑结构设计的先驱。同在广州的周福霖是隔震方面的专家，也是在会议中认识。大约10年前，国侨办组织我们这些海外专家咨询委员到广州参观，当地侨办问我们在广州认识什么人？我先想到的是他们两位。晚上珠江夜游，他们两位忽然都出现在我面前，让我惊喜不已，我们专心畅谈，令我想不起珠江之夜是什么样子。钟万勰是力学专家，才华横溢，是同济的学长。我在搞升板时就认识他。后来听过他作为有限元先锋的讲座。20世纪90年代，有次他访问欧洲，还到我家里串门。我措手不及，临时以稀饭咸菜招待，他反而正中下怀。他赠我的《弹性力学求解新体系》一书，是本书的参考书之一。我的弟弟余同希，毕业于北京大学，师从王仁先生。在英国剑桥大学得到两个博士学位，在塑性动力学和冲击动力学方面造诣很深。力学和结构是联系紧密的学科，他研究的方向，偏于机械，理论上也比我们常用的更深。但读些他的书和与他探讨问题，还是对我颇有启发。古人以文会友，我们搞工程的人，也是以知识去交朋友，才有“酒逢知己千杯少”的感觉。我认为学习不仅是知识的获取，不能见物不见人。别人成就比你大，你要为他高兴，也为自己认识他而高兴。我与同行交往，更注意的是学习他们的气质作风，治学理念。有时听君一席话，胜读十年书。其实，一个人的学术地位，是不容易得来的，虚心学习他们的治学之道，而不是看重什么人的名誉地位，才会有所心得。

20世纪80年代，学术界和工程界从十年停滞中解放出来，又还没有那么多金钱的诱惑。大学和研究单位的同仁，大展拳脚。规范全面开花，行内人人觉得可以一展身手。中国建筑科学研究院那时还不属于国资委，组织了大量的规范编制、课题研究和学术会议。那时令人注目的首推何广乾。他担任建研院总工程师，经常主持各种学术会议。以他的数学、力学功底和对结构的深刻理解，很好地演出了他应担当的角色。在他周围，有魏链、张维嶽、胡绍隆、董石麟、李明顺等精兵强将。1987年，我在德国Phlipp Holzmann公司作访问学者，何总为了北京的汉莎中心工程来德国合作设计。我参与其事，才发现，不仅对结构，他对建筑、设备等各个工种都了然于心。以流利的英语，在国际合作中游刃有余。我在80年代，参加升板规范和抗震规范的编制组，经常去北京出差，就住在建研院一个会议室里。每天去食堂吃小米粥和像地雷一样大的圆茄子。嘴馋起来，就同南工（东南大学）的杜训和南京建筑公司的刘德发、上海建研所的王绍义出去买点猪头肉和二锅头解馋。在这些规范编制过程中，我好像读了一次研究生课程。指导教师在升板结构是张维嶽和董石麟，他们扎实的力学结构基础和明晰的逻辑思路，对我来说，如同春雨，润物无声。在抗震规范编制组，则是北京设计院的胡庆昌和清华的沈聚敏。他们对结构本质尤其是延性的认识十分深刻，设计或科研经验又极丰富。我生吞活剥学到的一点书本知识，例如Paulay的著作，经他们一点拨，会有恍然大悟的感觉。参加规范编制，绝非专业知识而已。我也参加了混凝土和高层建筑规范的讨论和课题组，和方鄂华、赵西安、徐云霏等共事。参加规范编制工作，体会到文字上的推敲和逻辑的严密，要做到不多一字，不少一字，不容许有误解，实在是要“铁杵磨成针”的耐心去磨出来。同时我也从幕后看到了规范制定的过程，认识到规范不是真理本身，而是对当时当地国情的一种妥协。只要看对同一个问题，各国规范都有不同的规定，就可知道我所言不虚。所以规范既要遵守，又不要盲目崇拜。在参加历次高层建筑会议期间，我与金瑞椿、孙业扬等合作编写高层建筑的非线性程序，写了不少文章，成了好朋友。还有曾经长期负责清华大学教学科研的余寿文，是我的同班同学。大学时在为数不多的，能在大多数考试中保持满分的同学中，就有我们两个姓余的。在国内，他是大忙人，而作为洪堡奖学金的获得者，他有机会多次来德国，而且正好在达姆施塔特。这时他的时间充裕，我们能够谈天说地，从他那里，了解到国内教育界的一些实情。

曾经沧海难为水

在第二讲，除了 6 个古代人物，本书写到 23 个近现代大师，其中有 9 个生于 19 世纪，余生也晚，无缘相见。而 14 个生于 20 世纪的大师，笔者有幸亲身认识其中的半数。接触中最深的感受，是他们对专业的热爱和敬业，他们在名满天下之后，还是那样的谦和平易。改革开放以来，国际交流的机会很多。这里也是按笔者本人熟悉的程度，回忆几位我所认识的外国同行专家。除了大师们之外，不论在同济还是在德国，笔者都结识了一些著名的学者和第一流的工程师。

首先要提到林同炎（图 12-8），他作为土木工程领域中取得最高成就的华裔学者，让一代中国的结构工程师心向往之。改革开放后，他来同济讲学，用中文开场之后，用英文演说。那次在同济的文远楼，由圣约翰大学出身的蒋大骅做翻译。林同炎放映他事务所所作的大量工程实例的幻灯，加上妙语连珠的解说，让封闭多年才初启国门的我们大为倾倒。我有幸与林先生有过较多的接触，源自林先生的哥哥林同济先生。他在复旦大学任教时是我父亲余上沅的同事，又是我们在复旦教工宿舍的邻居。“文革”结束后，我父亲已经过世，我母亲陈衡粹要我陪她去看望老朋友们，其中就有林同济。他知道我在同济工作，是林同炎的同行，父母都是文科老师，就告诉我，他弟弟正在寻找一个知根知底，结构专业而又通文墨的人。于是认定就是我了。于是林同炎先生就和我联系上了。他不断把 TY Lin 公司的资料邮寄给我，使我目不暇接。其中许多是由同济设计院的柳如眉译成了中文。我觉得还无从下手，请林先生提供他的生平。果然，林先生寄来了一盘磁带，亲口讲述他的一生，真实而生动。我动员那时读高中的女儿余巧，把磁带记录下来，她认真地完成了托付。这就是我执笔写成《预应力先生林同炎》一书的主要依据。我把书稿寄给在美国加州的林先生，他逐字逐句作了校订。主要是年月日的考证和细节的确认。对作者的安排、文笔和评论都十分尊重。那时在上海科学出版社任编辑的同济学生林丽成，为我编辑出版了《升板结构设计原理》一书，这时又以饱满的热情完成了林先生中文传记的编辑出版工作。一来二去，经常通信，就变得熟悉起来。林先生和他的夫人高训铨每次回到上海，都要约我见面(图12-8)。1982年，我和俞载道先生等因为同济引进地震模拟振动台而去美国，顺道参观加州大学伯克利分校的振动台。林先生知道后，在旧金山最好的中餐馆宴请我一行全体11人，并邀请当时在国际抗震界鼎鼎大名的教授如R.W.Clough，J.Penzien，H.D.McNiven等和他们的夫人穿着晚礼服作陪。并请我和同行的同济老师俞载道、陆伟民和方重等去他的办公室参观(图12-9)。1994年，我和家人去美国，再一次访问了林同炎的办公室，见到他满墙挂着各种奖项。林先生兴致勃勃地陪我们找到一家地道的广东茶楼去饮茶聊天。我到德国工作后，与林先生还常有沟通，他也一如以往，把他事务所的新作源源不断地寄给我。可惜我未能续写林同炎传记的新版。现在该书已绝版多年，希望这本记有林同炎第一手资料的传记有再版的机会。

我至今有个习惯，会称有些比我年轻者为“兄”。整理林先生送我的书，看到他在扉页的题词（图12-10），才想到原来是从这里学的。回想我父亲一辈人，也有这种做法。中文虽广博，但有时想想，可用的称呼实在太少。而以前常用的称呼，有的又被用烂了，如同志、小姐之类。又不情愿以对方官衔相称。据说官场已禁止称兄道弟，以避黑帮之嫌。但愿普通人也许还可以用吧？与林先生交往的另一件趣事发生在1988年。那时我从德国回到上海不久。林先生说要向上海市领导报告浦东开发的设想，要我去龙柏宾馆参加。那一次在领导面前，林先生和他的助手介绍了“土地批租”的概念。因为当时觉得开发浦东，钱从何来？林先生的意思是土

图 12-8　左图与林同炎夫妇在上海，右二是高训铨，右一是陶德华
右图在旧金山，右二是俞载道，右一是林的老友陈先生

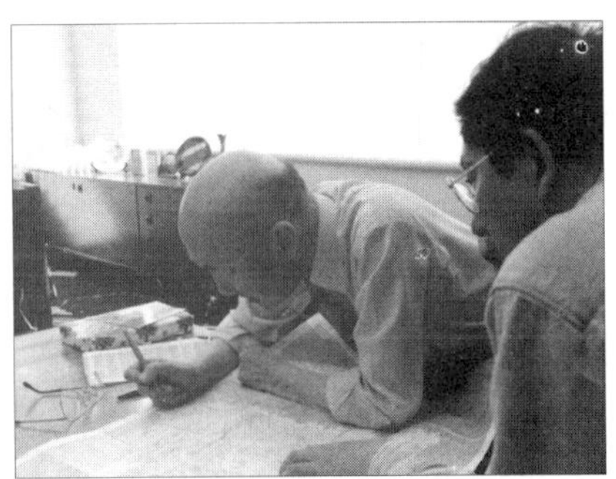

图 12-9　林同炎和笔者在上海和旧金山

Structural Concepts
and Systems
for Architects
and Engineers

DESIGN OF PRESTRESSED CONCRETE STRUCTURES

图 12-10　“预应力先生林同炎”，林同炎送给笔者书的扉页

地就是资本，哪有坐拥金山去讨饭的？当然他大概没有预料到后来的土地财政。所以林先生在中国改革开放初期，带来的不仅是技术，还是理念。会上让大家发言，我大胆提出一市两制的设想，说上海当时发展不如深圳，是因为深圳旁边有个香港，那么我们何不在浦东造一个香港呢？这句话，当时说得太早，不但引来几个记者，还在会上遭到社科院专家的批判。幸亏后来在报上见到领导人在内地多建几个香港的提法，才松了一口气。上

海自贸区直到26年后的2014年才挂牌。那时我的书生之见也就说说而已。回忆这一段，可见林先生对我的影响，也不仅是技术，还有理念。

再说姚志平(Yao，J.T.P.)教授，他来同济作结构可靠性的系列讲座时，我正在开这门课。所以不但从头到尾仔细听课，提问，而且给他拎包当助手。他准备了一厚叠塑料薄膜的手写讲稿用于投影仪。讲座结束后，他把这些都送给了我，还有一本他写的 *Safety and Reliability of Existing Structures* 我至今珍藏。讲座之余，他和我聊到他的家世甚至烦恼。在治学和为人，他都是一个和蔼的长者。姚志平在美国几座大学任教，并主编过有名的 ASCE 杂志。他邀我合作，和我合写了《模糊数学在结构可靠性分析中应用引论》登载在《结构工程师》期刊上。姚先生又邀我参加他担任主席的 ASCE“疲劳与延性”委员会，我按分工，编写了该委员会 *Structural Cumulative Damage* 的综合报告。姚先生和我长期保持通信，直到他年老体衰。他是我在美国除了林同炎先生之外，最熟悉的老师。其实就私人交往而言，要想起我的老朋友凡努梯（William J Venuti）（图 12-11）。他是美国加州圣荷塞大学的土木工程教授。他多次来同济访问。我们1982年去美国，他自告奋勇跟在我们的大巴上当导游。记得我们下飞机，时差难熬，许多团友呼呼大睡。只有我们同济的俞载道、陆伟民、方重等勉强打起精神。每到一个景点，凡努梯就大声喊道：“Is everybody awake？”后来又请我们全体 11 人去他的家里吃他夫人做的烤鸡。他的家在硅谷幽静乡间，去他家要经过两边大树参天的前院，车要开

图 12-11　Venuti 在同济工程结构研究所和在旧金山（左一是余迅）

很久。那时刚看过电影蝴蝶梦，恍如到了电影中的那个庄园。2004 年，我旧地重游，他请我一定去他家住两天，因为他已老了，夫人又去世，他指着需要经常清洗的游泳池对我说，我已弄不动这些玩意儿了。后来他搬入小的公寓，还给我来信。

我见过教授拥有豪宅的另一位是英国威尔士斯旺西（Swansea）大学的 R.W.Lewis，他在访华时认识我，后来邀请我去访问。他买下了一个衰落贵族的大宅，前院是大树，后院直通大西洋边，是个私家的海滩。室内保持了贵族的装潢和家俬，原来只在电影里见到过。他是结构和土力学的教授，却在研究铸铁浇铸砂模。我问他，这莫非隔行了吗？他说，其实都是沙子。当时在 Swansea 大学的一位同济建工系学生刘国强，学了有限元，课题却是玻璃瓶子，研究牛奶瓶、啤酒瓶的热应力，他说，稍加改进，玻璃瓶的废品率会大大降低，经济效益明显。联想到我弟弟同希在英国剑桥大学时，我去探视，他陪我参观剑桥土木系。那位教授在研究展开结构，就是像阳伞之类可以收放的结构。有个上海来的研究生在试验他的怪异设想。当时觉得匪夷所思，后来见到航天器上的太阳能板之类器件，才知道剑桥果然不凡。在英国，工程结构的研究，渐趋饱和，另觅蹊径也是被逼出来的。但我们土木工程和工程结构的教授们是否可以把研究的视野打得更开一些呢？专业不仅是专，还要博。现在我们有的博士应当改称“专士”，只见树木，不见森林。利用扎实的基础，在学科交界的“边区”去求发展，求创新，未始不是一个很有前途的方向。我在德国达姆施塔特工业大学工作，除了 Isler，还认识了两个也来做客座的美国教授：西北大学的印度裔教授 Surendra P. Shah 和 Ann Arbor，密西根大学的黎巴嫩裔教授 Antoine E. Naaman。与他们近距离接触，学习他们的待人接物和工作方法，也体会到美国科技先进，和他们从各个民族广纳英才有很大关系。他们两位都邀请我去访问，1994 年，我分别去访问了这两所大学。Shah 的太太是地道美国人，而对先生照顾备至。在德国，要天天中午来送饭，到了美国他们的家里，她亲手做一桌印度菜来款待我们。Naaman 是信基督教的阿拉伯人，在法国学习时娶了一个德国太太，也会做阿拉伯菜。科学技术的国际化深入的程度，真还是不看不知道，一看吓一跳，尤其在美国。

笔者有幸接触过一些结构大师，他们成绩卓著，在国际上享有盛名。但平时待人接物却谦虚谨慎，平易近人。有一种说法，人的成就好比分子，他的自我感觉好比分母，一个人分子再大，如果分母过大，分数的值就小了。不由得想起一件小事，1987 年，我去柏林参加德国土木工程界最重要的学术集会之一混凝土大会（Betontag）。会议安排了一天参观。那时我还不懂讲解人的德语，有一位老先生看出来了，主动很和蔼地用英语问我，您大约不懂德语吧？我坦率地承认确实如此。然后，他就整天当我的翻译，还加上一些他自己的体会。一天下来，我的收获很大。临别时，他给我一张名片，我才知道，他就是土木界大名鼎鼎的苏黎世工大教授，国际结构桥梁协会 IABSE 当时的主席托尔里曼（Bruno Thürlimann）。令我感到这位德高望重的前辈，真是分子很大而分母很小的人物，值得我们景仰。托尔里曼获得 IABSE 的 1997 年终身成就奖。本书第二讲选择人物时，并无客观的标准。但还是参考了国际结构桥梁协会 IABSE 颁发的终身成就奖的名单和国际地震工程学会 IAEE 历任主席名单等（图 12-12）。例如 IABSE 终身成就奖获得者在本书中说到的有：武藤清（1976 年）、Leonhardt（1981 年）、Khan（1982 年）、李国豪（1987 年）、Schlaich（1991 年）、Thürlimann（1997 年）、Paulay（2008 年）、Robertson（2011 年）、项海帆（2013 年）等。其中武藤清和 Paulay 还曾任 IAEE 主席。

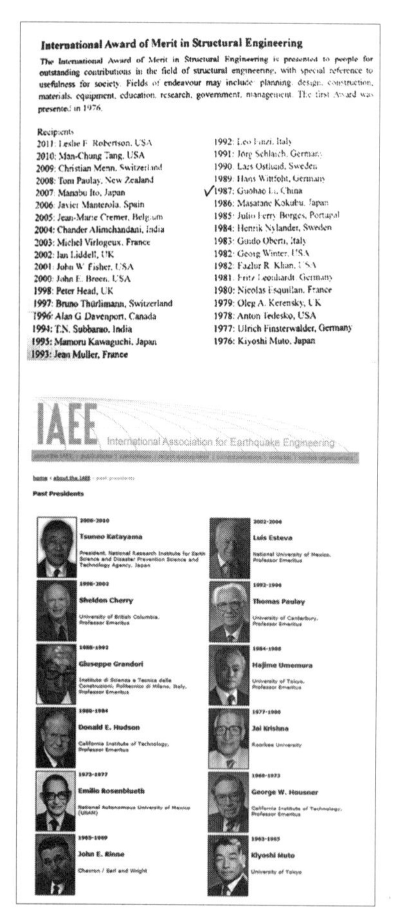

图 12-12　IABSE 颁发的终身成就奖的名单和 IAEE 历任主席名单

1989 年初，我应德国达姆施塔特工业大学的 Gert König（柯尼希）和 Joost Walraven 之邀去做客座教授。柯尼希师从 Alfred Mehmel 和 Hubert Beck，Mehmel 设计的双曲扁壳（图 12-13），就在我现在住处的附近，已改成一个超市的停车场，这座 20 世纪 50 年代修建的扁壳，风姿依然，已作为文化遗产被保存。

柯尼希（图 12-14）主持达姆施塔特工业大学的圬工教研室达 20 年，也创立了自己的咨询公司。柯尼希对轻质混凝土和高性能混凝土结构做过深入的研究。在德国混凝土结构和混凝土材料是放在同一个 Massivbau 研究所里的。所里除了结构教授，还有材料教授，那时是著名的 Reinhardt 教授。这一点很值得中国土木工程教育考虑。我在本书中，提到土木工程

图 12-13　Mehmel 设计的双曲扁壳

图 12-14　Prof. Gert König，和他在上海（右一是余巧）

的历史变迁，推动力来自材料的变革。撇去材料，结构只能在几何上下功夫。我在中国受的教育，对材料只会应用而了解不深。但欧洲和美国的结构教授花大量时间在研究材料的改进。轻质、高强混凝土和高强钢材的试验和在工程上的推广，都有结构教授们的参与。欧洲和德国的混凝土结构规范及混凝土手册 *Beton Kalender* 中材料所占篇幅远大于我国相应的规范与手册。我在德国公司做的设计，到中国首先要改钢材强度，大约要多用 30% 的钢，而混凝土构件的厚度也会因为钢筋放不下而加大许多。这一处的浪费实在可观。究其原因，国内土木工程界把材料和结构分离是一个不可忽视的因素。而且要涉及结构的耐久性和损伤积累等现代课题，不加深对材料的认识，仅仅玩玩有限元，结构是没有出路的。再回到柯尼希，他在 1995 年回到自己的家乡原属东德的莱比锡，去创建混凝土与材料研究所。他 70 岁时，在莱比锡举行庆生的学术讨论会，我专程赶去参加。在此之前，他在穿轮滑鞋时仰天摔倒受伤。在莱比锡见到他依然健谈，很为他高兴。他对中国很有感情。在他访问上海期间，我陪他夫妇去杭州游览，当时沪杭高速正在修建，我们在未完成的路基上，如在波涛汹涌的大海上颠簸了大半天。后来在雨雾中乘小船游湖，让他们体会到东方“烟雾苍茫雨亦奇“的韵味。他的女儿还曾经学习汉语。他的中国学生很多，其中有唐陞韡、毛清华等。

瓦尔拉文 Walraven（图 12-15）在许多领域开展研究，如剪切、冲切、

图 12–15　Prof. Joost Walraven，和他在 Delft（左一是他儿子）

裂缝宽度控制、蠕变和混凝土收缩、混凝土结构的扭转能力及预制混凝土。瓦尔拉文的博士论文是关于混凝土骨料的咬合作用以及裂缝效应，成为这一领域公认的理论。后来他专注于新型混凝土及其应用的发展，如高强度混凝土，自密实混凝土和高性能纤维混凝土。瓦尔拉文负责编写新的欧洲法规《混凝土结构》，他也是FIB“新型号混凝土结构”和“超高性能纤维混凝土”研究的负责人。

他在达姆施塔特工业大学和代尔夫特理工大学（TU Delft）招收的第一个博士生都是同济毕业生，沈景华和韩宁旭，正好与我也有师生之谊。我在达姆施塔特所作的项目是与他合作的。后来他多次访华。我也曾多次去Delft看望他，有次还住在他的家里。他的工作，再一次证明欧美结构教授对材料的重视和精通。回忆起20世纪50年代，建材教研室是在结构教研室的隔壁，属于同一个系。后来黄蕴元带了一部分师生，其中包括我同届工民建的两个班去开创了建材系，后来又成为学院。但结构和材料的距离就愈来愈远了。发展是硬道理，但是学院林立，必须有一种机制，让相邻的学科结合起来，有跨学科的融合，才有创新。工程结构最近的两边，一边是材料，一边是建筑，工程结构的各个专业要伸出双手去紧拉近邻，而不是只盯着力学和结构，路才会愈走愈宽。有一年，我去Delft，韩宁旭陪我去参观荷兰巨大的防洪大坝Maeslant Sturmflutwehr，荷兰很多地方地势低于海平面，曾经遭受海水倒灌的洪灾，下决心修建了这一宏伟的工程。这里顺便介绍一下，韩宁旭在荷兰工作多年，后来回到深圳大学。他在混凝土耐久性方面，有创造性的贡献，这种把结构和材料结合起来的思路，应该说是秉承了欧洲工程结构研究的路线。

我长期在德国工程界工作，在工作中认识一些德国优秀工程师，他们严谨的作风、扎实的基础，让我折服。在Phlipp Holzmann工作时间不长，部门的领导是桥梁专家Andrea Rahlwes，他理解我想在有限时间内尽量多学多做的愿望，在一年多时间里给我转了几个小组，做了七个课题，写了七篇报告。其中*Die günstigste Lage von horizontalen Versteifungsträgern bei der Kopplung von Hochhauskernen mit den Außenstützen*发表在1989年德国

Bauingenieur 杂志上。在工作结束时，给我颁发了 Holzmann 奖章。在和同事们合作中，结识了一些朋友。其中业务最好的是当时做地下工程，后来去汉堡做海洋工程的 Eberhard Krauss 和现在亚琛大学 RWTH Achen 做教授的 Josef Hegger。我们至今一直保持着联系。

在 Hochtief 建筑公司的设计研究部 IKS 工作到退休，后来又被返聘。IKS 当时的领导是 Bernhard Haselwander，他是工程师出身的行家。他的领导方式，似乎有点像中国的道家，无为而治。似乎不存在，又不动声色地把部门搞得井井有条。除了项目负责人的例会，我好像没记得他召开全体会议。只是在有同事退休举行酒会时，对即将离去的同事，他歌功颂德，巨细无遗。可见每个人平时的表现，他是了如指掌的。中午有时和我们去散步，去店里喝一杯其实公司敞开供应的咖啡，他的步子很大，让人赶不上。

我们动力组的负责人是 Günter Waas，他在美国 UC Berkeley 得到博士学位，到 MIT 工作，回到德国 Hochtief 负责核电站的动力分析。他是德国除 Josef Eibl 教授之外，少数几个公认的地震工程专家之一。年轻时在地基抗震和阻尼等方面，颇有建树。他的力学基础极好，概念非常清楚。在大量计算机数据面前，保持清醒的判断。对工作要求很高乃至苛刻。在他手下工作，真是有卖肉给鲁智深的感觉。在中国学习工作三十年后，要立刻上手核电等大型工程的抗震、抗爆及抗冲击的动力分析，真像用中国的插头去插德国的插座一样。我为什么在本书不厌其烦地回忆向老师和同行学习的经历，就是因为书到用时方恨少，在要紧关头，遇到从未见过的课题，只能靠自己的基本功和学习能力了。也很感激我的同事，从理论、经验、语言各方面帮助我。特别是 H.G.Hartmann、H.Hansen、H.Ruetzel、W.Weber、P.Rangelow、R. Dupke、P.Dechent、A.Wetzel 等。不知道是我特别幸运，在 IKS 和动力组，同事之间可以真诚相待，帮助别人毫无保留。上面提到的各位，个个身怀绝技，除了一两位，都是博士出身。例如 H.G.Hartmann 博士是地基抗震和抗震软件的实干家，谦虚低调，而无所不通。H.Hansen 相当于我国所说的总工，为人直率热情，对设计十分精通。H.Ruetzel 博士现场经验丰富，去过柏林的人都知道 Sony 广场，那个复杂

图 12–16　德国柏林 Sony 中心和巨大的飞艇机库，由 Hochtief 建造

的预应力帐幕屋盖，就是他主持现场施工的，还有巨大的飞艇机库 Cargo Lifter（图 12-16）。他们不但业务精湛，为人也诚恳真实。我第一天上班，请教同一办公室的 R. Dupke 博士，这里什么最重要？他不假思索地回答我“Urlaub（假期）”。他要去会议室，说“有重要电话请叫我。”我问“什么是重要电话？”他答“重要电话就是 Haselwander（一把手）和我太太打来的。”后来体会到，这真是金玉良言。我一直记得这些话，因为可一窥那里同事相处的气氛。这些人都成了我的朋友，尤其是退休之后。

在德国我最好的朋友都是同行，但却不是共同工作过的同事。Gerhard Schmidt（图 12-17）是法兰克福城市地下交通系统的总设计师，德国地基规范的编撰者之一。我在法兰克福工作初期，他带我参观各处建成或在建的地铁隧道，使我增长了见识。我们 1986 年在 Holzmann 公司认识，并非同一部门。只能说是投缘，我们兄弟般的友谊保持到今天。我常感叹，有些人像水蜜桃，一口下去，全是蜜汁，但小心他的内核嗑

图 12–17　我的好友 Schmidt 庆祝 80 岁生日（右一是宋志萍）

着牙。而德国人像核桃，外壳坚硬，轻易打不开，但一旦为你敞开，里面都是桃仁了。林语堂说德国人是“茄门人 German”，上海话的“茄门相”就是“吃相难看（面目可憎）”。德国人不熟悉时，的确给人以冷漠感。不少中国留学生，不理解他们的性格，施展微笑外交，往往适得其反。其实与人交往，关键无非是一个“诚”字而已。我们全家和 Schmidt 都有深厚的友谊。他的外孙女来过上海，我们陪她看看，回去后，居然选定了汉语专业。我对德国风土人情，工作作风的了解，很多来自 Schmidt 的言传身教。

图 12-18　我和 Neumann 在当年穿越柏林墙的隧道原址

我的另一位好朋友是 Joachim Neumann（图 12-18），他在退休前是 Lahmeyer International 负责技术的董事和领导隧道设计，曾是英吉利海峡大隧道的技术总顾问。他曾陪我参观过德国一些典型的地下工程。他有着传奇的故事，在柏林墙阻隔东西的年代，他和同伴悄悄地动手挖了两条小隧道，把包括他的女友即后来的夫人 Christa 接了过来。至今柏林墙纪念馆还保存着这段佳话。

在欧洲也有来自同济后留下来工作的土木工程师。例如考过同济研究生的唐陞韡，与我有师生之谊的张传增、韩宁旭及侯长宝等。有的为本书写了读后感，附有简历。这里就不多介绍了。他们都在异国他乡攀登高峰，青出于蓝。我为他们的成就感到由衷的高兴，身在国外，依然觉得“吾道不孤”。再一个是远在新西兰和澳大利亚的我的研究生吴建乔，几十年来，哪怕远在天边，也和我保持联系。而现在同济的教师，我认识的反而只有一小部分了。李国强、陈以一、顾祥林等业务与管理能力都很强。我接触较多的有赵宪忠，他对本书很关心，对教学很有见地。熊海贝与我在结构研究所曾经共事，热心积极。李元齐作为沈祖炎老师的助手，和我有不少合作。我还和肖建庄、小李杰、卢文胜、张蓉伟等有师生之谊。对年龄相近的马志超、范家骥、周竞欧、宋子康这些曾经共度时艰的老友，更有亲切的感情。还要提到蔡金根，木工出身的工程师。我做研究，从模型到试验都由他操作，他和我同年，年轻时都是急性子，但我们却配合很默契。很多在同济的同学，到各个高校或设计院工作，后来一直保持着联系，例如冒怀功等，相交莫逆，成为几十年来的好朋友。

也许有必要声明，本章选择人物的标准不是他们的成就大小或地位高低，而是我对他们认识的程度。我只选自己认识的写。有很多卓有成就的名家，我无缘近距离接触，只好存而不论，绝非心存怠慢。我希望通过自己的观察和感受，从一个侧面描绘人物。人们可以容易地在网上查到专家们的生平业绩，而笔者只不过凭自己的直觉写点感想，必不能精确全面。如果不尽人意，只好请求谅解了。

结构与建筑的不解之缘

本书虽然号称讨论工程结构，但限于我的学识与经验，还是以建筑结构为主。出于我和我的家庭对建筑的兴趣，而且 1959 年起就在同济设计院工作，而最后在德国 IKS 设计院退休的个人经历，笔者本人作为一个结构工程师却和建筑结下了不解之缘。直至今日，我的名片上印的职业，除了同济大学顾问教授，就是德国赛朴莱茵建筑规划设计科技公司（XYP）总工程师。那其实是我儿子余迅的建筑事务所。在同济，我为冯纪忠、戴复东、朱亚新、王宗瑗等配合过结构设计，和很多同年代的建筑师接触较多，如赵秀恒、卢济威、刘仲、张振山、陈锡汕等。深感结构与建筑关系之密切。值得回忆的是陈从周先生（图 12-19）。因为他早已认识我的父母，是父母挚友徐志

图 12–19　陈从周和笔者

摩的亲戚，我母亲每来同济，总要去他家聊天。又因为他是工科大学里的文人，我主持同济大学出版社期间，陈先生差不多天天过来聊一会。在提高人文学科的认识和修养方面，有很多潜移默化的影响。他的《说园》中英对照本出版，我和他的讨论，从封面到版式，谈得很细。例如中文直排按线装书向右翻页，而英文横排向左面翻页，这种做法，当时还不多见。想起在日本和瑞士，大学教育中结构与建筑就紧密结合，所以他们也有很多结构与建筑水乳交融的佳作。

作为《时代建筑》的主编，支文军作了一件有意义的事，出了一集高水平的专刊：《力的表达：建筑与结构的关系》。他说，从力的感知到受力体系的选择，从结构骨架的支撑到空间形态的实现，从空间形态到建筑作为人类生活空间的容器，“建筑与结构的关系”本质上体现着自然、人和社会的关系。由于这本杂志的对象主要是建筑师，而且我们要承认，在结构工程师里，愿意从历史和哲学高度讨论建筑与结构关系的风气还赶不上建筑界。所以在这里引用其中一些观点，希望引起结构工程师的注意。

几位留日归来的学者所写的或所译的文章水平很高。例如郭屹民在《日本建筑形态与结构设计》中引用韩立红《日本文化概论》，认为日本的“稻作文化的特质”导致了包括结构在内的“纤细性”。日本台风和地震，使结构对水平力的抵抗更重要。日本木结构源于中国，但渐趋抽象，向轻薄的横向构成发展。日本传统木结构的柱距与柱径比为1/33~1/22，而北京故宫太和殿是1/7.2，日本的柱子尺寸仅是中国的1/4~1/3。木结构连结有可动性，容许产生位移。如“摇曳的杨柳”，利于抗震。直到SRC“钢骨混凝土结构”，也与抗震有关。1968年第一栋147m的霞关大厦，创立了高层建筑核心筒结构形式，再现飞鸟时代奈良的五重塔结构的概念，刚度大的芯柱结合外围的柔性框架。20世纪的几次大地震，使隔震建筑得到发展。普遍认为，后现代主义再一次撕裂了结构与观念的联系。但现代的可视化解析技术和新材料，使结构技术和建筑形态得以一种新的方式融合。传统木结构的特质是“结构即意匠”。一些建筑师认为“美在合理的近旁”。结构并非等同建筑，而是若即若离的暧昧。整体式结构设计(Holistic

Design）是结构与建筑之间深度融合下的整体化。结构设计（Structural Design）和结构计算是有区别的。我们结构设计师切勿把自己局限为计算机的奴隶和数字的工具。

日本建筑师佐佐木睦郎认为，近代与现代建筑本质上是“近代理性主义”。经济效益的逻辑，建筑构件的工业产品化、标准规格化、大规模生产化、预制化和合理化。大多数是简单几何形体。统一规格的、定形的、反复的、单调的建筑语言蔓延。造成非人性化的毫无魅力的城市环境。转而追求自由形体。建筑的根本目的，是创造空间来回应对建筑的诸多需求。结构将工程与技术直接连接。高迪和密斯凡德罗把建筑和结构形态问题看作本质问题。19 世纪法国建筑师杜克（Viollet le Duc，1814—1879 年）开始了“结构理性主义”。非装饰性、功能性、理性主义是近代建筑思想母体。杜克认为根据哥特式建筑，认为建筑形态是几何均衡和结构力学均衡的结构，以最少的材料包围最大的空间，达到最大的高度。斋藤公男认为，信息社会可用虚拟空间对空间的形态作无数的预想。当代结构设计因高度发达的计算机分析技术而呈现复杂化、多样化、分散化、微细化。人类能想象的自由形态的结构体均可解析。信息化使建筑结构可以扩大其差异的可能性，推进多样化与新奇化。当代前卫的建筑师对单纯形态不感兴趣，而寻求更高自由度的开放空间。

信息化怎么能带来更自由的空间呢？在结构模型化一章中，我们讨论过如何用有限元法建立结构模型。现代的有限元法可以把建筑师设想的三维的几何形体，变换到有限元模型，自动划分单元，只要给出材料特性的几何尺度，计算机程序，可以很快算出这种三维形体的应力场。结构工程师就可以对它加以判断和优化。在建筑史和结构工程师的互动中，创造新的建筑和结构都满意的空间。汽车工业早已这么做了，推广到建筑和工程结构，只是时间问题。事实上，十几年前，宝马 BMW 汽车，在国际车展中，已经应用过这种方法。计算机三维数字模型，不仅用于设计，而且直接用到制造。法兰克福车展的宝马展览厅，造型奇特，直接把数据发送到制造厂商，制作三维曲面的金属结构。这种方法，几十年前，就在航空航天和军事领域运用。1982年，我们参观美国Annapolis的海军学院的波浪试验台，就见到他们用铣床制造数据化的三维舰船模型，放到试验水池中做测试。现在已有三维打印机。这种三维找形的技术，在将来会在建筑结构的某些领域应用，把形和力迅速互动，相互优化、协调，优化出建筑师和结构师都满意的作品。这就对未来的结构工程师提出了新的挑战，大学教育，也应当有所准备。当代建筑师与结构师需要更加密切的合作。建筑的新趋势，给结构工程师带来新的挑战，也带来新的机遇。在工程结构有关专业的教学改革中，如何加强对建筑的理解，是一个无法回避的课题。否则，结构工程师便会沦为依样画葫芦的工具，而不是能与建筑师在互动中去创新的思想者。

创新的追求——下笔如有神

结构工程师如何创新？夹在业主和建筑师天马行空的想象和几十本规范死板的条条框框之间，剩下给结构工程师的空间似乎很小。让人想到就如哥伦布面对西班牙国王一般。国王拿着一个鸡蛋，问谁能把它直立起来？诸位臣下面面相觑。只见哥伦布拿起鸡蛋，敲破一头，鸡蛋就站住了："陛下要鸡蛋直立，并没说不可敲破蛋壳呀！"结构的创造，其实都是"绝处逢生"。笔者没有重大的创造，但总在寻找优化的可能，在困难的处境中冲出重围。不求一鸣惊人，只能在细微处见精神，创新是结构工程师终身的追求。这里举几个笔者自己工作中的十个追求创新的例子。

（1）当年分析升板事故，开始都说是施工豆腐渣问题，我仔细思考，提出了群柱失稳的假定，和其他专家发展的计算理论和方法。一起制定相应规范，促进了升板结构的安全和发展。

（2）接到南宁罐头厂一个任务，场地小到了无法开进吊车去安装升板柱。我提出了劲性钢筋柱、升滑结合的施工方法，在"螺丝壳里做道场"，用立在临近建筑屋顶上的把杆吊装很轻的小型钢骨架所做的柱子，在地面浇筑平板，在平板提升过程中挂上柱子模板，边升边浇混凝土。圆满完成狭小基地的工程。

（3）上海有一个升板工程，柱子安装好了，发现没有与平板连接的齿槽和插销的孔洞。我用约束混凝土的概念，大量增加现浇柱帽的环箍，限制它的横向变形，结果顺利承受了机器上楼的振动荷载。

（4）前面提到过打破常规的地震模拟振动台的平板基础，打破了试验室厂房的山墙，在露天建造一块平衡重。

（5）有次做一个大塑像，要求其手臂的混凝土不可开裂。混凝土结构哪有不开裂的道理？于是我们从身体植入一根钢轨，手臂焊上一根型钢，再布置钢筋，缠上密密的细钢丝，按水池理论来设计混凝土，果然几十年不开裂。

（6）在理论上，笔者尝试涉足一些当时最新的领域，例如框架结构的变形能力试验和计算方法研究，结构可靠性的研究，模糊数学在结构中的应用、损伤积累在混凝土结构中的应用和抗震设计中延性系数等。不停留于规范的应用，而努力独立思考，提出问题并探索解决问题的途径。

（7）在德国，高层建筑因为所有的房间都必须人工采光，建筑只能细而高，抗侧力刚度不够了，怎么办？我们设置水平加强层，把内筒和外框架连起来，用加强水平结构而非竖直结构的方法，解决横向刚度问题。现在这个方法已经普及，但当年我们建议用这个办法解决了深圳某高层建筑的水平位移过大的问题。

（8）在雅典奥运会前，我参与了新雅典机场的抗震设计，希腊没钱，我们的设计，经过精心计算，节约到了极点。我正在北非西属加那利群岛度假，雅典发生大地震，许多房屋倒塌，我十分焦急，坐在电视机前盯着新闻看，唯恐我们设计的几栋候机大厅出问题。回到德国，才知道我们设计的极节约的结构安然无恙。后来我去现场，负责施工的工程师说，他的办公室书架都倒了，附近有的建筑也损坏了，而候机大厅连一条裂缝也没有，使我增加了对正确理论的信心。

（9）在武钢和太钢，我用精确计算，和德国同事一起，在复杂的地基上设计建造了 400 多米长的箱形基础，不打一根柱，不设一条缝。

（10）在首钢，我们试图开发一种结构简单而建筑多样的钢结构住宅体系，为此还研究折板薄钢板剪力墙、下承式复合梁板等相应新技术。

这里我只举出一些“鸡毛蒜皮”，因为参与过的大型工程，如好些核电站，一则有保密协议，二则是许多人的合作，反而不便多说了。这里只想用亲身经历说明，不要计较任务的大小，一个有心的结构工程师，要想创新，总是有机会的。同时也说明，钱是泡不出好结构的。在夹缝里求生存，反而会置之于死地而后生。力学产生结构，结构让空间实体化，空间组成建筑。

现代技术让幻想成为可能。迪拜（图 12-20）和上海（图 12-21）创造出当今建筑结构的新地标。而对它们的评价，似乎还为时过早，尚待时间的考验和历史的冲洗。

有机的功能主义成为未做完的梦。超表皮建筑（hyper surface architecture），希望借助计算机技术实现前所未有的自由曲面的造型与结构，期待着另一种现代主义。利用计算机技术，CAD，从模拟化思考到数字化思考，影响到建筑及结构。结构形态的创造包含拓扑关系的最优化。

图 12–20　迪拜

图 12–21　上海浦东

近年来追求非向心性、有机的、自然的、带有畸变的形态，只有在文化性、精神性的名义下，这样的消耗才能被允许。以自然的结构形态来营造自然的建筑形态。密斯 • 凡 • 德罗“Less is more”，后现代文丘里“Less is bore”，高迪和库哈斯“More is more”。究竟是多是少？已经争论了一百多年。笔者作为一个结构工程师，还是赞成“Less is more”。从力学的观点来看，蚂蚁比大象还有力，因为它托得起比自重大得多的重量。但力学不是建筑的唯一要素。

真善美　天地人

笔者已经指出，“真善美”是不可分割的。虚假的涂抹是不真，奢华的繁琐是不善，表面的绚丽未必美。结构工程师特别希望看到的是，结构的力量内涵与功能、美观的统一。最不能容忍的是虚假造作的建筑。这里，笔者试图用中国传统哲学的框架来分析建筑和结构的关系。

道家说：“道法自然”，有文章（Remo Pedreschi）说：“结构与形式都应遵循自然的法则。”结构只有遵循自然的物理力学原理才能成立，结构要用自然界的天然或加工过的材料去抵御自然环境的作用乃至自然灾害，若以“天”代表自然，结构是“以天为本”的。结构工程师可以说是在“替天行道”，其实是在自己的工作中，掌握、遵循、运用并坚持力学和结构的客观规律。而建筑则是“以人为本”的，建筑的尺度是以人体工程学为出发点的，建筑的功能是以人为中心的，建筑的美观是以人的感受为标准的。“自然”和“人”关系正好对应于“结构”和“建筑”的关系。所以结构与建筑如果能达到“天人合一”的境界，就会出现好的作品。也就是既满足“人”的一切合理需求，又符合“自然（天）”的种种规律。但是“天人合一”的建筑还并不完美。如同“国际流”的现代建筑，有很多玻璃和钢建造的方盒子，“放之四海而皆准”，使世界各地许多城市雷同。宋代词人柳永词曰：“今宵酒醒何处，杨柳岸晓风残月。”我建议现在可以改为：“今宵酒醒何处，玻璃墙密集高楼。”欧洲之所以吸引旅客，在于历史、人文包括建筑的保存。法国人口约 6 500 万，而每年吸引约 9 000 万旅客，名列世界第一。关键就在于它的历史文化内涵和城市建筑的地方特色。2014 年我国城镇化工作会议公报发布之后，很多人都记住了公报中的一句话：“让城市融入大自然，让居民望得见山、看得见水、记得住乡愁。”这真是多少年来我盼望的一句最精彩的话。振聋发聩，让我击节赞赏。“记得住乡愁”，多么诗意的表述！希望真能落实。结构和建筑有了“天人合一”，还缺什么？就是乡愁，就是“地”。建筑结构一定要有地方特色。“天”随“地”而迥异，“人”随“地”而不同，从结构的观点来看，不同地方的建设场地的地质、土壤不同，气候不同、地震烈度不同、风力大小不同、地下水位不同、地方性材料不同、施工条件不同。从建筑规划的观点来看，历史人文不同、自然景观不同、风土人情不同、周围环境不同、生活习惯不同。离开了“地”，“天人合一”也没用。现代有的建筑理论家也强调，像从地上长出来的建筑，才是好建筑。结构也是如此，就是说要接地气。我个人认为，中国古代哲学不能预见今天，但古人的智慧，使后人可以利用它作为分析的框架，理出思维的头绪来，未尝不可一试。这里附带复习一下《易经》。《系辞下》说：“《易》之为书也，广大悉备，有天道焉，有人道焉，有地道焉。三材而两之，故六。六者，非它也，三材（也作“三才”）之道也。”大家知道易经里 64 卦的每个卦都有六爻（yao），六爻由下而上为：初、二、三、四、五、上，其中初、二两爻为下象征地，三、四两爻为中象征人，五、上两爻为上象征天。“天地人三才”是中国古典哲学最核心的观点之一。我们以此来看待“结构、地方、建筑”的关系，至少让我们建筑师和结构工程师在说服业主或领导时多一种说辞。我们说，建筑、结构加上地方特征三者兼顾，融合得好，才有好的建筑结构。“天地人”的和谐，是我们的追求。

忘记历史就没有未来，不懂得历史也就不懂得创新。抚今追昔，面向未来。希望读者能以更大的兴趣来从事工程结构的职业，在回顾历史的同时去创造历史，在获得乐趣的同时获得成功。

读后与后记

一本透视工程结构的好书

近日喜获余安东教授新作《工程结构透视》一书清样，潜心读之，深感收益，集其要点，附注于此。

随着人类生活水平的提高、社会需求的进步和科学技术的迅猛发展，人们对建筑和工程结构的要求愈来愈高、愈来愈苛刻，建筑和工程结构需要经济、美观、可靠、功能齐全。但在众多的衡量标准之中，尤以结构可靠最为关键。可靠即安全、适用和耐久也。本书中列举详述的豆腐渣、楼倒倒、阳伞吹喇叭都是结构不可靠的典型例子。真正设计和实现可靠的工程结构并非易事。材料和载荷具有分散性和不确定性，施工过程也会带来不可避免的偏差，考虑这些因素，必须依靠可靠性理论，对工程结构进行可靠性分析和设计。在实施过程中，同时必须注意施工质量管理。

结构抵抗外力，全仗自身内力。内力外力较劲，最终两者必须达到平衡。一个工程师可以在许多次要细节上做出妥协，唯有力的平衡这一铁律不可违背。结构的静力和动力问题均可理解为力的平衡问题，两者不同之处在于考虑动力问题时需要考虑惯性力，静力问题可作为动力问题的一个特殊情况处理。内力用应力描述，其相应的变形为应变，两者之间的关系即材料的本构关系或本构方程也。

几何决定结构是否五官端正，是否肌体健全。纵观近年来建筑世界，畸形怪状、哗众取宠的结构纷纷涌现，褒者贬者各有其说，但有一点值得强调的是，这些建筑未必符合工程结构的基本设计理念，其中许多甚至弊端凸显。工程结构的创新，离不开其几何形式的优化和妙用，离不开理性、感性和务实的设计理念，但千万不可片面追求奇、怪、异、不伦不类也。

工程结构必须刚柔具备。初学者往往混淆强度、刚度、延性（或韧性）、韧度这些概念。结构的强度和延性实乃材料属性，与结构的几何尺寸和约束无关，而结构的刚度和韧度则是材料与结构几何尺寸（包括约束）的归一。在现有的教科书中，结构的韧度定义可惜不如刚度明确，常和材料的延性或韧性（ductility）混为一谈。高韧度的工程结构柔也。以柔克强，抗震有方。欠柔过刚，以刚碰强，偶遇突强（地震），毫无预警，脆断遭殃。过柔欠刚，累积损伤，病入膏肓，回天无术，难有良方，照样遭殃。工程结构的刚柔和谐，犹如太极中的阴阳合一，两者缺一难以真正达到登峰造极也！

工程结构往往十分复杂。如何简化问题，建立合理的分析模型即结构系统的模型化，是分析和设计工程结构的重要手段和前提，是衡量一个结构工程师水平高低的重要标准。一个优秀的结构工程师善于抓住问题的关键，舍弃其无关痛痒之处，利用最简单的模型描述结构的主要特性。正如爱因斯坦所讲，“模型要尽量简单，但不能更为简单”。当今世界，不缺功能齐全的各种数值计算和模拟软件，不乏具有高储存量和高性能的计算机硬件，但常常缺少的乃是结构工程师的建模技巧和能力也！建模的技巧和能力来源于好学、乐看、深思、善虑和灵感。

建筑和工程结构的发展与人类文明和科技进步密切相关。温故知新，方可创新。洋为中用、中为洋用，需取其精华，扬长避短，不可盲目照搬。纵观中外历史上许多大师的代表杰作，纵然有其独到之处，但其中蕴含着建筑和工程结构发展历史中逐渐形成的精髓。作者余安东教授以自己精辟透彻的感悟,深刻阐明了在分析设计工程结构时学习与创新的哲理与关系。

该书无繁琐的公式推导，也无大量的数据列表，言简易懂、图文并茂。究其原因，源于余安东教授深厚的文化底蕴、扎实的专业基础，几十年丰富的教学、科研和实际工作经验。细度此书，您会感受到文化上的愉悦、专业上的滋养、古今中外的通融、认知能力上的升华！

余安东教授《工程结构透视》一书，精辟透视结构工程，实为一本难得的好书！劝君潜心细读、认真领悟，来日定会大为受益也！

Chuanzeng Zhang（张传增）

2014年5月18日于德国锡根

张传增教授简介

张传增教授出生于山东省巨野县一个世代务农的农民家庭。1977年中国恢复高考后考入同济大学建材系读书，1980年被中国教育部选拔为首批公派留德大学生。1983年在德国达姆斯塔特工业大学获得工学硕士学位（Dipl.-Ing.），1986年在德国达姆斯塔特工业大学获得工学博士学位（Dr.-Ing.）。1986—1988年在美国西北大学做博士后研究工作，与世界著名力学家Achenbach教授合作（Achenbach教授是美国工程院、科学院和艺术与科学院三院院士，并在1999年入选荷兰皇家科学院院士，2010年入选韩国国家科学院荣誉院士。Achenbach教授是美国力学界唯一获得代表美国技术和科学领域创新最高荣誉的国家技术奖（2003）和国家科学奖（2005）两大奖项的科学家，此外他还获得很多其他重要奖励）。1988—1989年在上海同济大学工程力学系任副教授。1990年起在上海同济大学工程力学系任教授。1993年获得德国达姆斯塔特工业大学特许任教博士学位（Habilitation）。1995—2004年在德国齐陶/格里茨应用技术大学土木工程系任教授。2004年至今任德国锡根大学土木工程系结构力学C4教席教授（德国最高级别教授），全球华人计算力学协会副主席、德国同济校友会名誉会长，同济大学兼职教授，哈尔滨工业大学、哈尔滨工程大学、南京航空航天大学和中国建筑材料科学研究总院客座教授，澳门大学资深客座教授（2010—2011年），英国威塞克斯技术学院客座研究员。张传增教授兼任近10家国际专业杂志和系列专业丛书的编委、副主编和特约编辑。现为欧洲科学院院士、欧洲科学与艺术院院士、欧洲人文与自然科学院院士。国务院侨务办公室专家咨询委员会委员。

张传增教授及其科研小组至今已承担多项由欧盟、德国科研基金会（DFG）、德国科教部（BMBF）、德意志学术交流中心（DAAD）等官方资助的科研项目，并与国内许多高校科研单位在功能梯度材料和结构、智能材料和结构、声子晶体材料和结构，建筑节能、再生混凝土应用，以及联合培养研究生等领域开展了密切合作。张传增教授在工程材料与结构的断裂与损伤分析、智能材料与功能梯度材料断裂动力学、声波和弹性波在复杂介质中的传播与散射等跨学科问题的离散建模、数值模拟和计算机仿真研究方面取得了大量的研究成果。张传增教授已在专业杂志和学术会议论文集发表学术论文600余篇，完成科研报告40余篇，近五年来应邀做学术报告50余次，参与组织了30多个国际学术会议，并先后为近60余家国际学术杂志做书面评审工作。

一本结构学通论的好书

大约在一年前与我的恩师及挚友余安东教授聊天中得知他正在构思一本有关结构通论的书，这和我当时存在的土木工程领域内缺少结构概论与通论的相关书籍的想法不谋而合。在和余教授进一步沟通之后，更加增强了我对这本书的好奇与期待。

阅读了余安东教授的《工程结构透视》书稿之后，证实了我先前的预感是正确的。总结下来该书有几个值得关注的特点：

1）失效与结构安全性与可使用性

如果说土木工程概论所需要传递给工程师的理念是以结构为核心的话，结构学通论带给我们的恰恰是围绕这一核心理念而运作的具体方法。余安东教授通过深入浅出的方式将结构学中最重要的核心理念展现出来。首先基于结构是由材料（点）到构件（线与面）再到系统（空间）这样的逻辑构成关系，借助失效的具体实例生动地引入结构学中失效这一重要概念并与结构的安全性与可使用性建立起关系。

2）结构中作用与作用效应

结构系统在外部荷载作用下的反应（即作用效应）是通过力学知识来确定的。在不同作用特征下（如静与动）结构所产生的作用效应（结构内力与变形）也不同。余教授通过从物理学的牛顿定律到结构动力学原理的融会贯通，展现出结构中作用与其产生的效应之间的互动关系，通过实例强调结构体系的变化会对相同作用产生截然不同的作用效应。

3）结构与抗力

结构的抗力通常由组成结构的材料与结构几何特征（如尺寸与形状）来提供。其知识通常散布在数门专业课中。本书从材料的本构关系到结构选型，围绕与结构抗力相关的重要问题（如材料的弹性与韧性，结构的刚度与延性），运用大量实例，浅显生动地把本来较为枯燥难懂的概念联系起来。不但便于工程师将分割多处的知识有机地联系起来，更能使其融会贯通，举一反三。

4）作用与抗力的不定性

土木工程中最为重要的一个观念就是结构的作用与抗力的随机性，或称之为不定性。本人正是在同济读书期间有幸聆听到余安东教授的结构可靠度分析的课程，在脑海中深深地建立起了不定性思维的方法论，受益终身。余教授在本书中花专门的章节来阐述结构中的各种不定性，告诉工程师们在保障结构安全性和可使用性上该如何正确对待和处理不定性问题。

5）工程师应有的悟性

工程师与科学家的本质区别在于前者通过其知识与经验能够将问题迅速地限定在一个合理的范围之内，该范围的大小取决于其分析的粗细程度，但永远不可能做到如科学家处理问题那样的精准，这里又涉及效率问题。工程问题总是和优化学相关，没有一个唯一的答案。余教授正是把握住这一特点，结合他个人丰富的理论与工程经验，更兼备他对于人文和社会科学方面的兴趣与功底，总结出工程师应该具备的结构悟性，对于从事结构工作的职业人员有非常重要的启发和指导意义。

在尚缺少专门结构学教育，特别是相应书籍短缺的当今中国，余安东教授的这本工程结构的论著无疑对土木工程师知识与能力的综合培养起到雪中送炭的作用，是具有开创性意义的重要一步，值得广大专业人员关注。

（韩宁旭）

2014 年 6 月

韩宁旭教授简介

深圳大学特聘全职教授，同济大学兼职教授，广东省滨海土木工程耐久性重点实验室总学术顾问。1983年毕业于同济大学。1996年获荷兰Delft理工大学工学博士。主要从事结构使用寿命设计、新型土木工程材料、无破损检测技术和结构法庭工程等方面的研究。国际材料、结构及实验室联合会委员，RILEM国际水泥基自修复材料-TC SHC委员会资深委员，荷兰混凝土技术委员会，国际混凝土联合会委员，荷兰混凝土结构规范及混凝土技术规范编制组成员。ICE Journal of Forensic Engineering 编委。曾在国际知名大学Delft理工大学从事教学和研究工作多年。之后在荷兰国家应用科学研究院任高级研究员。在荷兰最大的建筑集团Strukton和VolkerWessels担任过首席混凝土专家。从理论到实践都积累了丰富的知识和经验。已发表60余篇学术论文和研究报告，主持或承担欧洲数十项重大基础工程的设计和关键技术研发。承担了欧盟DuraCrete项目的研发工作，首次提出了基于结构性能和可靠理论的使用寿命（再）设计-PRSLD框架（2003年）和可持续性设计的基本理念（2010年）。

深入浅出　获益匪浅

我阅读了余安东教授的新作《工程结构透视》书稿。深感此书集是他五十年来从事教学、科研和设计工作丰富的经验总结，对建筑结构专业毕业的年轻工程师具有非常重要的指导意义。

此书的宗旨不是作为教科书。因此他避免了长篇的理论推导，也避免了面面俱到的论述。而是从工程实际的角度出发，通过众多的工程例子，来说明教科书及规范中一些理论及规定的必要性。同时抓住重点来描述，使得该书用有限的篇幅即涵盖了建筑结构工程设计中涉及的主要问题。对于工程经验尚不丰富的工程师有很高的参考价值。即使对于我这样已有二十六年工程经验的工程师也有许多启发。

余教授在他的职业生涯中既从事了教学及科研工作，也从事了实际建筑工程设计工作。既接触了国内的工程实际，也参与了德国的工程设计。可以说是经历及经验丰富，眼界开阔，集中德工程设计经验之大成。很多工程实例是他信手佔来。尤其在现在德国与欧洲一体化的过程中，德国建筑规范已与欧洲规范统一。由本书的宗旨决定，并未受限于规范的具体限定。因此此书的广度包括了中欧建筑设计工作中积累的经验。这进一步提高了本书的参考价值。

余教授基于丰富的教学及工程经验，深悟年轻工程师可能犯的通病。针对此他在书中多处举例说明应该注意的地方。例如他对于计算程序与工程师的关系的观点，可以说是十分具有针对性。积本人多年工程经验，确实如此。随着计算软件的不断发展及完善，能对复杂的结构或对结构细部进行分析，能处理的工况也更加繁杂、细致。为了实现更经济的结构，工程界对它的依赖性也日渐加深。因此作为工程师要避免陷入仅是一个程序操作员的境地，对其分析、判断的能力的要求就更高了。在未出现电子计算程序前，一个好的设计师必须能把结构合理简化，以便能用有限的计算手段来对它设计、分析。在现在有有力的计算工具情况下，对工程师的要求部分从前期的简化工作转移到后期的分析、判断计算结果能力上面去了。但为了能判断计算结果的好坏，还是要求设计师能合理简化结构，以便用手算能得出粗略的结果。同时还要对手算与机算的差异得出是否合理的判断。本人就遇到过多次由于计算程序的错误，导致计算结果出现较大偏差的情况。如果设计工程师不对此检验、判断，轻者导致结构不经济，重者导致结构不安全。对于计算结果准确性的判断能力的另一例子是关于计算数值的取位。如余教授所述，年青工程师经常偏向于保留小数点后面多位。殊不知由于荷载、材料、安全系数等取值（统计数据）及结构计算模型的不确定性，决定了计算结果的精确性是有限的。为此规范中很多参数都注意取有限的有效位数。例如活荷载的安全系数为 1.5 而非 1.5000，其计算结果多出二位以上的有效数从数学上可以证明都是虚假的“精确性”。在我们业内流行的说法：“忘记荷载比计算误差更糟糕。”充分支持了余教授的论点。此外，保持结果数值较少的有效位数也还有工程计算实际意义。

有时因为结构分析的输入数据略作改变或结构小的修正会引起结果的小变动。在结果取值“粗糙”时可以避免或减少每次小的计算修改导致的结果的改变。总之，余教授以其丰富的工程经验给出了工程分析计算的精髓。读者从中可以得到启发。

此书余教授写得深入浅出，语言生动活泼，读起来毫不枯燥，恰如余老师平时幽默的谈吐一样。作为科技读物具有吸引力，更是难能可贵的。

总而言之，读完此书后获益匪浅。是值得向建筑结构工程师推荐的参考读物。

（唐陛铧）

2014 年 6 月

唐陛锌博士简介

1953年出生于中国。

受教育经历：

1970年苏州市第一中学初中毕业；1982年在南京工学院（现东南大学）工民建专业本科毕业，获学士学位；1985年在德国达姆斯塔特工业大学建筑结构工程专业毕业，获硕士工程师学位（Dipl.-Ing.）；1991在德国达姆斯塔特工业大学建筑结构工程系，钢筋混凝土专业获博士工程师学位（Dr.-Ing.）。

工作经历：

1970年秋至1978年初在苏州石棉制品厂工作；1985年至1988年在德国达姆斯塔特工业大学建筑结构工程系，钢筋混凝土教研室工作；1988年至2009年初在德国柯尼希和贺依尼希（König & Heunisch）工程事务所工作；2009年至今在德国马克斯-博格建筑公司工作。

主要参与的工程项目有：R+V保险公司威斯巴登总部办公楼、法兰克福博览会入口大厅、美因茨德铁货运中心办公楼、天津开发区泰达大厦幕墙、比伯利斯核电厂某厂房抗震加固、西门子哈瑙核燃料再加工工厂某厂房改造、法兰克福机场A380维修机库、复合结构风力发电塔架；法兰克福机场2号航站楼交通枢纽工程（桥、隧道、线下通道、挡土墙等）、高速公路跨Kyll峡谷拱桥A60（223m跨度）、跨B257国道的Ditschardt隧道（Alternahr）、穿越A3高速公路的Wandemann隧道（Wallau）、其他桥梁以及许多预应力混凝土老桥的修复工程；高速公路跨Wilde-Gera峡谷拱桥 A71 （复合结构，240m跨度）、高速公路跨Lockwitz峡谷桥A17 （复合结构）、法兰克福-达姆斯塔特铁路桥等其他桥梁；京津高铁、京沪高铁、武广高铁、台湾台北至高雄高铁、韩国首尔至釜山高铁。

灯火阑珊处

曾听人说，“地理一张图，历史一条线”，如果你头脑中能有此勾画，则必能牢牢把握住她。学习工程结构久了，也不禁常想，是否能寻纲觅目，将纷繁复杂的三大力学、五大结构串起来，透视其本质，领悟其精髓？读了余先生的《工程结构透视》，颇有“蓦然回首、那人却在灯火阑珊处”的喜悦。

余先生《工程结构透视》一书的典型特色是“高屋建瓴”与“融会贯通”。传统上，土木工程教学、培训与科技读物多按力学原理、设计原理、施工原理、具体结构物的设计等顺序展开，或就其中某一方面的具体问题和难点进行阐述，读者要自己揣摩构形与传力、平衡与变形、强度与刚度、静力与动力、能量与系统、确定与随机等结构的本质问题，这对结构工程专业的学生和初出茅庐的工程师又何其艰难。而余先生藉其数十年的修为，以一个全新的视角，从形状、平衡、刚度、能量等结构最本质的角度勾画结构性态、阐述结构奥秘，架设力学原理与结构设计之桥梁，使身陷迷雾之中的工程技术人员尽快识别庐山面目。

余安东教授在同济大学任教三十余年，又在德国最大建筑公司Hochtief工作二十多年，对工程结构，可谓经验、原理、教材、规范、软件俱佳，不仅纵横捭阖于其中，而且深谙彼此关系。书中，他似建筑学科那般注重结构工程的历史传承，强调经验积累与教训学习；他注重对力学和结构原理的再思索和融会贯通，知其然知其所以然；他认为撰教材编规范应以原理为其根本。近年来，各种结构分析设计软件层出不穷，在解决以往难以想象的复杂工程问题同时，也使得“计算机黑箱作业设计法”大行其道，结构工程师成为“流水线上的熟练工”，此时原理的把握、知识的融会贯通、结构的概念设计尤显重要。书中对此都有很好的阐述。

当代结构的设计要求，已从最初的“安全、经济”向“适用、美观、耐久、可持续”发展，而这一切，要求工程师在传统工程设计基础上，必须涉猎自然科学、社会科学、工程科学等相关知识，构筑人类梦想家园。余先生显然注意到了这一点，并从“纵向”入手，阐述工程结构的过去、现在和未来以继承、发展、创新，枚举历代大师的设计思想和作者从事工程结构工作的体会，引发读者的创新激情，以为社会创造更多具有“真善美”和“天地人”特质的好的建筑结构。

我最早听闻余先生大名是在二十世纪九十年代中期，那时作为研究生与几位教授在外地做些工程咨询，大家闲谈之中多有提及余先生的不凡经历，期待能得一见。2010 年，我初到学院工作，余先生知我分管人才培养工作，即来与我详谈，欲将其毕生所学、所思、所得倾囊传授学生，深感那一代教师的宽广胸怀和无私奉献。三年来，他每次回国，都在百忙中抽出时间来同济大学为高年级本科生和研究生开设讲座，本书中的若干章节即为讲座内容，深受同学们的喜爱与欢迎。此次成书，内容更为全面系统。

有兴趣探寻结构奥妙、有兴趣建造天地人合一之建筑的人，读一读此书，必大有裨益。

（赵宪忠）

2014 年 6 月

赵宪忠教授简介

同济大学教授，土木工程学院院长，全国工程硕士专业学位教指委建筑与土木工程领域协作组组长，全国高等学校土木工程学科专业指导委员会秘书长。1994年毕业于同济大学工业与民用建筑专业，获学士学位；2000年毕业于同济大学结构工程专业，获博士学位并留校任教；2002—2004年于英国剑桥大学从事博士后研究工作。2004年起至今，于同济大学土木工程学院从事土木工程/钢结构方向的教学和科研工作，主）要研究方向为钢结构节点及其整体结构的试验与理论分析、结构抗震抗倒塌、空间杆系结构的智能生成与设计等。主持国家自然科学基金项目三项、重点项目子课题一项，以及中欧合作项目、浦江人才计划项目等多项；主持或参与完成上海中心、上海浦东国际机场、东方明珠国际会议中心、国家体育场、奥运会老山自行车馆、中央电视台新台址、广州新电视塔、郑州火车站、沈阳艺术中心、科威特中央银行等三十余项国内外重大工程的关键技术攻关。先后荣获上海市浦江人才、上海市新长征突击手、第十一届霍英东教育基金会青年教师奖、宝钢教育基金会优秀教师特等奖（提名）等荣誉称号；作为主要完成人获国家级教学成果一等奖一项，上海市科学技术进步一、二、三等奖各一项。

一本与众不同的工程结构著作

读完余安东教授的新书《工程结构透视》，感到此书与目前大部分的结构工程的书籍有所不同，在内容的编排和面对的读者都有所不同。它没有对结构理论从头到尾的论述，而是针对有些结构工程知识的学生和初出茅庐的工程师，从结构的基本概念到结构工程师在工程实践中应该认识和注意的一些事项，以及目前在计算机广泛应用于工程实践中，在我们用计算程序分析中容易引起的一些误点进行了阐述。

余安东教授从事工程结构的工作已有五十多年，他经历了教学、科研、设计、出版和咨询等工作。在国内和国外均有长时间的经历，因此对国内外的结构工程师工作均有深刻的体验，这使得本书可以结合中外的结构工程实践进行总结。

在八十年代末期，我随余安东教授学习和研究，领略了余老师那敏锐的思维和扎实的功力，以及博古通今的渊博知识。这对我后期的结构工程师生涯影响颇大，至今一直得益。即使我后来在国外工作期间，我们会不定期的讨论结构工程的问题，以及国内外工程设计和咨询的现状和发展，甚至到一些结构工程的细节，使我受益匪浅。

《工程结构透视》没有对结构工程的各方面做到面面俱到，但对结构工程方面的要点进行了纲要性的总结，并且从工程实际出发，通过许多实际的工程例子，来说明我们结构工程师，既要有扎实的结构理论基础，还要有工程的实际经验，以及如何结合理论和实际。许多工程需要针对工程实际情况进行分析判断，不能一味追求计算机的分析结果。应该对计算机的分析结果加以判断，从基本概念出发，来判断计算结果是否符合结构的基本规律，如果符合则可以取用，否则要分析原因，找出原因，修改后再进行分析，直至分析结果符合结构规律，方可采用。这过程就会用到结构的基本概念和计算原理。书中用了一定的篇幅来叙述结构的基本概念和原理，并介绍了不少结构工程师的一些工程应用实践，对初级结构工程师很有用处。书中提到的结构传力路径，这是我们结构工程师在结构方案设计阶段必须运用到的，随着目前建筑设计的发展，越来越多的大开口，挑空等，这些都是对我们结构工程师的挑战，这就要求我们结构工程师对这些情况有相应的对策，以往我们做结构分析时会假设楼面结构平面无限刚，这样可以减少计算的节点，但对大开口的楼面会忽视对楼面结构的影响。针对这个情况，需要从概念上作出传力路径的概念，针对性的作一些分析。在我近期的工程中就遇到高层多塔裙楼大开口的情况，由于建筑设计需要上下层的呼应，所以在设计中有大量的大开口，这就需要我们在结构设计中考虑到结构楼面的整体性以及地震作用的分布，对此需要将楼面分割成多单元，进行点模型的分析，从而找出楼面结构特别是塔楼之间部分的薄弱部分进行补强。书中还有不少余安东教授在工程实践中的实例，来强调基本概念在我们结构工程师工作中的重要性。

《工程结构透视》以工程结构的基本概念为基础，引申出结构设计的原则，内容系统而广泛。对工程技术人员来讲，是一部好的参考书，值得一读。

（吴建乔）

2014 年 6 月

吴建乔简介

一九九零年毕业于同济大学，获工学硕士学位。 现为WSP工程咨询公司中国区结构副总监。 澳大利亚工程师学会会员，新西兰地震工程学会会员。

毕业后二十多年一直从事工程结构设计和咨询，工作于上海，新西兰，澳大利亚等地，在Robert Bird Group 和Meinhardt Group等公司负责结构工程的设计和咨询，设计的工程项目在中国，澳大利亚，新西兰，英国，阿联酋和萨摩亚等地。主要参与的工程项目有墨尔本Inkerman Street公寓，墨尔本Roxburgh Park商业中心，迪拜Pearl Living City，墨尔本机场国际候机楼扩建工程，墨尔本St。 Kilda Road公寓，布里斯本Vision Tower，英国伦敦White City Westfield Shopping Mall，布里斯本中心，新西兰奥克兰女子网球中心，萨摩亚EFKS会议中心。设计和咨询的工程项目主要包括各类钢筋混凝土结构，钢结构，砌体结构和木结构。

后　记

从 2010 年 10 月开始动笔到 2014 年 5 月脱稿，2017 年，本书再版，又在编排和内容上作了调整和补充。这本书竟迁延了这么长的时间，是我自己也始料所不及的。从 1955 年进入同济工民建专业算起，到现在已经 62 年了。修过许多课、读了不少书、搞了一些研究、做过很多设计，真正留在脑子里的还剩多少呢？以我在中国和德国从事教学、科研和设计的亲身经历来看，究竟哪些知识是一个结构工程师必备的呢？我写这本书的初衷是想打破界限，横观各门课程，纵观来龙去脉，贯通工程结构的知识，透视工程结构。所谓透视，是想透过现象看本质，而不顾几十门学科和几千年历史的纷繁，尝试去抓住对结构工程师最不该忘记的精华。笔者只想整理思路，提供关键词。现在查资料太方便了，读者要找公式推导或了解人物、工程的详情，不过是举手之劳。写作过程中最难的是要既不落俗套，又不走偏锋。然而限于自己的学识，尽管反复思索，恐怕还是力不从心。

2017 年，本书的责任编辑，同济大学出版社总编室主任高晓辉向我建议，在本书重印之际，根据读者的反馈，作一些调整，以便增加其可读性。我觉得她的建议是有道理的。所以这次出版，更改了书名，避免了对“透视”二字的歧义。章节也作了调整。除了一些技术性更正，内容基本上保留了。

我请了祖炎和海帆两位学长及我弟弟同希写序，又请传增、宁旭、陞韡、宪忠、建乔诸位写读后感。他们是结构和力学的专家，理论和实践都有很高的素养。笔者想请他们预先审阅，他们果然认真地提出了中肯的意见和建议，在此谨表由衷的谢意。此外，余巧和余迅对有关建筑的部分提出了他们的见解。在写书的几年中，我几乎每年都在同济大学土木学院做讲座，还在深圳大学、宁波大学和浙江大学讲过，内容都和本书有关。希望通过与学生的接触，使本书的内容更有针对性。

笔者和第三代：程佳寅、程亦宽、余米之

这本书和一般专业书籍的写法有些不同。笔者只是从自己的视角来观察结构学科的某些方面和历史发展，有很大的主观性和局限性。部分章节，有着个人回忆录的色彩，是笔者一生职业生涯的总结。希望读者能把它视为百花园中的一棵草，接受这种把作者自己放进去的写法。写人物也是，自己知道得多的就多写，知之甚少的就少写或不写，不求全面。经历过太多风风雨雨，在记忆中留下的只是与人愉快相处的一面。除了友谊，其他早已“gone with wind”，云淡风轻。我相信“君子之交淡如水”，回忆起师长和朋友，即便多年不见，仍然觉得温馨。这次改版时，立础和祖炎两位学长已经仙逝，在此，对他们表示深切的缅怀。他们于我，亦师亦友。这些年来，每次回国，都多次向他们请益，受教良多。他们去世，令人感到突然和悲伤。也警示我，时不我待，要赶快做一点有利于传承的工作。

这本书写完的时候，德华已逝世十余年，这也是对她相知四十几年的纪念。没有一个安稳的环境，这本书是不可能完成的。幸运的是笔者遇到了志萍，在她的支持下才能没有后顾之忧地读书写作。最后，本书除了贡献给我的同行外，也希望我们的孩子们爱读，包括第三代，让他们以后能理解我所处的时代和我从事的工作。也以本书献给培养我的同济大学，特别是其土木工程学科。

2014 年 5 月于达姆施塔特，2017 年 10 月补充于上海

参考文献

[1] 余安东. 升板结构设计原理[M]. 上海：上海科学技术出版社，1981.

[2] 余安东. 建筑结构的安全性与可靠性[M]. 上海：上海科学技术文献出版社，1986.

[3] 余安东，柳如眉，王季琛. 预应力先生林同炎[M]. 上海：上海科学技术出版社，1985.

[4] 余安东，张国峰，赵建卫. 框架变形验算和变形能力[J]. 工程抗震，1986.

[5] 余安东，李杰，马云凤. 弱梁型框架层间变形能力计算方法[J]. 同济大学学报，1984.

[6] 余安东，张国峰，马云凤，等. 框架抗震变形能力实用计算方法[J]. 结构工程师，1985.

[7] 余安东，王天龙. 同济大学地震模拟振动台基础设计[J]. 同济大学学报，1986.

[8] 余安东，姚治平. 模糊数学在结构可靠性分析中应用引论[J]. 结构工程师，1984.

[9] Yu Andong . Die günstigste Lage von horizontalen Versteifungstägern bei der Kopplung von Hochhauskernen mit den Auβenstützen[J]. Bauingenieur，1989.

[10] Yu Andong. A Discussion on the Analysis and Design of Independent Foundation [J] . Hochtief , 1999.

[11] Yu Andong，JTP Yao. Cumulative Structural Damage[R]. CTBUH Committee 18 Report on Fatigue Assessment and Ductility Assurance，1987.

[12] 徐植信，余安东. 关于地震影响系数的讨论[J]. 工程力学（增刊），1998.

[13] 史尔毅，余安东，张纪衡，等. 土木工程发展史[M]//中国大百科全书・土木工程卷. 北京：中国大百科全书出版社，1987.

[14] 李国豪. 土木工程[M]//中国大百科全书・土木工程卷. 北京：中国大百科全书出版社，1987.

[15] 朱伯龙，颜德姮，张誉，等. 混凝土结构设计原理[M]. 上海：同济大学出版社，1992.

[16] 朱伯龙，余安东. 钢筋混凝土框架非线性全过程分析[J]. 同济大学学报，1983.

[17] 朱伯龙，余安东，赵玉祥. 高层建筑打桩对周围建筑物的振动影响[J]. 建筑结构学报，1987.

[18] Fritz Leonhardt，莱昂哈特. 钢筋混凝土结构设计原理[M]. 北京：人民交通出版社，1991.

[19] Walther Mann. Bemessung im Stahlbetonbau[M]. T H Darmstadt，1981.

[20] Park R，Paulay T. Reinforced Concrete Structures [M]. John Wiley & Sons，1975.

[21] Paulay T. Deterministic design procedure for ductile frames in seismic areas，in reinforced concrete structures subjected to wind and earthquake forces[J]. Houston：ACI SP63，1980.

[22] Reinhardt Hilsdorf，Beton，Beton Kalender [M]. Verlag Ernst & Sohn，2001 .

[23] Bertram，Betonstahl Verbindungselemente Spannstahl，Beton Kalender[M]. Verlag Ernst & Sohn，2001.

[24] Walraven J C. Fundamental Analysis of Aggregate Interlock[J]. ASCE，1981.

[25] Walraven J C. Aggregate Interlock under Dynamic Loading，International Society for Concrete Pavements[M]. 2002.

[26] Lin T Y，Burns N H. Design of Prestressed Concrete Structures[M]. John Wiley & Sons，1981.

[27] David Littlefield Will Jones，Geniale Konstruktionen Meisterwerke der Bau– und Inginieurskunst aus 100 Jahren[M]. Carton Books，Londen，2007.

[28] Erwin Heinle Fritz Leonhardt. Türme aller Zeiten–aller Kulturen[M]. DVA，1988.

[29] Cowan，et al. Die Bauwerke der Menschheit[M]. Weldon Owen Inc.，2006.

[30] 克拉夫，彭津. 结构动力学[M]. 北京：科学出版社，1983.

[31] 大崎顺彦. 地震动的谱分析入门[M]. 吕敏申，谢礼立，译. 北京：地震出版社，1980.

[32] 朱伯龙，董振祥. 钢筋混凝土非线性分析[M]. 上海：同济大学出版社，1985.

[33] 李国豪等. 工程结构抗震动力学[M]. 上海：上海科学技术出版社，1980.

[34] 余同希，章亮炽. 塑性弯曲理论及其应用[M]. 北京：科学出版社，1992.

[35] Eibl，Häussler–Combe Baudynamik，Beton Kalender [M]. Verlag Ernst & Sohn，1997.

[36] G Waas H–G Hartmann. Damping and Stiffness of Foundationgs on Inhomogeneous Media[J]. WCEE Tokyo，1988.

[37] F Hartmann，C Katz. Structural Analysis with Finite Elements[M]. Springer，2004.

[38] Hochtief AG，IKS. Construction of nuclear plants[M]. Hochtief AG，1990.

[39] Yao J T P. Safety and Reliability of Existing Structures[M]. Pitman，1985.

[40] Hiroshi Akiyama. Earthqueake Resistant Limit State Design for Buildings[M]. University of Tokyo，1985.

[41] Sommer H. Entwicklung der Hochhausgründungen in Frankfurt/Main[D] . Sommer & Partner，1986.

[42] 谢元裕. Elementary Theory of Structure[M]. Prentice Hall Inc，1988.
[43] 钟万勰. 弹性力学求解新体系[M]. 大连：大连理工大学出版社，1995.
[44] 曾攀. 有限元分析及应用[M]. 北京：清华大学出版社，2004.
[45] 朱伯钦，周竞欧，许哲明. 结构力学[M]. 上海：同济大学出版社，2004.
[46] 温增平，等. 汶川地震重灾区典型钢筋混凝土框架结构震害现象[J]. 北京工业大学学报，2009.
[47] Ningxu Han. High Strength Concrete[M]. Delft University Press，1996.
[48] Ningxu Han，Feng Xing. Service Live，Sustainability and Resilience - a Holistic Strategy Dealing with Marine Concrete Structures [D] . 深圳：深圳大学，2004.
[49] 韩宁旭. 以性能和可靠度理论为基础的钢筋混凝土基础设施使用寿命设计——其原理和应用[D]. 深圳：深圳大学，2004.
[50] 王光远. 结构软设计理论初探[D] . 哈尔滨：哈尔滨建筑工程学院，1987.
[51] 仇早生. 中美欧抗震规范之设防标准的比较分析[J]. 南昌：华东交通大学土木建筑学院，2009.
[52] 桑戴克. 世界文化史[M]. 北京：商务印书馆，1936.
[53] 中国科学院自然科学史研究所. 中国古代建筑技术史[M]. 北京：科学出版社，1985.
[54] 刘致平. 中国建筑类型及结构[M]. 北京：中国建筑工业出版社，1987.
[55] 童寯. 近百年西方建筑史[M]. 南京：南京工学院出版社，1986.
[56] 梁思成. 中国建筑史[M]. 百花文艺出版社，1998.
[57] 林徽因. 清式营造则例[M]. 中国营造学社，1934.
[58] 罗哲文. 中国古代建筑[M]. 上海：上海古籍出版社，1988.
[59] 黄定国. 建筑史[M]. 台北：大中国图书公司，1981.
[60] 李允鉌. 华夏意匠：中国古典建筑设计原理分析[M]. 天津：天津大学出版社，2014.
[61] 朱涛. 梁思成与他的时代[M]. 桂林：广西师范大学出版社，2014.
[62] 罗小未，蔡婉英. 外国建筑历史图说[M]. 上海：同济大学出版社，1986.
[63] 沈祖炎. 土木工程概论[M]. 北京：中国建筑工业出版社，2009.
[64] 项海帆，潘洪萱，张圣城，等. 中国桥梁史纲[M]. 上海：同济大学出版社，2009.
[65] 项海帆. 桥梁概念设计[M]. 北京：人民交通出版社，2011.
[66] 华霞虹，乔争月，齐斐然，等. 上海邬达克建筑地图[M]. 上海：同济大学出版社，2013.

[67] Lin T Y. Stotesbury Structural Concepts and Systems for Architects and Engineers[M]. John Wiley& Sons，1981.

[68] Benevolo. Geschichte der Architektur des 19. und 20. Jahrhunderts[M]. dtv，1978.

[69] dtv. Atlas zur Baukunst[M]. dtv，1987.

[70] Wittkower. Grundlagen der Architektur im Zeitalter des Humanismus[M]. dtv，1983.

[71] Blaser. Ludwig Mies van der Rohe[D] . GG，1991.

[72] Levy M，Salvadori M. Why Building Fall Down[M]. Norton，1987.

[73] Ramm Schunck. Heinz Isler Schalen[M]. Karl Krämer，1986.

[74] 季天健，Bell. 感知结构概念[M]. 北京：高等教育出版社，2009.

[75] 川口卫，等. 建筑结构的奥秘[M]. 北京：清华大学出版社，1989.

[76] 渡边邦夫. 结构设计的新理念 新方法[M]. 中国建筑工业出版社，2008.

[77] 支文军. 力的表达：建筑与结构的关系[J]. 时代建筑，2013（5）.

[78] 雷莫・佩德雷斯基. 形、力与结构[J]. 时代建筑，2013（5）.

[79] 郭屹民. 传统再现的技术途径[J]. 时代建筑，2013（5）.

[80] 佐佐木睦朗. 形式的深层[J]. 时代建筑，2013（5）.

[81] 斋藤公男. 结构形态的发展与展望[J]. 时代建筑，2013（5）.

[82] 李博. 康策特是谁？[J]. 时代建筑，2013（5）.

[83] 康策特. 技术观与建筑观的协同作用[J]. 时代建筑，2013（5）.

[84] 孟宪川. 形与力的融合[J]. 时代建筑，2013（5）.

[85] 阔特尼克，施瓦兹，海因茨. 伊斯勒的建筑[J]. 时代建筑，2013（5）.

[86] 余中奇，钱锋. 以形驭力[J]. 时代建筑，2013（5）.

[87] 郭屹民，大野博史. 从视觉到知觉的结构设计[J]. 时代建筑，2013（5）.

[88] Tianjian Ji，Adrian Bell. Seeing and Touching Structural Concepts[M]. Taylor and Francis，2008.

[89] Ning Zhang，Kang–Hai Tan. Direct strut–and–tie model for single span and continuous deep beams[J]. Engineering Structures，2006.

[90] Michael Douglas Brown，Strut and Tie[D] . The University of Texas at Austin，2005.

[91] Brown M D，Bayrak O. Composite Beam– Strut Tie Model[D] . The University of Texas at Austin，2005.

[92] Fu C C. Strut Tie Model[D] . University of Maryland，2001.

[93] James K Wight，Gustavo J Parra–Montesinos. Strut&tie[D] . Concrete International，2002.

[94] 张稚麟. 多层升板工程倒塌事故[J]. 建筑技术，1985.

[95] 吕西林. 超限高层建筑工程抗震设计指南[M]. 上海：同济大学出版社，2009.

[96] 沈祖炎. 必须还钢结构轻、快、好、省的本来面目[J]. 中华建筑报，2010.

[97] 沈祖炎，王烨华，李元齐. 论结构创新[J]. 同济大学学报，2010（1）.

[98] 国家基本建设委员会建筑科学研究院. 升板建筑结构设计与施工暂行规定[M]. 北京：中国建筑工业出版社，1976.

[99] 国家基本建设委员会建筑科学研究院. 升板建筑结构设计与施工暂行规定的补充规定[M]. 北京：中国建筑工业出版社，1980.

[100] 中华人民共和国原城乡建设环境保护部. 钢筋混凝土升板结构技术规程：GBJ 130—1990[S]. 北京：中国建筑工业出版社，1990.

[101] 中华人民共和国建设部. 建筑抗震设计规范：GBJ 11—1989[S]. 北京：中国建筑工业出版社，1989

[102] 中华人民共和国住房和城乡建设部. 建筑抗震设计规范：GB 50011—2010[S]. 北京：中国建筑工业出版社，2010.

[103] 中国建筑科学研究院. 混凝土结构设计规范：GB 50010—2002[S]. 北京：中国建筑工业出版社，2002.

[104] 中华人民共和国建设部. 钢结构设计规范：GB 50017—2003[S]. 北京：中国计划出版社，2003.

[105] 中华人民共和国住房和城乡建设部. 高层建筑混凝土结构技术规程：JGJ 3—2010[S]. 北京：中国建筑工业出版社，2010.

[106] 中国建筑技术研究院. 高层民用建筑钢结构技术规程：JGJ 99—1998[S]. 北京：中国建筑工业出版社，1998.

[107] 中华人民共和国冶金工业部. 构筑物抗震设计规范：GB 50191—1993[S]. 北京：中国计划出版社，1994.

[108] 中国建筑技术研究院. 建筑桩基技术规范：JGJ 94—1994[S]. 北京：中国建筑工业出版社，1995.

[109] EN 1997-1 Geotechnik Teil 1[S]. CEN/ CENELEC，1997.

[110] DIN EN 1997-1_NA[S]. Geotechnik Deutsches Institut für Normung，1997.

[111] DIN 1054[S]. Geotechnik Deutsches Institut für Normung，2010.